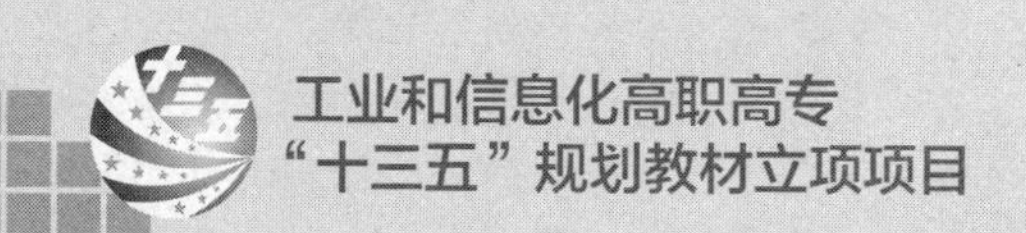

高等职业教育『十三五』土建类技能型人才培养规划教材

建筑工程计量与计价

苏丹娜／主编
杨柳 孙丽娟／副主编

人民邮电出版社
北京

图书在版编目（CIP）数据

建筑工程计量与计价 / 苏丹娜主编. -- 北京 : 人民邮电出版社, 2015.12
高等职业教育“十三五”土建类技能型人才培养规划教材
ISBN 978-7-115-40241-7

Ⅰ. ①建… Ⅱ. ①苏… Ⅲ. ①建筑工程－计量－高等职业教育－教材②建筑工程－工程造价－高等职业教育－教材 Ⅳ. ①TU723.3

中国版本图书馆CIP数据核字(2015)第205316号

内容提要

本书按照高职高专人才培养目标以及专业教学改革的需要，依据最新政策法规、标准规范来进行编写。全书主要内容包括了解建设工程计价的基本内容、建筑工程消耗量定额、建筑工程单价、建筑工程费用、计算建筑面积、计算土建工程工程量、计算装饰工程工程量、工程结算。

本书既可作为高职高专院校土建类建筑工程技术专业教材，也可作为建筑工程技术人员及有关经济管理人员的参考用书。

◆ 主　　编　苏丹娜
　副 主 编　杨　柳　孙丽娟
　责任编辑　刘盛平
　执行编辑　刘　佳
　责任印制　张佳莹　杨林杰
◆ 人民邮电出版社出版发行　　北京市丰台区成寿寺路 11 号
　邮编　100164　　电子邮件　315@ptpress.com.cn
　网址　http://www.ptpress.com.cn
　大厂聚鑫印刷有限责任公司印刷
◆ 开本：787×1092　1/16
　印张：16.5　　　　2015 年 12 月第 1 版
　字数：397 千字　　2015 年 12 月河北第 1 次印刷

定价：39.80 元

读者服务热线：(010)81055256　印装质量热线：(010)81055316
反盗版热线：(010)81055315
广告经营许可证：京崇工商广字第 0021 号

前 言

建设工程造价，是指与工程产品有关的各类消耗的总和及建筑产品的造价，即一个工程建设项目自开始至竣工所形成固定资产的全部费用。我国传统的计价模式是定额管理计价，随着国家标准《建设工程工程量清单计价规范》的出台，建设工程造价计价方式发生了重大变化，从单一的定额计价模式转变为工程量清单计价和定额计价两种模式并存。

“建筑工程计量与计价”是建筑工程专业和土木工程专业的一门主要专业课程。它是一门研究建筑工程施工中各种建筑物（构筑物）的主要分部、分项工程的施工技术和组织计划的基本规律的学科，在培养学生独立分析和解决建筑工程施工中有关施工技术和组织计划问题的基本能力方面，起着重要的作用。

“建筑工程计量与计价”是高职高专教育土建类建筑工程技术专业的一门重要课程。本书根据全国高职高专教育土建类专业教学指导委员会编写的专业教育标准和培养方案及主干课程教学大纲，本着“必需、够用”的原则，以“讲清概念，强化应用”为主旨组织编写。通过本课程的学习，学生可以掌握工程计量与计价的方法，具备分析和解决工程实际问题的能力。

本书在编排上，注重理论与实践相结合，采用“工学结合”教学模式，突出实践环节。将各个学习情境分为若干个学习单元，每个单元由知识目标、技能目标、基础知识三部分组成。正文中设置了情境导入、案例导航、小技巧、课堂案例、学习案例、知识拓展等特色模块，意在提高学生的学习兴趣，促进学生的全面发展。全书共设置情境导入8个、案例导航8个、学习单元30个、课堂案例7个、知识拓展8个、学习案例8个、小技巧19个、小提示71个、知识链接20个。每个学习情境最后设置了本学习情境小结和学习检测。

本书由郑州铁路职业技术学院的苏丹娜担任主编，杨柳、孙丽娟担任副主编，参加编写的还有北京城建中南土木工程集团有限公司孙超、河南省交通规划勘察设计院有限公司刘兵伟、郑州铁路职业技术学院的袁媛、孙洪硕和杜玲霞。

本书编写过程中，参阅了国内同行多部著作，部分高等院校教师也提出了很多宝贵意见，在此，对他们表示衷心感谢！

目录

学习情境8

学习情境 1

了解建设工程计价的基本内容

情境导入

某建设项目采取主体工程总承包形式发包，合同计价方式为工程量清单计价的总价合同，工程量清单中包括如下内容。

（1）对玻璃幕墙工程采取指定分包，暂定造价150万元；总承包人对该分包工程提供协调及施工的配合费用为4.5万元。

（2）对室外配套土建工程采取指定分包，暂定造价50万元；总承包人对该分包工程提供协调及施工的配合费用为1万元。

（3）总承包人对设计与供应电梯工程（工程造价约130万元）承包人的协调及施工的配合费用为0.3万元。

（4）总承包人对安装电梯工程（工程造价约20万元）承包人的协调及施工的配合费用为0.4万元。

案例导航

上述案例中，工程量清单计价由分部分项工程费、措施项目费和其他项目费组成。其中措施项目费是指除分部分项工程费以外，为完成该项目施工必须采取的措施所需的费用；其他项目费是指除分部分项工程费和措施项目费以外，该工程项目施工中可能发生的其他费用。

要了解工程量清单计价的内容，需要掌握的相关知识有：

（1）基本建设的概念、基本建设项目的分类、建设工程造价文件的分类；

（2）建筑工程计价的概念及计价方法。

学习单元1　基本建设项目

知识目标

（1）了解基本建设的概念。

（2）熟悉基本建设项目的分类。

（3）掌握建设工程造价文件的分类。

技能目标

（1）通过本单元的学习，对基本建设的概念有一个明晰的认识。

（2）能够清楚基本建设项目的分类和工程造价文件的分类。

基础知识

一、基本建设项目概述

（一）基本建设的概念

基本建设是指国民经济中的各个部门为了扩大再生产而进行的增加固定资产的建设工作，即把一定的建筑材料、机械设备等，通过购置、建造、安装等一系列活动，转化为固定资产，形成新的生产能力或使用效益的过程。固定资产扩大再生产的新建、扩建、改建、迁建、恢复工程及与此相关的其他工作，如土地征用、房屋拆迁、青苗赔偿、勘察设计、招标投标、工程监理等，也是基本建设的组成部分。因此，基本建设的实质是形成新的固定资产的经济活动。

固定资产是指在社会再生产过程中，可供生产或生活较长时间使用，在使用过程中基本保持原有实物形态的劳动资料或其他物质资料，比如建筑物、构筑物、电气设备等。

小技巧

为了便于管理和核算，凡列为固定资产的劳动资料，一般应同时具备以下两个条件：使用期限在一年以上，单位价值在规定的限额以上。不同时具备上述两个条件的应列为低值易耗品。

（二）基本建设项目的分类

基本建设是由若干个具体基本建设项目（简称建设项目）组成。基本建设项目可从不同角度进行分类。

1. 按建设性质划分

（1）新建项目。新建项目指从无到有，“平地起家”，新开始建设的项目，或在原有建设项目基础上扩大3倍以上规模的建设项目。

（2）扩建项目。扩建项目指为扩大原有产品生产能力（或效益）或增加新的产品生产能力，而在原有建设项目基础上扩大3倍以内规模的建设项目。

（3）改建项目。改建项目指为提高生产效率，改进产品质量，或改变产品方向，对原有设备、工艺流程进行技术改造的项目。

（4）迁建项目。迁建项目指由于各种原因经上级批准搬迁到另地建设的项目。迁建项目中符合新建、扩建、改建条件的，应分别视为新建、扩建或改建项目。迁建项目不包括留在原址的部分。

（5）恢复项目。恢复项目指由于自然灾害、战争等原因使原有固定资产全部或部分报废，以后又投资按原有规模重新恢复建设的项目。在恢复的同时进行扩建的，应视为扩建项目。

2. 按建设项目资金来源渠道划分

（1）国家投资项目。国家建设项目指国家预算计划内直接安排的建设项目。

（2）自筹建设项目。自筹建设项目指国家预算以外的投资项目。自筹建设项目又分地方自筹项目和企业自筹项目。

（3）外资项目。外资项目指由国外资金投资的建设项目。

（4）贷款项目。贷款项目指通过向银行贷款筹资的建设项目。

3. 按建设过程划分

（1）生产性项目。生产性项目指直接用于物质生产或直接为物质生产服务的项目，主要包括工业项目（含矿业）、建筑业和地区资源勘探事业项目、农林水利项目、运输邮电项目、商业和物资供应项目等。

（2）非生产性项目。非生产性项目指直接用于满足人民物质和文化生活需要的项目，主要包括住宅、教育、文化、卫生、体育、社会福利、科学实验研究项目、金融保险项目、公用生活服务事业项目、行政机关和社会团体办公用房等项目。

4. 按建设规模划分

基本建设项目按项目建设总规模或总投资可分为大型项目、中型项目和小型项目三类。习惯上将大型项目和中型项目合称为大中型项目。一般是按产品的设计能力或全部投资额来划分。

新建项目按项目的全部设计规模（能力）或所需投资（总概算）计算；扩建项目按扩建新增的设计能力或扩建所需投资（扩建总概算）计算，不包括扩建以前原有的生产能力。其中，新建项目的规模是指经批准的可行性研究报告中规定的近期建设的总规模，而不是指远景规划所设想的长远发展规模。明确分期设计、分期建设的，应按分期规模计算。更新改造项目按照投资额分为限额以上项目和限额以下项目两类。

财政部财建［2002］394号文规定，基本建设项目竣工财务决算大中小型划分的标准为：经营性项目投资额在5 000万元（含5 000万元）以上、非经营性项目投资额在3 000万元（含3 000万元）以上的为大中型项目，其他项目为小型项目。

5. 按基本建设工程管理和确定工程造价的需要划分

根据基本建设工程管理和确定工程造价的需要，基本建设项目划分为建设项目、单项工程、单位工程、分部工程和分项工程五个基本层次，如图1–1所示。

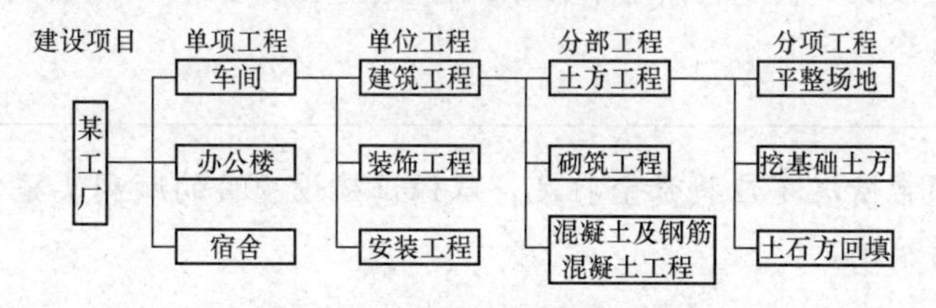

图1–1　基本建设项目的划分

（1）建设项目。建设项目是指具有经过有关部门批准的立项文件和设计任务书，经济上实行独立核算，行政上具有独立的组织形式并实行统一管理的工程项目。我们通常认为，一个建设单位就是一个建设项目，建设项目的名称一般是以这个建设单位的名称来命名。例如，某化工厂、某装配厂、某制造厂等工业建设，某农场、某度假村、电信城等民用建设均是建设项目，均由项目法人单位实行统一管理。

（2）单项工程。单项工程是指具有独立的设计文件，竣工后可以独立发挥生产能力并能产生经济效益或效能的工程，是建设项目的组成部分。如一个工厂的车间、办公楼、宿舍、食堂等，一个学校的教学楼、办公楼、实验楼、学生公寓等均属于单项工程。

（3）单位工程。单位工程是工程项目的组成部分。单位工程是指竣工后不能独立发挥生产能力或使用效益，但具有独立的施工图纸和组织施工的工程。如土建工程（包括建筑物、构筑物）、电气安装工程（包括动力、照明等）、工业管道工程（包括蒸汽、压缩空气、燃气等）、暖卫工程（包括采暖、上下水等）、通风工程和电梯工程等。一个单位工程由多个分部工程构成。

（4）分部工程。分部工程是指按工程的工程部位或工种不同进行划分的工程项目。如，在建筑工程这个单位工程中包括土（石）方工程、桩与地基基础工程、砌筑工程、混凝土及钢筋混凝土工程、厂库房大门特种门木结构工程、金属结构工程、屋面及防水工程等多个分部工程。

（5）分项工程。分项工程是指能够单独地经过一定的施工工序完成，并且可以采用适当计量单位计算的建筑或设备安装工程。如，混凝土及钢筋混凝土这个分部工程中的带形基础、独立基础、满堂基础、设备基础、矩形柱、异形柱等均属分项工程。分项工程是工程量计算的基本元素，是工程项目划分的基本单位，所以工程量均按分项工程计算。

二、基本建设工程造价文件的分类

建设项目工程造价的计价贯穿于建设项目从投资决策到竣工验收全过程，是各阶段逐步深化、逐步细化和逐步接近实际造价的过程。计价过程各环节之间相互衔接，前者制约后者，后者补充前者。根据建设程序进展阶段的不同，造价文件包括投资估算、设计概算、施工图预算、标底与标价、竣工结算及竣工决算等。

（一）投资估算

投资估算，是指在项目建议书和可行性研究阶段，由可研单位或建设单位编制，用以确定建设项目的投资控制额的基本建设造价文件。投资估算是项目决策时一项重要的参考经济指标，是判断项目可行性的重要依据之一。

一般来说，投资估算比较粗略，仅作控制总投资使用。其方法是根据建设规模结合估算指标进行估算，常用到的指标有平方米指标、三次方米指标或产量指标等。如某城市拟建日产10万吨钢材厂，估计每日产万吨钢材厂约需资金600万元，共需资金为10×600=6 000（万元）。再如某单位拟建教学楼4万平方米，每平方米约需资金1 200元，则共需资金4 800万元。

小提示

投资估算在通常情况下应将资金打足，以保证建设项目的顺利实施。投资估算文件在可行性研究报告时编制。

（二）设计概算

设计概算，是指建设项目在设计阶段由设计单位根据设计图纸进行计算的，用以确定建设项目概算投资、进行设计方案比较，进一步控制建设项目投资的基本建设造价文件。设计概算由设计院根据设计文件编制，是设计文件的组成部分。

设计概算根据施工图纸设计深度的不同，其概算的编制方法也有所不同。设计概算的编制方法有三种，分别是根据概算指标编制概算、根据类似工程预算编制概算，以及根据概算定额编制概算。

在方案设计阶段和修正设计阶段，根据概算指标或类似工程预算编制概算；在施工图设计阶段，可根据概算定额编制概算。

（三）施工图预算

施工图预算，是指在施工图设计完成之后工程开工之前，根据施工图纸及相关资料编制的，用以确定工程预算造价及工料的基本建设造价文件。由于施工图预算是根据施工图纸及相关资料编制的，施工图预算确定的工程造价更接近实际。

施工图预算由建设单位自行或委托有相应资质的造价咨询机构编制。

（四）标底与标价

标底、标价的编制方法与施工图预算的编制方法相同。

标底，是指建设工程发包方为施工招标选取工程承包商而编制的标底价格。如果施工图预算满足招标文件的要求，则该施工图预算就是标底。

标价，是指建设工程施工招投标过程中投标方的投标报价。

其中，标底由招标单位自行或委托有相应资质的造价咨询机构编制，而标价由投标单位编制。

（五）竣工结算

竣工结算，是指建设工程承包商在单位工程竣工后，根据施工合同、设计变更、现场技术签证、费用签证等竣工资料编制的，确定工程竣工结算造价的经济文件。竣工结算是工程承包方与发包方办理工程竣工结算的重要依据。

竣工结算在单位工程竣工后由施工单位编制、建设单位自行或委托有相应资质的造价咨询机构审查。审查后经双方确认的竣工结算是办理工程最终结算的重要依据。

（六）竣工决算

竣工决算，是指建设项目竣工验收后，建设单位根据竣工结算以及相关技术经济文件编制的，用以确定整个建设项目从筹建到竣工投产全过程的实际总投资的经济文件。

竣工决算由建设单位编制，编制人是会计师。投资估算、设计概算、施工图预算、标底、标价、竣工结算的编制人是造价工程师。

由此可见，基本建设造价文件在基本建设程序的不同阶段，有不同内容和形式，其中的对应关系如图1–2所示。

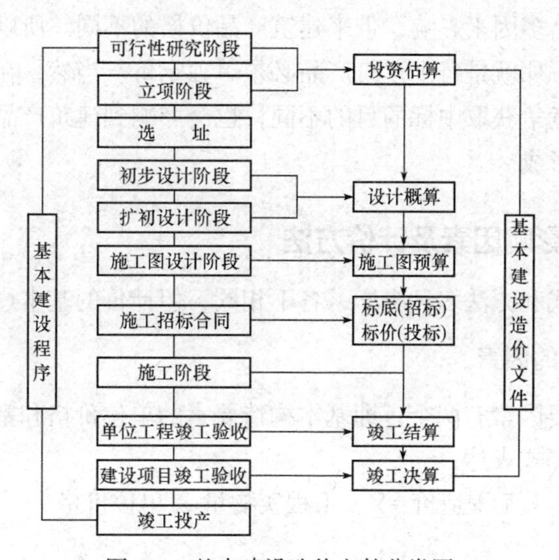

图1–2　基本建设造价文件分类图

学习单元2　认识建筑工程计价

知识目标

（1）了解建筑工程计价的概念。

（2）熟悉影响工程造价的主要因素。

（3）掌握建筑产品的计价方法。

技能目标

（1）通过本单元的学习，对建筑工程计价的概念有一个简要的了解。

（2）能够分析影响工程造价的因素。

（3）能够正确选用建筑产品的计价方法。

基础知识

一、建筑工程计价的概念

建筑工程计价就是指计算建筑工程的造价。建筑工程造价即建设工程产品的价格。

工程项目造价有两层含义。第一层含义是指建设一项工程预期开支或实际开支的全部固定资产投资费用，包括设备工器具购置费、建筑安装工程费、工程建设其他费、预备费、建设期贷款利息和固定资产投资方向调节税费用。第二层含义是从发承包的角度来定义的，即工程承发包价格，对于发包方和承包方来说，就是工程承发包范围以内的建造价格。建设项目总承发包有建设项目工程造价，某单项工程的建筑安装任务的承发包有该单项工程的建筑安装工程造价，某工程二次装饰分包有装饰工程造价等。

建筑产品有建设地点的固定性、施工的流动性、产品的单件性及施工周期长、涉及部门广等特点。每个建筑产品都必须单独设计和独立施工才能完成，即使利用同一套图纸，也会因建设地点、时间、地质和地貌构造、各地消费水平等的不同，人工、材料单价的不同，以及各地规费计取标准的不同等诸多因素影响，带来建筑产品价格的不同。所以，建筑产品价格必须由特殊的定价方式来确定，那就是每个建筑产品必须单独定价。当然，在市场经济条件下，施工企业的管理水平不同、竞争获取中标的目的不同，也会影响到建筑产品价格的高低，建筑产品的价格最终由市场竞争形成。

二、建筑工程造价的影响因素及计价方法

建筑工程计价的形式和方法多种多样，各不相同，但计价的基本过程和原理是相同的。

（一）影响工程造价的因素

影响工程造价的主要因素有两个，即基本构造要素的单位价格和基本构造要素的实物工程数量，可用下列基本计算式表达：

$$工程造价=\sum（工程实物量\times 单位价格）\qquad（1.1）$$

知识链接

基本子项的单位价格高，工程造价就高；基本子项的实物工程数量大，工程造价也就大。在进行工程造价计价时，实物工程量的计量单位是由单位价格的计量单位决定的。如果单位价格计量单位的对象取得较大，得到的工程估算就较粗，反之则工程估算较细较准确。基本子项的工程实物量可以通过工程量计算规则和设计图纸计算而得，它可以直接反映工程项目的规模和内容。

（二）计价方法

由于建筑产品价格的特殊性，与一般工业产品的计价方法相比，建筑产品采取了特殊的计价方法，即定额计价法和工程量清单计价法。

1. 定额计价法

定额计价法又称施工图预算法，是在我国计划经济时期及计划经济向市场经济转型时期所采用的行之有效的计价方法。

定额计价法中的直接费单价只包括人工费、材料费、机械台班使用费，它是分部分项工程的不完全价格。我国有两种现行计价方式。

（1）单位估价法。单位估价法是根据国家或地方颁布的统一预算定额规定的消耗量及其单价，以及配套的取费标准和材料预算价格，根据施工图纸计算出相应的工程数量，套用相应的定额单价计算出定额直接费，再在直接费的基础上计算各种相关费用及利润和税金，最后汇总形成建筑产品的造价。用公式表示为

$$\text{建筑工程造价}=[\sum(\text{工程量}\times\text{定额单价})\times(1+\text{各种费用的费率}+\text{利润率})]\times(1+\text{税金率}) \tag{1.2}$$

$$\text{装饰安装工程造价}=[\sum(\text{工程量}\times\text{定额单价})+\sum(\text{工程量}\times\text{定额人工费单价})\times(1+\text{各种费用的费率}+\text{利润率})]\times(1+\text{税金率}) \tag{1.3}$$

（2）实物估价法。实物估价法是先根据施工图纸计算工程量，然后套基础定额，计算人工、材料和机械台班消耗量，将所有的分部分项工程资源消耗量进行归类汇总，再根据当时、当地的人工、材料、机械单价，计算并汇总人工费、材料费、机械使用费，得出分部分项工程直接费。在此基础上再计算其他直接费、间接费、利润和税金，将直接费与上述费用相加，即可得到单位工程造价（价格）。

预算定额是国家或地方统一颁布的，视为地方经济法规，必须严格遵照执行。从一般概念上讲，由于计算依据相同，只要不出现计算错误，其计算结果是相同的。按定额计价方法确定建筑工程造价，由于有预算定额规范消耗量，有各种文件规定人工、材料、机械单价及各种取费标准，在一定程度上防止了高估冒算和压级压价，体现了工程造价的规范性、统一性和合理性；但对市场竞争起到了抑制作用，不利于促进施工企业改进技术、加强管理、提高劳动效率和市场竞争力。

2. 工程量清单计价法

工程量清单计价法，是我国在2003年提出的一种与市场经济相适应的投标报价方法。这种计价法是国家统一项目编码、项目名称、计量单位和工程量计算规则（即“四统一”），由各施工企业在投标报价时根据企业自身的技术装备、施工经验、企业成本、企业定额、管理水平、企业竞争目的及竞争对手情况而自主填报单价进行报价。

工程量清单计价法的实施，实质上是建立了一种强有力的、行之有效的竞争机制，由于施工企业在投标竞争中必须报出合理低价才能中标，所以对促进施工企业改进技术、加强管理、提高劳动效率和市场竞争力会起到积极的推动作用。

工程量清单计价法的造价计算方法是“综合单价”法，即招标方给出工程量清单，投标方根据工程量清单组合分部分项工程的综合单价，并计算出分部分项工程的费用，再计算出税金，最后汇总成总造价。其基本数学公式是

$$建筑工程造价=[\sum(工程量\times综合单价)+措施项目费+其他项目费+规费]\times(1+税金率) \quad (1.4)$$

学习单元3　认识工程量清单计价

知识目标

（1）了解工程量清单计价的程序。

（2）掌握工程量清单计价的编制依据。

（3）熟悉工程量清单计价规范。

技能目标

（1）通过本单元的学习，能够进行工程量清单计价的编制。

（2）能够清楚工程量清单计价的规范内容。

基础知识

一、工程量清单计价的程序

（一）熟悉施工图纸及其相关资料，了解现场情况

在编制工程量清单之前，首先要熟悉施工图纸以及图纸答疑、地质勘探报告等相关资料，然后到工程建设地点了解现场实际情况，以便正确编制工程量清单。熟悉施工图纸及相关资料以便于列制分部分项工程项目名称，了解现场以便于列制施工措施项目名称。

（二）编制工程量清单

工程量清单包括封面、总说明、填表须知、分部分项工程量清单、措施项目清单、其他项目清单、零星工作项目清单七部分。

小提示

工程量清单是由招标人或其委托人，根据施工图纸、招标文件、计价规范，以及现场实际情况，经过精心计算编制而成的。

（三）计算综合单价

计算综合单价是标底编制人（指招标人或其委托人）或标价编制人（指投标人），根据工程量清单、招标文件、消耗量定额或企业定额、施工组织设计、施工图纸、材料预算价格等资

料，计算分项工程的单价。

综合单价的内容包括人工费、材料费、施工机具使用费、管理费、利润五部分。

（四）计算分部分项工程费

在综合单价计算完成之后，根据工程量清单及综合单价，计算分部分项工程费用，其计算公式为

$$分部分项工程费=\sum（工程量\times 综合单价）\tag{1.5}$$

分部分项工程费的计算方法详见学习情境六。

（五）计算措施费

措施费包括安全文明施工费（含文明施工、安全施工、临时设施、施工机具进出场及安拆费）、夜间施工增加费、二次搬运费、冬雨期施工增加费及已完工程及设备保护费等内容。

根据工程量清单提供的措施项目计算。

（六）计算其他项目费

其他项目费包括暂列金额、暂估价、计日工、总承包服务费四部分内容，其中，暂估价包括材料暂估价、工程设备暂估单价和专业工程暂估价。

（七）计算单位工程费

前面各项内容计算完成之后，将整个单位工程费包括的内容汇总起来，形成整个单位工程费。在汇总单位工程费之前，要计算各种规费及该单位工程的税金。单位工程费内容包括分部分项工程费、措施项目费、其他项目费、规费和税金五部分，这五部分之和即为单位工程费。

（八）计算单项工程费

在各单位工程费计算完成之后，将属同一单项工程的各单位工程费汇总，形成该单项工程的总费用。

（九）计算工程项目总价

各单项工程费计算完成之后，将各单项工程费汇总，形成整个项目的总价。

二、工程量清单编制依据及清单计价规范

（一）工程量清单编制依据

工程量清单计价依据，是指用于计算工程造价的基础资料的总称。它一般包括定额、费用定额、造价指标、基础单价、工程量计算规则以及政府主管部门发布的各有关工程造价的经济法规、政策、市场信息价格等，可以归纳为以下三类。

1. 计算工程量的依据

（1）施工图设计的图纸和资料。

（2）工程量计算规则。

2. 计算分部分项工程人工、材料、机械台班消耗量及费用的依据

（1）预算定额。

（2）企业定额。

（3）地区人工费单价、材料预算单价、机械台班单价。

（4）企业掌握的人工、材料、机械台班市场价。

3. 计算建筑安装工程费用的依据

（1）地区主管部门计价办法、取费标准、发布的市场信息价和调价文件。

（2）企业计费定额或策略。

以A省为例，A省现行建筑工程计价依据主要有《建设工程工程量清单计价规范》《A省建设工程计价规则》《A省建筑工程预算定额》《A省建设工程施工取费定额》、企业定额、价格信息、施工图纸、施工方案等。

（二）工程量清单计价规范

《建设工程工程量清单计价规范》（GB 50500—2013）是由中华人民共和国住房和城乡建设部与中华人民共和国国家质量监督检验总局于2013年7月1日联合发布的，是统一工程量清单编制、规范工程量清单计价的国家标准。凡是全部使用国有资金投资或以国有资金投资为主的工程建设项目均应严格执行此规范。

1. 计价规范的内容

计价规范由正文和附录两部分构成。

（1）正文。正文包括总则、术语、工程量清单编制、工程量清单计价、工程量清单计价表格五部分。

① 总则。总则包括计价规范的编制依据、使用范围、计价原则等内容。

② 术语。术语包括工程量清单、项目编码、综合单价、措施项目、暂列金额、暂估价、计日工、总承包服务费、索赔、现场签证、企业定额、规费、税金、发包人、承包人、造价工程师等内容。

③ 一般规定。一般规定包括计价方式、发包人提供材料和工程设备、承包人提供材料和工程设备，以及计价风险。

④ 工程量清单编制。工程量清单编制包括工程量清单编制的一般规定、分部分项工程量清单的编制说明、措施项目清单的内容及编制说明、其他项目清单的内容及编制说明。

⑤ 招标控制价。招标控制价包括一般规定、编制与复核、投诉与处理。

⑥ 投标报价。投标报价包括一般规定、编制与复核。

⑦ 合同价款约定。合同价款约定包括一般规定、约定内容。

⑧ 工程计量。工程计量包括一般规定，单价合同的计量和总价合同的计量。

⑨ 合同价款调整。合同价款调整包括一般规定、法律法规变化、工程变更、项目特征不符、工程量清单缺项、工程量偏差、计日工、物价变化、暂估价、不可抗力、提前竣工、误期赔偿、索赔、现场签证和暂列金额。

⑩ 合同价款期中支付。合同价款期中支付包括预付款、安全文明施工费和进度款。

⑪ 竣工结算与支付。竣工结算与支付包括一般规定、编制与复核、竣工结算、结算款支付、质量保证金和最终结清。

⑫ 合同解除的价款结算与支付。

⑬ 合同价款争议的解决。合同价款争议的解决包括监理或造价工程师暂定、管理机构的解释或认定、协商和解、调解和仲裁、诉讼。

⑭ 工程造价鉴定。工程造价鉴定包括一般规定、取证和鉴定。

⑮ 工程计价资料与档案。工程计价资料与档案包括计价资料和计价档案。

⑯ 工程计价表格。工程计价表格包括工程量清单的格式和工程量清单计价格式。工程量清单的格式包括工程量清单的内容，及其相应的各种统一表格。工程量清单计价格式包括工程量清单计价的内容，及其相应的各种统一表格。

（2）附录。附录包括以下十一部分。

附录A，物价变化合同价款调整方法。

附录B，工程计价文件封面。

附录C，工程计价文件扉页。

附录D，工程计价总说明。

附录E，工程计价汇总表。

附录F，分部分项工程和措施项目计价表。

附录G，其他项目计价表。

附录H，规费、税金项目计价表。

附录J，工程量申请（核准）表。

附录K，价款支付申请（核准）表。

附录L，主要材料、工程设备一览表。

2.《建设工程工程量清单计价规范》（GB 50500—2013）中的一般概念

（1）工程量清单。工程量清单由分部分项工程量清单、措施项目清单、其他项目清单、规费项目清单、税金项目清单等组成。这些明细清单，是按照招标要求和施工图纸要求，将拟建招标工程的全部项目和内容，依据统一的项目编码、统一的项目名称、统一的工程量计算规则、统一的计量单位要求，计算拟建招标工程的工程数量的表格。

（2）分部分项工程量清单。分部分项工程量清单是表示拟建工程分项实体工程项目名称和相应数量的明细清单。

分部分项工程量清单包括项目编码、项目名称、项目特征、计量单位和工程量。

分部分项工程量清单根据附录规定的项目编码、项目名称、项目特征、计量单位和工程量计算规则进行编制。

分部分项工程量清单的项目编码，应采用12位阿拉伯数字表示。1 ~ 9位应按附录的规定设置，10 ~ 12位应根据拟建工程的工程量清单项目名称设置，同一招标工程的项目编码不得有重码。

各位数字的含义是：一、二位为专业工程代码（01——房屋建筑与装饰工程；02——仿古建筑工程；03——通用安装工程；04——市政工程；05——园林绿化工程；06——矿山工程；07——构筑物工程；08——城市轨道交通工程；09——爆破工程。以后进入国家标准的专业工程计量规范代码以此类推，顺序编列）；三四位为专业工程附录分类顺序码；五六位为分部工程顺序码；七、八、九位为分项工程项目名称顺序码；十至十二位为清单项目名称顺序码。

分部分项工程量清单的项目名称应根据现行国家计量规范规定的项目名称结合拟建工程的实际确定。

分部分项工程量清单中所列工程量应按现行国家计量规范规定的工程量计算规则计算。

分部分项工程量清单的计量单位应按现行国家计量规范规定的计量单位确定。

分部分项工程量清单项目特征应按现行国家计量规范规定的项目特征，结合拟建工程项目的实际予以描述。

（3）措施项目清单。措施项目清单，是指为完成工程项目施工，发生于该工程施工前和施工过程中的技术、生活、文明、安全等方面非工程实体项目清单，如环境保护、文明施工、临时设施、脚手架、施工排水降水等。措施项目清单应根据拟建工程的具体情况列项，出现规范中未列的项目，可根据工程实际情况补充，详见表1–1。

表1–1　通用措施项目一览表

序 号	项 目 名 称
1	安全文明施工费
2	夜间施工增加费
3	二次搬运费
4	冬雨季施工增加费
5	已完工程及设备保护费

（4）其他项目清单。其他项目清单宜按照下列内容列项。

① 暂列金额。

② 暂估价。

小 提 示

暂估价包括材料暂估单价、工程设备暂估单价、专业工程暂估价。暂估价里的项目在原来两项的基础上增加了工程设备暂估单价。

③ 计日工。

④ 总承包服务费。

出现规范中未列项的项目，可根据工程实际情况补充。

（5）规费项目清单。规费项目清单主要按下列内容列项。

① 社会保险费。

小 提 示

社会保险费包括养老保险费、失业保险费、医疗保险费、工伤保险费、生育保险费。社会保险费由原来的三项变为现在的五项，规费的项目由原来的四项变为现在的三项。

② 住房公积金。

③ 工程排污费。

出现规范中未列的项目，应根据省级政府或省级有关权力部门的规定列项。

（6）税金项目清单。税金项目清单主要按下列内容列项。

① 营业税。

② 城市维护建设税。

③ 教育费附加。

④ 地方教育附加。地方教育附加是2013年新增加的内容。

出现本规范中未列的项目，应根据税务部门的规定列项。

学习案例

某总建筑面积89 700平方米的8层商用楼，框架结构。通过公开招标，业主分别与承包商、监理单位签订了工程施工合同、委托监理合同。工程开、竣工时间分别为2009年3月1日和12月20日。承、发包双方在专用条款中，对工程变更、工程计量、合同价款的调整及工程款的支付等都做了规定。约定采用工程量清单计价，工程量增减的约定幅度为8%。

对变更合同价款确定的程序规定如下。

（1）工程变更发生后7天内，承包方应提出变更工程价款报告，经工程师确认后，调整合同价款。

（2）若工程变更发生后7天内，承包方不提出变更工程价款报告，则视为该变更不涉及价款变更。

（3）工程师自收到变更价款报告之日起7天内应对此予以确认。若无正当理由不确认，自报告送达之日起，14天后该报告自动生效。

承包人在5月8日进行工程量统计时，发现下列变更事项原工程量清单漏项1项；局部基础形式发生设计变更1项；相应地，有3项清单项目工程量减少在5%以内，有2项清单项目工程量增加超过6%，有1项增加超过10%。承包人当即向工程师提出了变更报告。工程师在5月14日确认了上述变更。5月20日承包人向工程师提出了变更工程价款的报告，工程师在5月25日确认了承包人提出的变更价款的报告。

想一想

1. 合同中所述变更价款的程序规定有何不妥之处？如何改正？

2. 按《建设工程工程量清单计价规范》的规定，当工程量发生变更时，如何调整相应单价？本例中发现的问题，如何调整单价？

案例分析

1. 合同中所述变更价款的程序规定中不妥之处及改正如下：

第（1）条，“工程变更发生后7天内”，应改为“工程变更发生后14天内”；

第（2）条，“若工程变更发生后7天内”，应改为“若工程变更发生后14天内”；

第（3）条，“工程师自收到变更价款报告之日起7天内应对此予以确认”，应改为“工程师自收到变更价款报告之日起14天内应对此予以确认”。

2.《建设工程工程量清单计价规范》规定，合同中综合单价因工程量变更需要调整时，除合同另有规定外，确定方法为：

（1）工程量清单漏项或设计变更引起的工程量增减，其相应综合单价由承包人提出，经发包人确认后，作为结算依据。

（2）由于工程量清单的工程量有误或设计变更引起工程量增减，属合同约定幅度以内的，应执行原有的综合单价；属合同约定幅度以外的，其增加部分的工程量或减少后剩余部分的工程量的综合单价，由承包人提出，经发包人确认后作为结算依据。在本例中，对于工程量清单漏项1项、局部基础形式发生设计变更1项，可由承包人提出综合单价，经发包人确认后，作为结算依据；对于清单项目工程量减少在5%以内的3项，清单项目工程量增加超过6%的2项，以及超过10%的1项，由于工程量增减的约定幅度为8%，所以只能对增减超过8%的项目调整综合单价，其增加部分的工程量或减少后剩余部分的工程量的综合单价，由承包人提出，

经发包人确认后作为结算依据。

知识拓展

建筑工程计价软件

建筑工程计价软件，简单地说，是用来计算建筑物的造价以及造价详细组成，为工程的估算、概算、预算、结算、决算等不同阶段的工作提供计量依据。

建筑工程计价软件可包括工程量计算软件、投标报价类软件、预算类软件三大类。

（一）工程量计算软件

工程量计算软件作为概预算的辅助计算工具，是依据概预算人员计算工程量的特点而编制的，对一个工程可以按照层次分别计算或作为同一层次进行计算。

1. 三维算量软件

三维算量软件是由清华斯维尔软件科技有限公司研制开发，符合相关规范。该软件旨在通过三维图形建模，直接识别设计院电子文档的方式，把电子文档转化为面向工程量及套价计算的图形构件对象，以面向图形的方法，生成计算工程量的预算图，直观地解决了工程量的计算及套价，提高了建设工程量计算速度与精确度。

2. 广联达图形算量软件——GCL 2008

广联达图形算量软件以描图的形式将图样输入计算机中，由计算机按照系统选定的规则自动计算工程量。处理的资料主要包括图样、各种标准图集等，输出相应的工程量清单、工程计算书等。

3. 鲁班图形算量软件

鲁班图形算量软件是基于AutoCAD平台的图形算量软件，三维立体可视，清单工程量和定额工程量同时生成，计算结果可以采用图形、表格和预算接口文件三种方式输出，并且与工程量计价软件建立无缝兼容接口，可以直接导入使用。

4. 神机妙算四维算量软件

神机妙算图形算量软件是由上海神机造价软件有限公司开发的。软件主要功能特点包括可导入CAD图档、三维实体显示、逼真的三维钢筋、快速钢筋计算等。

5. PKPM建筑工程量计算软件

PKPM建筑工程量计算软件由中国建筑科学研究院建筑工程软件研究所开发而成。该软件可利用用户已经完成的建筑、结构模型，对预算所需的各种工程量做自动的统计工作。

（二）投标报价类软件

1. PKPM国际/援外工程报价软件

PKPM国际/援外工程报价软件由中国建筑科学研究院建筑工程软件研究所研究开发。PKPM系列国际/援外报价软件充分发挥了用计算机进行估价可使工作方便、灵活的特点，使造价师在报价中不仅可以更为快速、准确、可靠地进行投标报价，而且可以准备多种报价方案以备更灵活地进行投标报价。

2. 工程投标报价系统E921

工程投标报价系统E921是中国建筑总公司与北京广联达慧中软件技术有限公司联合开发的国际工程投标报价的软件系统，它适合于采用FIDIC条款及类似FIDIC条款的投标报价。

（三）预算类软件

1. 清单计价BQ2006

清单计价BQ2006由清华斯维尔科技有限公司研制开发，适用于发包方、承包方、咨询方、监理方等单位管理建设工程造价计算，编制工程预决算，以及招投标需求，通用性强，可实现多种计价方法，挂接多套定额，能满足不同地区及不同定额专业计价的特殊要求，操作方便，界面人性简洁，报表设计美观，输出灵活。

2. PKPM概预算报表软件

PKPM概预算报表软件拥有30多个省市区定额，可完成土建、安装、市政、园林等各专业的套价报表，可准确、方便、快捷地打印输出全套的概预算书。

情境小结

建筑工程计价就是指计算建筑工程的造价。工程项目造价有两层含义。第一层含义是指建设一项工程预期开支或实际开支的全部固定资产投资费用，包括设备工器具购置费、建筑安装工程费、工程建设其他费、预备费、建设期贷款利息和固定资产投资方向调节税费用。第二层含义是从发承包的角度来定义，工程造价是工程承发包价格。

影响工程造价的主要因素有两个，即基本构造要素的单位价格和基本构造要素的实物工程数量。

定额计价法又称施工图预算法。定额计价法在我国有两种现行计价方式，即单位估价法和实物估价法。工程量清单计价法的造价计算方法是“综合单价”法。

工程量清单计价的一般编制程序包括：熟悉施工图纸及其相关资料，了解现场情况；编制工程量清单；计算综合单价；计算分部分项工程费；计算措施费；计算其他项目费；计算单位工程费；计算单项工程费；计算工程项目总价。

《建设工程工程量清单计价规范》（GB 50500—2013）中，需要了解计价规范的内容和一般概念，主要注意2013年与2008年的变化。

学习检测

填空题

1. 按基本建设工程管理和确定工程造价的需要划分，可将基本建设项目划分为________、________、________、________和________。

2. 单位工程是指竣工后不能独立发挥生产能力或使用效益，但具有独立的________和________的工程。

3. 施工图预算，是指在施工图设计完成之后工程开工之前，根据施工图纸及相关资料编制的，用以确定工程预算造价及工料的基本建设造价文件。由于施工图预算是根据________编制的，施工图预算确定的工程造价更接近实际。

4. 竣工结算在单位工程竣工后由________、建设单位自行或委托有相应资质的造价咨询机构审查。审查后经双方确认的竣工结算是办理工程最终结算的重要依据。

5. 分部工程是指按工程的________或________不同进行划分的工程项目。

6. 分项工程是指能够单独地经过一定的________完成，并且可以采用适当计量单位计算的建筑或设备安装工程。

7. 竣工决算由建设单位编制，编制人是________。投资估算、设计概算、施工图预算、标底、标价、竣工结算的编制人是________。

选择题

1. 基本建设按建设性质划分，可分为（　　）。

A. 新建项目　　B. 恢复项目
C. 改建项目　　D. 扩建项目
E. 外资项目

2. 设计概算根据施工图纸设计深度的不同，其概算的编制方法也有所不同。设计概算的编制方法有三种，以下哪个不是（　　）。

A. 根据概算指标编制概算　　B. 根据类似工程预算编制概算
C. 根据概算定额编制概算　　D. 根据施工图预算编制概算

3. 单项工程是指具有独立的设计文件，竣工后可以独立发挥生产能力并能产生经济效益或效能的工程，是建设项目的组成部分。以下是单项工程的是（　　）。

A. 工厂的车间　　B. 学校的教学楼
C. 办公楼　　D. 学生公寓
E. 通风工程

4. 以下不是分项工程的是（　　）。

A. 独立基础　　B. 异形柱　　C. 金属结构工程　　D. 满堂基础

5. 以下是分部工程的是（　　）。

A. 桩与地基基础工程　　B. 金属结构工程
C. 设备基础　　D. 屋面及防水工程
E. 土石方工程

简答题

1. 什么是基本建设？基本建设项目是如何分类的？
2. 建设工程造价文件有哪些？分别在什么时间编制？
3. 建筑工程计价的方法有哪几种？什么是工程量清单计价法？
4. 工程量清单计价程序是怎样的？

学习情境2

建筑工程消耗量定额

情境导入

一项毛石护坡砌筑工程，定额测定资料如下。

（1）完成$1m^3$毛石砌体的基本工作时间为7.9h。

（2）辅助工作时间、准备与结束时间、不可避免中断时间和休息时间等，分别占毛石砌体工作延续时间的3%、2%、2%和16%。

（3）$10m^3$毛石砌体需要M5水泥砂浆$3.93m^3$、毛石$11.22m^3$、水$0.79m^3$。

（4）$10m^3$毛石砌体需要200L砂浆搅拌机0.66台班。

（5）该地区有关资源的现行价格如下。

人工工日单价为50元/工日；

M5水泥砂浆单价为120元/m^3；

毛石单价为58元/m^3；

水单价为4元/m^3；

200L砂浆搅拌机台班单价为88.50元/台班。

案例导航

上述案例，建筑工程消耗量定额按生产要素可分为劳动定额、材料消耗定额、机械台班消耗定额。劳动定额可分为时间定额和产量定额。机械台班消耗定额可分为机械时间定额和机械产量定额。时间定额=定额时间/每工日工时数，产量定额与时间定额成反比。

要了解劳动、材料、机械台班消耗定额的计算公式，需要掌握的相关知识有：

（1）工程建设定额的概念、意义和特点；

（2）建筑工程消耗量定额的概念、建筑工程消耗量指标的确定；

（3）建筑工程消耗量定额的运用。

学习单元1　了解消耗量定额

知识目标

（1）了解工程建设定额的概念、特点及分类。

（2）掌握劳动消耗定额、材料消耗定额、机械台班消耗定额的概念及计算公式。

技能目标

（1）通过本单元的学习，对工程建设定额的概念有一个明晰而简要的认识。

（2）能够清楚劳动消耗定额、材料消耗定额、机械台班消耗定额的计算方法。

基础知识

一、工程建设定额的概念、特点和作用

（一）定额

所谓定，就是规定；额，就是额度或限度。定额，即规定的额度，是人们根据不同的需要，对某一事物规定的数量标准。就产品生产而言，定额反映生产成果与生产要素之间的数量关系。在某产品的生产过程中，定额反映在现有的社会生产力水平条件下，为完成一定计量单位质量合格的产品，所必须消耗的人工、材料、机械台班的数量标准。

定额的水平就是定额标准的高低，它与当地的生产因素及生产力水平有着密切的关系，是一定时期社会生产力的反映。定额水平高反映生产力水平较高，完成单位合格产品所需要消耗的资源较少；反之，则说明生产力水平较低，完成单位合格产品所消耗的资源较多。定额水平不是一成不变，而是随着生产力水平的变化而变化的。因此，定额水平的确定必须从实际出发，根据生产条件、质量标准和现有的技术水平，选择先进合理的操作对象进行观测、计算、分析而定，并随着生产力水平的提高而进行补充修订，以适应生产发展的需要。

（二）工程建设定额

工程建设定额，即额定的消耗量标准，是指按照国家有关的产品标准、设计规范和施工验收规范、质量评定标准，并参考行业、地方标准以及有代表性的工程设计、施工资料确定的工程建设过程中完成规定计量单位产品所消耗的人工、材料、机械等消耗量的标准。

小 提 示

这种定额是量的规定，所反映的是在一定的社会生产力发展水平下，完成某项工程建设产品与各种生产消耗之间特定的数量关系，考虑的是正常的施工条件、目前大多数施工企业的技术装备程度、合理的施工工期、施工工艺和劳动组织，反映的是一种社会平均消耗水平。

（三）工程建设定额的特点

1. 定额的科学性

工程建设定额的科学性包括两层含义。一是指定额的制定是依据一定的理论（如价值、环境、效率等理论），遵循客观规律的要求，在认真调查研究和总结生产实践的基础上，运用系统、科学的方法制定的。定额项目的确定，体现了经过实践证明是已成熟推广的先进技术和先进操作方法。二是指建筑工程定额管理在理论、方法和手段上适应现代科学技术和信息社会发展的需要。因此，定额是科学性与先进性的统一体。

2. 定额的法令性

工程建设定额是经过国家或有关政府部门批准颁发的，在所属规定范围内，各单位必须严

格执行，不得任意改变。而且定额的管理部门还应进行定额使用的监督。因此，定额具有经济法规的性质，是贯彻国家方针政策的重要经济手段。因此，它具有法令性。

3. 定额的统一性

工程建设定额的统一性，主要是由国家对经济发展的有计划的宏观调控职能决定的。为了使国民经济按照既定的目标发展，就需要借助某些标准、定额、参数等，对工程建设进行规划、组织、调节、控制。而这些标准、定额、参数必须在一定范围内是一种统一的尺度，才能实现上述职能，才能利用其对项目的决策、设计方案、投标报价、成本控制进行比选和评价。

4. 定额的稳定性

定额中所规定的各种活劳动与物化劳动消耗量的多少，是由一定时期的社会生产力水平所决定的。随着科学技术水平和管理水平的提高，社会生产力的水平也必然提高，但社会生产力的发展有一个由量变到质变的过程，有一个变动周期，因此定额的执行还有一个相应的实践过程。当生产条件发生变化、技术水平有了较大的提高、原有定额已不能适应生产需要时，授权部门就根据新的情况对定额进行修订和补充。所以，定额不是固定不变的，但也绝不是朝定夕改的，它有一个相对稳定的执行期。

5. 定额的针对性

定额的针对性很强，做什么工程用什么定额，一种工序用一项定额，不得乱套定额。必须严格按照定额的项目、工作内容、质量标准、安全要求执行定额；不得随意增减工时消耗、材料消耗或其他资源消耗；不得减少工作内容，降低质量标准等。

（四）工程建设定额的作用

工程建设定额主要有以下几个方面的作用。

1. 工程建设定额是施工企业和项目部实行经济责任制的重要依据

工程建设改革的突破口是承包责任制。施工企业对外通过投标承揽工程任务，编制投标报价；工程施工项目部进行进度计划和进度控制，进行成本计划和成本控制，均以建筑工程定额为依据。

2. 工程建设定额是施工企业组织和管理施工的重要依据

为了更好地组织和管理工程建设施工生产，必须编制施工进度计划。在编制计划和组织管理施工生产中，要以各种定额来作为计算人工、材料和机械需用量的依据。

3. 工程建设定额是招标投标活动中编制标底标价的重要依据

工程建设定额是招标投标活动中确定建设工程分项工程综合单价的依据。在建设工程计价工作中，根据设计文件结合施工方法，应用相应工程建设定额规定的人工、材料、施工机械台班消耗标准，计算确定工程施工项目中人工、材料、机械设备的需用量，按照人工、材料、机械单价和管理费用及利润标准来确定分项工程的综合单价。

4. 工程建设定额是总结先进生产方法的手段

在一定条件下，工程建设定额是通过对施工生产过程的观察、分析综合制定的。我们可以以工程建设施工定额的标定方法为手段，对同一工程产品在同一施工操作条件下的不同生产方式进行观察、分析和总结从而得出一套比较完整的先进生产方法。因此，它比较科学地反映出生产技术和劳动组织的先进合理程度。

5. 工程建设定额是评定优选工程设计方案的依据

一个设计方案是否经济，正是以工程定额为依据来确定该项工程设计的技术经济指标，通

过对设计方案技术经济指标的比较，来确定该工程设计是否经济。

二、工程建设定额的分类

工程建设定额是工程建设中各类定额的总称，包括许多类别的定额。为了对工程建设定额能有一个全面的了解，可以按照不同的原则和方法对它进行科学分类。

（一）按生产要素分类

生产过程是劳动者利用劳动手段、对劳动对象进行加工的过程。显然生产活动包括劳动者、劳动手段、劳动对象三个不可缺少的要素。劳动者指生产活动中各专业工种的工人，劳动手段是指劳动者使用的生产工具和机械设备，劳动对象是指原材料、半成品和构配件。按此三要素可将工程建设定额分为劳动定额、材料消耗定额、机械台班消耗定额。

1. 劳动定额

劳动定额即人工定额，它反映了建筑工人劳动生产效率水平的高低，表明在合理、正常的施工条件下，单位时间内完成合格产品的数量或完成单位合格产品所需的工时。因此，劳动定额由于其表现形式的不同，又分为时间定额与产量定额。

（1）时间定额。时间定额又称工时定额，是指在合理的劳动组织与合理使用材料的条件下，完成质量合格的单位产品所必须消耗的劳动时间。时间定额以“工日”或“工时”为单位。

（2）产量定额。产量定额又称每工产量，是指在合理的劳动组织与合理使用材料的条件下，规定某工种、某技术等级的工人（或人工班组）在单位时间里必须完成质量合格的产品数量。产量定额的单位是产品的单位。

2. 材料消耗定额

材料消耗定额简称材料定额，是指在节约与合理使用材料的条件下，生产质量合格的单位工程产品，所必须消耗的一定规格的质量合格的材料、成品、半成品、构配件、动力与燃料的数量标准。材料消耗定额的单位是材料的单位。

3. 机械台班消耗定额

机械台班消耗定额又称机械台班使用定额，简称机械定额。它是指在正常施工条件下，施工机械运转状态正常，并合理、均衡地组织施工和使用机械时，机械在单位时间内的生产效率。按其表示形式的不同可分为机械时间定额和机械产量定额。

（1）机械时间定额。机械时间定额是指在合理组织施工和合理使用机械的条件下，某种类型的机械为完成符合质量要求的单位产品所必须消耗的机械工作时间。机械时间定额的单位以“台班”或“台时”表示。

（2）机械产量定额。机械产量定额是指在合理组织施工和合理使用机械的条件下，某种类型的机械在单位机械工作时间内，应完成符合质量要求的产品数量。机械产量定额的单位是产品的单位。

（二）按编制程序及用途分类

按定额的编制程序及用途分类，工程建设定额可分为以下几个类别。

1. 工序定额

工序定额是以个别工序为标定对象编制的，它是组成定额的基础。工序定额一般只作为下达企业内部个别工序的施工任务的依据。

2. 施工定额

施工定额是以同一性质的施工工程——工序，作为研究对象，表示生产产品数量与时间消耗综合关系编制的定额。施工定额是施工企业组织生产和加强管理，在企业内部使用的一种定额，属于企业定额的性质。

3. 预算定额

预算定额是以建筑物或构筑物各个分部分项工程为对象编制的定额。其内容包括人工、材料、机械消耗三个部分，并列有工程费用，是一种计价定额。

4. 概算定额

概算定额是以扩大的分部分项工程为对象编制的，计算和确定该工程项目的劳动、材料、机械台班消耗量所使用的定额，同时它也列有工程费用，也是一种计价定额。

5. 估算指标

估算指标是概算定额的扩大与合并，它是以整个建筑物或构筑物为对象，以更为扩大的计量单位来编制的。估算指标的内容包括人工、材料、机械消耗三个部分，同时还列出了各结构分部的工程量及单位建筑工程的造价，是一种计价定额。

（三）按专业性质分类

按专业性质，工程建设定额可分为全国通用定额、行业通用定额、专业专用定额三种。全国通用定额是指在部门间和地区间都可以使用的定额；行业通用定额是指具有专业特点在行业部门内可以通用的定额；专业专用定额是特殊专业的定额，只能在特定的范围内使用。

小提示

专业专用定额可分为建筑工程定额、装饰工程定额、安装工程定额、市政工程定额、仿古园林工程定额和矿山工程定额，以及公路工程定额、铁路工程定额、水工工程定额和土地整理定额等。

1. 建筑工程定额

建筑工程是指狭义角度意义上的房屋建筑工程结构部分。建筑工程定额是指建筑工程人工、材料及机械的消耗量标准。其内容包括土（石）方工程、桩及地基基础工程、砌筑工程、混凝土及钢筋混凝土工程、厂库房大门特种门木结构工程、金属结构工程、屋面及防水工程和防腐、隔热、保温工程。

2. 装饰工程定额

装饰工程是指房屋建筑的装饰装修工程。装饰工程定额是指建筑装饰装修工程人工、材料及机械的消耗量标准。其内容包括楼地面工程，墙柱面工程，顶棚工程，门窗工程，油漆、涂料、裱糊工程和其他工程。

3. 安装工程定额

安装工程是指各种管线、设备等的安装工程。安装工程定额是指安装工程人工、材料及机械的消耗量标准。其内容包括机械设备安装工程，电气设备安装工程，热力设备安装工程，炉窑砌筑工程，静置设备与工艺金属结构制作安装工程，工业管道工程，消防工程，给排水、采暖、热气工程，通风空调工程，自动化控制仪表安装工程，通信设备及线路工程，建筑智能化系统设备安装工程，长距离输送管道工程。

4. 市政工程定额

市政工程是指城市的道路、桥涵和市政管网等公共设施及公用设施的建设工程。市政工程定额是指市政工程人工、材料及机械的消耗量标准。其内容包括土石方工程、道路工程、桥涵护涵工程、隧道工程、市政管网工程、地铁工程、钢筋工程、拆除工程。

5. 仿古园林工程定额

仿古园林工程定额是指仿古园林工程人工、材料及机械的消耗量标准。其内容包括绿化工程，园路、园桥、假山工程，园林景观工程。

6. 矿山工程定额

矿山工程定额是指矿山工程人工、材料及机械的消耗量标准。

7. 公路工程定额

公路工程定额指城际交通公路工程人工、材料及机械的消耗量标准。其内容包括城际交通公路工程和桥梁工程。

8. 铁路工程定额

铁路工程定额指铁路工程人工、材料及机械的消耗量标准。

9. 水工工程定额

水工工程定额指水工工程人工、材料及机械的消耗量标准。

（四）按投资的费用性质分类

按投资的费用性质，工程建设定额可分为建筑工程定额、设备安装工程定额、建筑安装工程费用定额、工器具定额和建设工程其他费用定额。

1. 建筑工程定额

建筑工程定额是建筑工程的企业定额、预算定额、概算定额、概算指标的总称。

2. 设备安装工程定额

设备安装工程定额是安装工程的企业定额、预算定额、概算定额、概算指标的总称。

3. 建筑安装工程费用定额

建筑安装工程定额包括工程直接费用定额和间接费用定额等。

4. 工器具定额

工器具定额是为新建或扩建项目投产运转首次配置的工具、器具数量标准。

5. 建设工程其他费用定额

建设工程其他费用定额是独立于建筑安装工程、设备和工器具购置之外的其他费用开支的标准。

（五）按主编单位和管理权限分类

按主编单位和管理权限，工程建设定额可分为全国统一定额、行业统一定额、地区统一定额、企业定额和补充定额五种。

1. 全国统一定额

全国统一定额是由国家建设行政主管部门，综合全国工程建设中技术和施工组织管理的情况编制，并在全国范围内执行的定额。

2. 行业统一定额

行业统一定额是考虑到各行业部门专业技术特点，以及施工生产和管理水平编制的。一般只在本行业和相同专业性质的范围内使用。

3. 地区统一定额

地区统一定额包括省、自治区、直辖市定额。地区统一定额主要是考虑地区性特点，对全国统一定额水平做适当调整和补充编制的。

4. 企业定额

企业统一定额是指由施工企业考虑本企业的具体情况，参照国家、部门或地区定额的水平制定的定额。企业定额只在本企业内部使用，是企业素质的一个标志。

5. 补充定额

补充定额是指随着设计、施工技术的发展，在现行定额不能满足需要的情况下，为了补充缺陷所编制的定额。补充定额只能在制定的范围内使用，可以作为以后修订定额的基础。

三、劳动消耗定额

（一）劳动消耗定额的概念

劳动消耗定额也称人工定额，是建筑安装工程统一劳动定额的简称。它是指为完成施工分项工程所需消耗的人力资源量。也就是指在正常的施工条件下，某等级工人在单位时间内完成单位合格产品的数量或完成单位合格产品所需的劳动时间。这个标准是国家和企业对工人在单位时间内的劳动数量、质量的综合要求，也是建筑施工企业内部组织生产、编制施工作业计划、签发施工任务单、考核工效、计算超额奖或计算工资，以及承包中计算人工和进行经济核算等的依据。

（二）劳动消耗定额的分类

劳动定额可以分为时间定额和产量定额两种形式。

1. 时间定额

时间定额就是在合理的劳动组织与合理使用材料的条件下，规定某种专业工种某一技术等级的工人班组或个人，完成质量合格的单位产品所需消耗的工作时间。其主要包括准备与结束工作时间、基本工作时间、辅助工作时间、不可避免的中断时间及工人必需的休息时间。

小提示

时间定额的单位是“工日”（一个工人工作一个工作日为1工日）或“工时”（一个工人工作一小时为1工时），例如，1.2工时/m^3 1砖混水砖墙，即一个建筑安装工人完成1$m^3$1砖混水砖墙的砌筑所需的时间为1.2小时。

$$\text{单位产品时间定额（工日）}=\frac{\text{完成一定数量的产品所需消耗的作业时间（工日）}}{\text{完成合格产品的数量}} \tag{2.1}$$

$$\text{其中，个人完成单位产品的时间定额工日（工日）}=\frac{1}{\text{每工产量}} \tag{2.2}$$

$$\text{小组完成单位产品的时间定额（工日）}=\frac{\text{小组成员工日数总和}}{\text{小组台班产量}} \tag{2.3}$$

2. 产量定额

产量定额就是在合理的劳动组织与合理使用材料的条件下，规定某种专业某一技术等级工人班组或个人，在单位时间内完成质量合格的产品数量。

小提示

产量定额的单位是以单位时间内生产的产品计量单位表示，如平方米/工日，吨/工日等，如1/12 m^3 1砖混水砖墙/工时，即一个建筑安装工人一小时内完成1/12 m^3合格的1砖混水砖墙。

小技巧

从以上公式可以看出，个人完成的时间定额与产量定额互为倒数关系；小组完成的时间定额与产量定额之积等于小组成员人数。

劳动定额主要有以下两种表示方法。

单式表示法，即时间定额或产量定额；复式表示法，即 $\frac{\text{时间定额}}{\text{产量定额}}$。我国最近编制的劳动定额一般以时间定额表示。其中砖基础的劳动定额如表2-1所示。

表2-1 砖基础的劳动定额

工作内容：包括清理地槽，砌垛、角，抹防潮层砂浆等。 单位：工日/m^3

项 目	厚 度			序 号
	1砖	$1\frac{1}{2}$砖	2砖及2砖以上	
综合	0.937	0.905	0.876	一
砌砖	0.39	0.354	0.325	二
运输	0.449	0.449	0.449	三
调制砂浆	0.098	0.102	0.102	四
编号	1	2	3	

劳动定额又有综合定额和单项定额之分。综合定额是指完成同一产品中的各单项（工序）定额的综合，综合定额的时间定额由各单项时间定额相加而成，即

综合时间定额（工日）=∑各单项（或工序）时间定额

如表2-1所示，1砖墙砖基础的综合时间定额=砌砖（0.39）+运输（0.449）+调制砂浆（0.098）

=0.937（工日）

为了便于综合和核算，劳动定额大都采用工作时间消耗量来计算劳动消耗的数量，所以劳动定额是用时间定额这一表现形式来计算劳动消耗数量的。

（三）时间定额和产量定额的关系

时间定额和产量定额互为倒数关系，即

$$\text{时间定额}\times\text{产量定额}=1 \tag{2.4}$$

$$\text{时间定额}=\frac{1}{\text{产量定额}} \tag{2.5}$$

（四）工作时间

完成任何施工过程，都必须消耗一定的工作时间。要研究施工过程中的工时消耗量，就必须对工作时间进行分析。

工作时间的研究，是将劳动者整个生产过程中所消耗的工作时间，根据其性质、范围和具体情况进行科学划分、归类，明确哪些属于定额时间，哪些属于非定额时间，找出非定额时间损失的原因，以便拟定技术组织措施，消除产生非定额时间的因素，充分利用工作时间，提高劳动生产率。

工作时间是指工作班的延续时间。建筑安装企业工作班的延续时间为8h（每个工日）。对工作时间的研究和分析，可以分工人工作时间和机械工作时间两个系统进行。

1. 工人工作时间

（1）定额时间。定额时间是指工人在正常施工条件下，为完成一定数量的产品或任务所必须消耗的工作时间。内容包括以下几方面。

① 准备与结束工作时间。准备与结束工作时间指工人在执行任务前的准备工作（包括工作地点、劳动工具、劳动对象的准备）和完成任务后整理工作的时间。

② 基本工作时间。基本工作时间指工人完成与产品生产直接有关的准备工作，如砌砖施工过程的挂线、铺灰浆、砌砖等工作时间。基本工作时间一般与工程量的大小成正比。

③ 辅助工作时间。这是指为了保证基本工作顺利完成而同技术操作无直接关系的辅助性工作时间。例如，工人转移工作地点、修磨校验工具、移动工作梯等所需时间。

④ 休息时间。休息时间指工人恢复体力所必需的时间。

⑤ 不可避免的中断时间。这是指由于施工工艺特点所引起的工作中断时间，如，汽车司机等候装货的时间、安装工人等候构件起吊的时间等。

（2）非定额时间。具体内容包括以下几个方面。

① 多余和偶然工作时间。这是指在正常施工条件下不应发生的时间消耗，例如，拆除超过图示高度的多余墙体的时间。

② 施工本身造成的停工时间。这是指由于气候变化和水、电源中断而引起的停工时间。

③ 违反劳动纪律的损失时间。这是指在工作班内工人迟到、早退、闲谈、办私事等原因造成的工时损失。

2. 机械工作时间

机械工作时间是由机械本身的特点所决定的，因此机械工作时间的分类与工人工作时间的分类有所不同，例如，在必须消耗的时间中所包含的有效工作时间的内容不同。

（1）定额时间。

① 有效工作时间。有效工作时间包括正常负荷下的工作时间，以及有根据的降低负荷下的工作时间。

② 不可避免的无负荷工作时间。这是指由施工过程的特点所造成的无负荷工作时间，如推土机到达工作段终端后倒车的时间、起重机吊完构件后返回构件堆放地点的时间等。

③ 不可避免的中断时间。这是与工艺过程的特点、机械使用中的保养、工人休息等有关的中断时间，如汽车装卸货物时的停车时间、给机械加油的时间，以及工人休息时的停机时间等。

定额时间的计算公式是

$$定额时间=基本工作时间+辅助工作时间+准备与结束工作时间+不可避免的中断时间+休息时间 \tag{2.6}$$

（2）非定额时间。

① 机械多余的工作时间。它指机械完成任务时无须包括的工作占用时间，例如，灰浆搅拌机搅拌时多运转的时间、工人没有及时供料而使机械空运转的延续时间。

② 机械停工时间。它是指由于施工组织不好及由于气候条件影响所引起的停工时间。例如，未及时给机械加水、加油而引起的停工时间。

③ 违反劳动纪律的停工时间。这是指由于工人迟到、早退等原因引起的机械停工时间。

（五）劳动定额的编制方法

1. 经验估计法

经验估计法是根据定额员、技术员、生产管理人员和老工人的实际工作经验，对生产某一产品或完成某项工作所需的人工、机械台班、材料数量进行分析、讨论和估算，并最终确定定额耗用量的一种方法。

2. 技术测定法

技术测定法是通过对施工过程中的具体活动进行实地观察，详细记录工人和机械的工作时间消耗、完成产品数量及有关因素，并将记录结果予以研究、分析，去伪存真，整理出可靠的原始数据资料，为制定定额提供科学依据的一种方法。

小技巧

技术测定法有较充分的科学依据，准确程度较高，但工作量较大，测定的方法和技术复杂。

3. 统计分析法

统计分析法是一种运用过去统计资料确定定额的方法。

4. 比较类推法

比较类推法也叫典型定额法。比较类推法是在相同类型的项目中，选择有代表性的典型项目，然后根据测定的定额用比较类推的方法编制其他相关定额的一种方法。

（六）劳动定额的编制程序

1. 分析基础资料

（1）影响工时消耗因素的确定。影响工时消耗因素主要有技术因素和组织因素两个方面。

① 技术因素主要有完成产品的类别，材料、构配件的种类和型号等级，机械和机具的种类、型号和尺寸，产品质量等。

② 组织因素包括操作方法和施工的管理与组织、工作地点的组织、人员组成和分工、工资与奖励制度、原材料和构配件的质量及供应的组织、气候条件等。

确定和分析影响工时消耗的因素时，应根据各因素的具体情况并参照因素确定表进行。因素确定表见表2-2。

表2-2　因素确定表

<table>
<tr><th colspan="2">施工工程名</th><th>施工队名称</th><th>工地名称</th><th colspan="2">工程概况</th><th>观察时间</th><th>气　温</th></tr>
<tr><td colspan="2">砌六层里外混水墙</td><td>某公司某施工队</td><td>某大学宿舍楼</td><td colspan="2">六层楼每层两单元，带壁橱、卫生间，长27.6m，宽14m，高3.0m</td><td>某年10月23日</td><td>15℃～17℃</td></tr>
<tr><td colspan="2">施工队（组）人员组成</td><td colspan="6">瓦工队共30人。其中：一级工9人，二级工13人，五级工3人，六级工5人；男25人，女5人；50岁以上7人；高中学历5人，初中学历16人，小学以下9人</td></tr>
<tr><td colspan="2">施工方法和机械装备</td><td colspan="6">手工操作，里架子，配备2～5 t塔式起重机一台，翻斗一辆</td></tr>
<tr><td rowspan="8">完成定额情况</td><td rowspan="2">定额项目</td><td rowspan="2">单位</td><td rowspan="2">完成产品数量</td><td rowspan="2">实际工时消耗/工日</td><td colspan="2">定额工时消耗/工日</td><td rowspan="2">完成定额/%</td></tr>
<tr><td>单位</td><td>总计</td></tr>
<tr><td>瓦工砌$1\frac{1}{2}$砖混水外墙</td><td>m^3</td><td>96</td><td>64.20</td><td>0.45</td><td>43.20</td><td>67.29</td></tr>
<tr><td>瓦工砌1砖混水内墙</td><td>m^3</td><td>48</td><td>32.10</td><td>0.47</td><td>22.56</td><td>70.28</td></tr>
<tr><td>瓦工砌1/2砖隔断墙</td><td>m^3</td><td>16</td><td>10.70</td><td>0.72</td><td>11.52</td><td>107.66</td></tr>
<tr><td>壮工运输和调制砂浆</td><td></td><td></td><td>105.00</td><td></td><td>63.04</td><td>60.04</td></tr>
<tr><td>按定额加工</td><td></td><td></td><td></td><td></td><td>39.55</td><td></td></tr>
<tr><td>总计</td><td></td><td>160</td><td>212.00</td><td></td><td>179.87</td><td>84.84</td></tr>
<tr><td colspan="2">影响工时消耗的组织和技术因素</td><td colspan="6">（1）该宿舍楼系六层混水墙到顶，墙体厚度不一，建筑面积小，操作比较复杂。
（2）砖的质量不好，选砖比较费时。
（3）低级工比例过大，浪费工时现象比较普遍。
（4）高级工比例小，低级工做高级工活比较普遍，技、壮工配合不好。
（5）工作台位置和砖的位置，不便于工人操作。
（6）瓦工损伤操作台，不符合动作经济原则，取砖和砂浆动作幅度很大，极易疲劳。
（7）劳动纪律不太好，有些青年工人工作时间聊天、打闹。</td></tr>
<tr><td colspan="2">填表人</td><td colspan="3"></td><td>填表日期</td><td colspan="2"></td></tr>
<tr><td colspan="2">备注</td><td colspan="6"></td></tr>
</table>

（2）计时观察资料的整理。整理观察资料的方法大多是采用平均修正法。平均修正法是一种在对测时数列进行修正的基础上，求出平均值的方法。

修正测时数列，就是剔除或修正那些偏高或偏低的可疑数值，目的是保证结果不受那些偶然因素的影响。如果测时数列受到产品数量的影响，采用加权平均值则是比较适当的。因为采用加权平均值可在计算单位产品工时消耗时，考虑到每次观察中产品数量变化的影响，从而使我们也能获得可靠的数值。

对每次计时观察的资料进行整理之后，要对整个施工过程的观察资料进行系统分析研究和整理。

（3）整理与分析日常积累资料。建筑工程日常积累的资料主要有四类：第一类是现行定额的执行情况及存在问题的资料；第二类是企业和现场补充定额资料，如因现行定额漏项而编制的补充定额资料，因解决采用新技术、新结构、新材料和新机械而产生的定额缺项所编制的补充定额资料；第三类是已采用的新工艺和新的操作方法的资料；第四类是现行的施工技术规范、操作规程、安全规程和质量标准等。

（4）拟定定额的编制方案。建筑工程拟定定额的编制方案应包括提出对拟编定额的定额水平总的设想，拟定定额分章、分节、分项的目录，选择产品和人工、材料、机械的计量单位，设计定额表格的形式和内容等。

2. 确定正常的施工条件

确定正常的施工条件应包括拟定工作地点、拟定工作组成及施工人员编制三方面内容。

（1）拟定工作地点。工作地点是工人施工活动的场所。拟定工作地点时，要特别注意工人在操作时不受妨碍，工人所使用的工具和材料应按使用顺序放置于最便于取用的地方，以减少疲劳和提高工作效率，工作地点应保持清洁和秩序井然。

（2）拟定工作组成。拟定工作组成就是将工作过程按照劳动分工的可能划分为若干工序，以便合理使用技术工人。可以采用两种基本方法：一种是把工作过程中简单的工序，划分给技术熟练程度较低的工人去完成；一种是分出若干个技术程度较低的工人，去帮助技术程度较高的工人工作。采用后一种方法就是把个人完成的工作过程，变成了小组完成的工作过程。

（3）拟定施工人员编制。拟定施工人员编制即确定小组人数、技术工人的配备，以及劳动的分工和协作。原则是使每个工人都能充分发挥作用，均衡地担负工作。

3. 确定劳动定额消耗量

时间定额是在拟定基本工作时间、辅助工作时间、不可避免中断时间、准备与结束工作时间，以及休息时间的基础上制定的。具体方法如下。

（1）拟定基本工作时间。基本工作时间在必须消耗的工作时间中占的比重最大，在确定基本工作时间时，必须细致、精确。

基本工作时间消耗一般应根据计时观察资料来确定。其做法是，首先确定工作过程每一组成部分的工时消耗，然后再综合出工作过程的工时消耗。如果组成部分的产品计量单位和工作过程的产品计量单位不符，就需先求出不同计量单位的换算系数，进行产品计量单位的换算，然后再相加，求得工作过程的工时消耗。

（2）拟定辅助工作时间和准备与结束工作时间。辅助工作和准备与结束工作时间的确定方法与基本工作时间相同。但是，如果这两项工作时间在整个工作班工作时间消耗中所占比重不超过5% ~ 6%，则可归纳为一项，以工作过程的计量单位表示，确定出工作过程的工时消耗。

小技巧

如果在计时观察时不能取得足够的资料，也可采用工时规范或经验数据来确定。如具有现行的工时规范，可以直接利用工时规范中规定的辅助和准备与结束工作时间的百分比来计算。

（3）拟定不可避免的中断时间。在确定不可避免的中断时间的定额时，特别注意的是只有由工艺特点所引起的不可避免中断才可列入工作过程的时间定额中。

不可避免中断时间需要根据测时资料通过整理分析获得，也可以根据经验数据或工时规范，以占工作日的百分比表示此项工时消耗的时间定额。

（4）拟定休息时间。休息时间应根据工作班作息制度、经验资料、计时观察资料，以及对工作的疲劳程度做全面分析来确定。

从事不同工种、不同工作的工人，疲劳程度有很大差别。为了合理确定休息时间，往往要对从事各种工作的工人进行观察、测定，以及进行生理和心理方面的测试，以便确定其疲劳程度。同时，应考虑尽可能利用不可避免中断时间作为休息时间。国内外往往按工作轻重和工作条件好坏，将各种工作划分为不同的级别。如我国某地区工时规范将体力劳动分为六类，即最沉重、沉重、较重、中等、较轻、轻便。

以下是根据疲劳程度划分出的等级，用以合理规定休息需要的时间表，主要分六个等级，如表2–3所示。

表2–3　休息时间占工作日的比重

疲劳程度	轻便	较轻	中等	较重	沉重	最沉重
等　级	1	2	3	4	5	6
占工作日比重/%	4.16	6.25	8.33	11.45	16.7	22.9

（5）拟定定额时间。确定的基本工作时间、辅助工作时间、准备与结束工作时间、不可避免中断时间和休息时间之和，就是劳动定额的时间定额。根据时间定额可计算出产量定额，时间定额和产量定额互成倒数。

（七）劳动定额的计算公式

在取得现场测定资料后，可以计算劳动定额的时间定额。计算公式是

$$定额时间=\frac{基本作业时间\times 100}{100-\left(\begin{matrix}辅助工\\作时间\end{matrix}+\begin{matrix}准备与结束\\工作时间\end{matrix}+\begin{matrix}不可避免的\\中断时间\end{matrix}+\begin{matrix}休息\\时间\end{matrix}\right)} \tag{2.7}$$

课堂案例

人工挖三类土，根据下列现场测定资料，计算挖1m^{3}土的时间定额和产量定额。

基本工作时间：80min/m^3。

辅助工作时间：占全部工作时间3%。

准备与结束工作时间：占全部工作时间2%。

不可避免中断时间：占全部工作时间2.5%。

休息时间：占全部工作时间10%。

问题：

计算出时间定额、产量定额。

分析：

$$定额时间=\frac{80}{1-（3\%+2\%+2.5\%+10\%)}=97（min）$$

$$时间定额=\frac{97}{60\times 8}=0.202（工日）$$

$$根据时间定额可计算出产量定额为\frac{1}{0.202}=4.95（m^3）$$

四、材料消耗定额

（一）材料消耗定额的概念

材料消耗定额是指在先进合理的施工条件和合理使用材料的情况下，生产质量合格的单位

产品所必须消耗的建筑安装材料的数量标准。

在工程建设中，建筑材料品种繁多，耗用量大，占工程费用的比例较大，在一般工业与民用建筑工程中，其材料费占整个工程费用的60% ~ 70%。因此，用科学的方法正确地制定材料消耗定额，可以保证合理地供应和使用材料，减少材料的积压和浪费。这对于保证施工的顺利进行、降低产品价格和工程成本有着极其重要的意义。

（二）施工中材料消耗的组成

施工中材料的消耗，可分为必需的材料消耗和损失的材料两类。必需消耗的材料，是指在合理用料的条件下，生产合格产品所需消耗的材料。它包括直接用于建筑和安装工程的材料、不可避免的施工废料、不可避免的材料损耗。

必需消耗的材料属于施工正常消耗，是确定材料消耗定额的基本数据。其中关于直接用于建筑和安装工程的材料，编制材料净用量定额；关于不可避免的施工废料和材料损耗，编制材料损耗定额。

材料各种类型的损耗量之和称为材料损耗量。除去损耗量之后净用于工程实体上的数量称为材料净用量。材料净用量与材料损耗量之和称为材料总消耗量。损耗量与总消耗量之比称为材料损耗率。它们的关系用公式表示就是

$$损耗率=\frac{损耗量}{总消耗量}\times100\% \tag{2.8}$$

$$总消耗量=\frac{净用量}{1-损耗率} \tag{2.9}$$

或

$$总消耗量=净用量+损耗量 \tag{2.10}$$

为了简便，通常将损耗量与净用量之比，作为损耗率，即

$$损耗率=\frac{损耗量}{净用量}\times100\% \tag{2.11}$$

$$总消耗量=净用量\times(1+损耗率) \tag{2.12}$$

（三）编制材料消耗定额的基本方法

材料消耗定额必须在充分研究材料消耗规律的基础上制定，是通过施工生产过程中对材料消耗进行观测、试验以及根据技术资料的统计与计算等方法制定的。

1. 观测法

观测法亦称现场测定法，是指在合理和节约使用材料的前提下，在现场对施工过程进行观察，记录出数据，测定出哪些是不可避免的损耗材料，应该记入定额之中，哪些是可以避免的损耗材料，不应该记入定额之中。通过现场观测，确定出合理的材料消耗量，最后得出一定的施工过程单位产品的材料消耗定额。

观测法的首要任务是选择典型的工程项目。其施工技术、组织及产品质量，均要符合技术规范的要求；材料的品种、型号、质量也应符合设计要求；产品检验合格，操作工人能合理使用材料和保证产品质量。

观测法是在现场实际施工中进行的。在观测前要充分做好准备工作，如选用标准的运输工具和衡量工具，采取减少材料损耗措施等。观测的结果，要取得材料消耗的数量和产品数量的数据资料。对观测取得的数据资料要进行分析研究，区分哪些是合理的，哪些是不合理的，哪

些是不可避免的，以制定出在一般情况下都可以达到的材料消耗定额。

利用现场测定法主要是编制材料损耗定额，也可以提供编制材料净用量定额的数据。其优点是能通过现场观察、测定，取得产品产量和材料消耗的情况，为编制材料定额提供技术根据。

2. 实验法

实验法又称实验室实验法，是由专门从事材料试验的专业技术人员，使用实验仪器来测定材料消耗定额的一种方法。这种方法可以较详细地研究各种因素对材料消耗的影响，且数据准确，但仅适用于在实验室内测定砂浆、混凝土、沥青等建筑材料的消耗定额。例如，以各种原材料为变量因素，求得不同强度等级混凝土的配合比，从而计算出每三次方米混凝土的各种材料耗用量。

利用实验法，主要是编制材料净用量定额。通过实验，能够对材料的结构、化学成分和物理性能以及按强度等级控制的混凝土、砂浆配比做出科学的结论，为编制材料消耗定额提供有技术根据的、比较精确的计算数据。

实验室实验必须符合国家有关标准规范，计量要使用标准容器和称量设备，质量要符合施工与验收规范要求，以保证获得可靠的定额编制依据。但是，实验法不能取得在施工现场实际条件下各种客观因素对材料耗用量影响的实际数据，这是该法的不足之处。

3. 统计法

所谓统计法，是指对分部（分项）工程拨付一定的材料数量、竣工后剩余的材料数量以及完成合格建筑产品的数量，进行统计计算而编制材料消耗定额的方法。这种方法不能区分施工中的合理材料损耗和不合理材料损耗，所以，得出的材料消耗定额准确性偏低。

小技巧

采用统计法，必须要保证统计和测算的耗用材料和相应产品一致。在施工现场中的某些材料，往往难以区分用在各个不同部位上的准确数量，因此，要有意识地加以区分，才能得到有效的统计数据。

用统计法制定材料消耗定额一般采取两种方法。

（1）经验估算法。经验估算法指以有关人员的经验或以往同类产品的材料实耗统计资料为依据，在研究分析并考虑有关影响因素的基础上制定材料消耗定额的方法。

（2）统计法。统计法是对某一确定的单位工程拨付一定的材料，待工程完工后，根据已完成产品数量和领退材料的数量，进行统计和计算的一种方法。由统计得到的定额虽有一定的参考价值，但其准确程度较差，应对其分析研究后才能采用。

对积累的各分部分项工程结算的产品所耗用材料的统计分析，是根据各分部分项工程拨付材料数量、剩余材料数量及总共完成产品数量来进行计算的。

4. 理论计算法

理论计算法又称计算法，它是根据施工图纸，运用一定的数学公式计算材料的耗用量。理论计算法只能计算出单位产品的材料净用量，材料的损耗量还要在现场通过实测取得。例如：$1m^3$标准砖墙中，砖、砂浆的净用量计算公式如下。

（1）$1m^3$的1砖墙中，砖的净用量为

$$砖净用量=\frac{1}{(砖宽+灰缝)\times(砖厚+灰缝)}\times\frac{1}{砖长} \quad (2.13)$$

（2）$1m^3$的$1\frac{1}{2}$砖墙中，砖的净用量为

$$砖净用量=\left[\frac{1}{(砖长+灰缝)\times(砖厚+灰缝)}\times\frac{1}{砖长}+\frac{1}{(砖宽+灰缝)\times(砖厚+灰缝)}\times\frac{1}{砖长}\right]\times\frac{1}{砖长+砖宽+灰缝} \quad (2.14)$$

（3）砂浆用量为

$$砂浆净用量=1m^3砌体-砖体积 \quad (2.15)$$

采用这种方法时必须对工程结构、图纸要求、材料特性和规格、施工及验收规范、施工方法等先进行了解和研究。

小技巧

理论计算法是材料消耗定额制定方法中比较先进的方法，适宜于不易产生损耗且容易确定废料的材料，如木材、钢材、砖瓦、预制构件等材料。因为这些材料根据施工图纸和技术资料，从理论上都可以计算出来，不可避免的损耗也有一定的规律可找。

课堂案例

用标准砖（240mm×115mm×53mm）砌筑1砖厚墙，如图2–1所示。

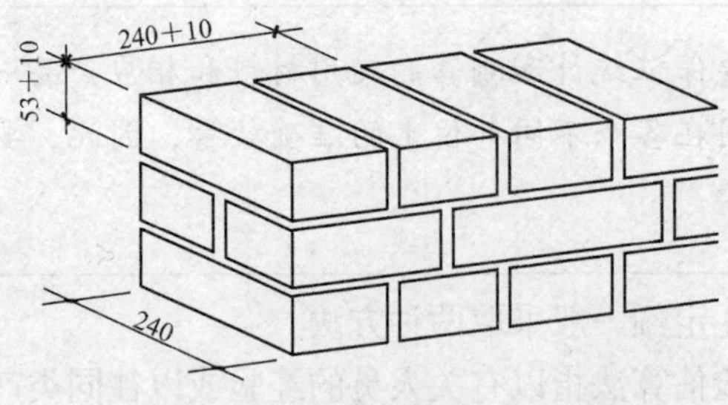

图2–1　砖砌体计算尺寸示意图

问题：

求$1m^3$的砖墙中标准砖、砂浆的净用量。

分析：

$1m^3$的标准1砖墙中标准砖的净用量为

$$砖净用量=\frac{1}{(砖宽+灰缝)\times(砖厚灰缝)}\times\frac{1}{砖长}$$

$$=\frac{1}{(0.115+0.01)\times(0.053+0.01)}\times\frac{1}{0.24}=529（块）$$

$1m^3$的1砖墙中砂浆的净用量为

$$砂浆净用量=1m^3砌体-砖体积$$

其中，每块标准砖的体积=0.24×0.115×0.053=0.001 462 8（m^3）

所以，砂浆净用量=1−529×0.001 462 8=0.226（m^3）

（四）周转性材料消耗量计算

建筑安装施工中除了耗用直接构成工程实体的各种材料、成品、半成品外，还需要耗用一些工具性的材料，如各种模板、活动支架、脚手架、支撑、挡土板等。这类材料在施工中不是一次消耗完，而是随着使用次数逐渐消耗的，故称为周转性材料。

在编制材料消耗定额时，某些工序定额、单项定额和综合定额中涉及周转材料的确定和计算，如劳动定额中的架子工程、模板工程等。

周转性材料在施工过程中不属于通常的一次性消耗材料，而是可多次周转使用，经过修理、补充才逐渐消耗尽，如模板、钢板桩、脚手架等，实际上它亦是作为一种施工工具和措施存在的。在编制材料消耗定额时，应按多次使用、分次摊销的办法确定。定额表中规定的数量是使用一次摊销的实物量。

1. 考虑模板周转使用补充和回收的计算

$$摊销量=周转使用量-回收量 \tag{2.16}$$

$$投入使用总量=一次使用量+(一次使用量)\times(周转次数-1)\times 损耗率 \tag{2.17}$$

$$周转回收量=\frac{周转使用最终回收量}{周转次数} \tag{2.18}$$

$$周转回收量=\frac{投入使用总量}{周转次数} \tag{2.19}$$

2. 不考虑模板周转使用补充和回收的计算

$$摊销量=\frac{一次使用量}{周转次数} \tag{2.20}$$

（五）砌体材料用量计算方法

1. 砌体材料用量计算的一般公式

$$\begin{matrix}每1m^3砌体\\砌块净用量\end{matrix}=\frac{1m^3砌体}{墙厚\times（砌块长+灰缝）\times（砌块厚+灰缝）} \tag{2.21}$$

$$砂浆净用量=1m^3砌体-砌块净数量\times 砌块的单位体积 \tag{2.22}$$

2. 砖砌体材料用量计算

砂砖的尺寸为240mm×115mm×53mm，其材料用量计算公式为

$$\begin{matrix}每1m^3砌体灰\\砂用量砖净\end{matrix}=\frac{1}{墙厚\times（砖长+灰缝）\times（砖厚+灰缝）}\times 墙厚的砖数\times 2 \tag{2.23}$$

$$灰砂砖总消耗量=\frac{净用量}{1-损耗率} \tag{2.24}$$

$$砂浆净用量=1-灰砂砖净用量\times 0.24\times 0.115\times 0.053 \tag{2.25}$$

$$砂浆总消耗量=\frac{净用量}{1-损耗率} \quad (2.26)$$

（六）块料面层材料用量计算

块料面层材料用量计算公式如下：

$$\begin{matrix}每100m^2块料\\面层净用量\end{matrix}=\frac{100}{（块料长+灰缝）\times（块料宽+灰缝）} \quad (2.27)$$

$$\begin{matrix}每100m^2块料\\总消耗量\end{matrix}=\frac{净用量}{1-损耗率} \quad (2.28)$$

$$\begin{matrix}每100m^2结合\\层砂浆净用量\end{matrix}=100m^2\times 结合层厚度 \quad (2.29)$$

$$\begin{matrix}每100m^2结合\\层砂浆总消耗量\end{matrix}=\frac{净用量}{1-损耗率} \quad (2.30)$$

$$\begin{matrix}每100m^2块料面层\\灰缝浆净用量\end{matrix}=（100-块料长\times 块料宽\times 块料用量）\times 灰缝深 \quad (2.31)$$

$$\begin{matrix}每100m^2块料面层\\灰缝砂浆总消耗量\end{matrix}=\frac{净用量}{1-损耗率} \quad (2.32)$$

课堂案例

水泥砂浆贴500 mm×500 mm×15 mm花岗石板地面，结合层5mm厚，灰缝1mm厚，花岗石损耗率为1.5%，砂浆损耗率为1.6%。

问题：

计算每100 m^2地面的花岗石和砂浆的总消耗量。

分析：

（1）计算花岗石总消耗量。

$$\begin{matrix}每100m^2块料地面\\花岗石净用量\end{matrix}=\frac{100}{（0.5+0.001）\times（0.5+0.001）}=398.4（块）$$

$$\begin{matrix}每100m^2块料地面\\花岗石总消耗量\end{matrix}=\frac{398.4}{1-1.5\%}=404.5（块）$$

（2）计算砂浆总消耗量。

$$\begin{matrix}每100m^2花岗岩地面\\结合层砂浆净用量\end{matrix}=100\times 0.005=0.5（m^3）$$

$$\begin{matrix}每100m^2花岗岩地面\\灰缝砂浆净用量\end{matrix}=（100-0.5\times 0.5\times 398.4）\times 0.015=0.006（m^3）$$

$$砂浆总消耗量=\frac{0.5+0.006}{1-1.6\%}=0.514（m^3）$$

（七）预制构件模板摊销量计算

预制构件模板摊销量是按多次使用、平均摊销的方法计算的。计算公式如下：

$$\text{模板一次使用量}=\text{1m}^3\text{构件模板接触面积}\times\text{1m}^2\text{接触面积模板净用量} \tag{2.33}$$

$$\text{模板摊销量}=\frac{\text{一次使用量}}{\text{周转次数}} \tag{2.34}$$

课堂案例

根据选定的预制过梁标准图计算，每1 m^3构件的模板接触面积为10.16m^2，每1 m^2接触面积的模板净用量为0.095m^3，模板损耗率为6%，模板周转28次。

问题：

计算每1m^2预制过梁的模板摊销量。

分析：

（1）模板一次使用量计算。

$$\text{模板一次使用量}=10.16\times0.095\times\frac{1}{1-6\%}=1.027\ (\text{m}^3)$$

（2）模板摊销量计算。

$$\text{预制过梁模板摊销量}=\frac{1.027}{28}=0.037\ (\text{m}^3/\text{m}^2)$$

五、机械台班消耗定额

在建筑安装工程中，有些工程产品或工作是由人工来完成的，有些是由机械来完成的，有些则是由人工和机械配合共同完成的。由机械或人机配合来完成的产品或工作中，就包含一个机械工作时间。

（一）机械台班消耗定额的概念

机械台班消耗定额，或称机械台班使用定额，是指在正常的施工机械生产条件下，为生产单位合格工程施工产品或某项工作所必须消耗的机械工作时间标准，或者在单位时间内使用施工机械所应完成的合格工程施工产品的数量。机械台班定额以台班为单位，每一台班按8h计算。其表达形式有机械时间定额和机械产量定额两种。

1. 机械时间定额

机械时间定额是指在合理劳动组织与合理使用机械条件下，完成单位合格产品所必需的工作时间，包括有效工作时间（正常负荷下的工作时间和降低负荷下的工作时间）、不可避免的中断时间、不可避免的无负荷工作时间。机械时间定额以“台班”表示，即一台机械工作一个作业班时间，一个作业班时间为8h。

$$\text{单位产品机械时间定额（台班）}=\frac{1}{\text{台班产量}} \tag{2.35}$$

由于机械必须由工人小组配合，所以完成单位合格产品的时间定额，同时应列出人工时间定额，即

$$单位产品人工时间定额（工日）=\frac{小组成员总人数}{台班产量} \quad (2.36)$$

2. 机械产量定额

机械产量定额是指在合理劳动组织与合理使用机械条件下，机械在每个台班时间内应完成合格产品的数量。

$$机械产量定额=\frac{1}{机械时间定额（台班）} \quad (2.37)$$

机械时间定额和机械产量定额互为倒数关系。

复式表示法有如下形式：

$$\frac{人工时间定额}{机械台班产量}或\frac{人工时间定额}{机械台班产量}/台班车次 \quad (2.38)$$

（二）机械台班消耗定额的编制

施工机械台班消耗定额是施工机械生产率的反映。编制高质量的机械台班定额是合理组织机械施工，有效利用施工机械，进一步提高机械生产率的必备条件。

编制机械台班消耗定额，主要包括以下内容。

1. 确定施工正常施工条件

机械操作与人工操作相比，劳动生产率在更大程度上受施工条件的影响，所以需要更好地拟定正常的施工条件。

小 提 示

机械操作与人工操作相比，劳动生产率在更大程度上受施工条件的影响，所以需要更好地拟定正常的施工条件。在拟定机械工作正常的施工条件时，主要是拟定工作地点的合理组织和拟定合理的工人编制。

工作地点的合理组织，就是对施工地点机械和材料的放置位置、工人从事操作的场所，做出科学合理的平面布置和空间安排。它要求施工机械和操纵机械的工人在最小范围内移动，但又不妨碍机械运转和工人操作；应使机械的开关和操纵装置尽可能集中地装置在操纵工人的近旁，以节省工作时间和减轻劳动强度；应最大限度发挥机械的效能，减少工人的手工操作。

拟定合理的工人编制，就是根据施工机械的性能和设计能力、工人的专业分工和劳动工效，合理确定操纵机械的工人和直接参加机械化施工过程的工人的编制人数。拟定合理的工人编制，应要求保持机械的正常生产率和工人正常的劳动工效。

2. 确定机械纯工作1h的正常生产率

确定机械正常生产率时，必须先确定机械纯工作1 h的正常劳动生产率。因为只有先取得机械纯工作1h正常生产率，才能根据机械利用系数计算出施工机械台班定额。

机械纯工作时间，就是指机械必须消耗的净工作时间，包括正常负荷下工作时间、有根据降低负荷下工作时间、不可避免的无负荷工作时间、不可避免的中断时间。

机械纯工作1h的正常生产率，就是在正常施工条件下，由具备一定知识和技能的技术工人操作施工机械净工作1h的劳动生产率。

根据机械工作特点的不同，机械纯工作1h正常生产率的确定方法，也有所不同。对于循环动作机械，确定机械纯工作1h正常生产率的计算公式如下：

$$\begin{matrix}\text{机械一次循环的}\\\text{正常延续时间}\end{matrix}=\sum\left(\begin{matrix}\text{循环各组成部分}\\\text{正常延续时间}\end{matrix}\right)-\text{交叠时间} \tag{2.39}$$

$$\text{机械纯工作1h循环次数}=\frac{60\times60\text{（s）}}{\text{一次循环的正常延续时间}} \tag{2.40}$$

$$\begin{matrix}\text{机械纯工作1h}\\\text{正常生产率}\end{matrix}=\begin{matrix}\text{机械纯工作1h}\\\text{正常生产率}\end{matrix}\times\begin{matrix}\text{一次循环生产}\\\text{的产品数量}\end{matrix} \tag{2.41}$$

从公式中可以看到，计算循环机械纯工作1h正常生产率的步骤是：根据现场观察资料和机械说明书确定各循环组成部分的延续时间；将各循环组成部分的延续时间相加，减去各组成部分之间的交叠时间，求出循环过程的正常延续时间；计算机械纯工作1h的正常循环次数；计算循环机械纯工作1h的正常生产率。

对于连续动作机械，确定机械纯工作1h正常生产率要根据机械的类型和结构特征，以及工作过程的特点来进行。计算公式如下：

$$\text{连续动作机械纯工作1h正常生产率}=\frac{\text{工作时间内生产的产品数量}}{\text{工作时间（h）}} \tag{2.42}$$

工作时间内的产品数量和工作时间的消耗，要通过多次现场观察和机械说明书来取得数据。对于同一机械进行不同作业的工作过程，如挖掘机所挖土壤的类别不同、碎石机所破碎的石块硬度和粒径不同，均需分别确定其纯工作1h的正常生产率。

3. 确定施工机械的正常利用系数

机械的正常利用系数又称机械时间利用系数，是指机械在工作班内工作时间的利用率。

机械正常利用系数与工作班内的工作状况有着密切的关系。

知识链接

拟定工作班的正常状况，关键是如何保证合理利用工时，因此，要注意下列几个问题。

（1）尽量利用不可避免的中断时间、工作开始前与结束后的时间，进行机械的维护和养护。

（2）尽量利用不可避免的中断时间作为工人的休息时间。

（3）根据机械工作的特点，在担负不同工作时，规定不同的开始与结束时间。

（4）合理组织施工现场，排除由于施工管理不善造成的机械停歇。

确定机械正常利用系数，首先要计算工作班在正常状况下，准备与结束工作、机械开动、机械维护等工作必须消耗的时间，以及有效工作的开始与结束时间，然后再计算机械工作班的纯工作时间，最后确定机械正常利用系数。机械正常利用系数按下列公式计算：

$$\text{机械正常利用系数}=\frac{\text{工作班内机械纯工作时间}}{\text{机械工作班延续时间}} \tag{2.43}$$

4. 计算施工机械台班消耗定额

计算机械台班消耗定额是编制机械台班定额的最后一步。

在确定了机械工作正常条件、机械1h纯工作时间正常生产率和机械利用系数后，就可以确定机械台班的定额指标了。

（1）施工机械台班产量定额计算。

$$\frac{\text{施工机械台班}}{\text{产量定额}}=\frac{\text{机械纯工作1h}}{\text{正常生产率}}\times\frac{\text{工作班}}{\text{延续时间}}\times\frac{\text{机械正常}}{\text{利用系数}} \tag{2.44}$$

（2）施工机械台班时间定额。施工机械时间定额包括机械纯工作时间、机械台班准备与结束时间、机械维护时间等，但不包括迟到、早退、返工等非定额时间。

机械台班时间定额计算公示为

$$\text{机械时间定额}=\frac{1}{\text{机械产量定额}} \tag{2.45}$$

学习单元2　编制与应用建筑工程消耗量定额

知识目标

（1）了解消耗量定额的作用和编制依据。

（2）熟悉消耗量定额的编制原则和编制方法及步骤。

（3）熟悉建筑工程消耗量定额的应用。

技能目标

（1）通过本单元的学习，能够清楚建筑工程消耗量指标的确定。

（2）能够明确建筑工程消耗量定额的编制与应用。

基础知识

一、消耗量定额的作用

消耗量定额的作用体现在以下几个方面。

（1）消耗量定额是确定人工、材料和机械消耗量的依据。

（2）消耗量定额是施工企业编制施工组织设计，制订施工作业计划，以及人工、材料、机械台班使用计划的依据。

（3）消耗量定额是编制标底（地区消耗量定额）、标价（企业消耗量定额）的依据。

二、消耗量定额的编制依据

消耗量定额的编制依据包括以下内容。

（1）劳动消耗定额、材料消耗定额和机械台班使用定额。

（2）我国现行的建筑产品标准、设计规范、技术操作规程、施工及验收规范、质量评定标准操作规程。

（3）新技术、新结构、新材料、新工艺和先进施工经验的资料。

（4）建筑行业通用的标准设计和定型设计图集，以及有代表性的设计资料。
（5）与行业相关的科学实验、技术测定、统计资料。
（6）相关的建筑工程定额测定资料及历史资料。

三、消耗量定额的编制原则

消耗量定额的编制应遵循以下原则。

（一）定额形式简明适用的原则

消耗量定额编制要能反映现行的施工技术、材料的现状，而且定额项目应当覆盖完全，使步距恰当，容易供人使用。因此消耗量定额编制必须方便使用，既要满足施工组织生产的需要，又要简明适用。

（二）确定定额水平必须遵循平均先进的原则

平均先进水平，是指在正常条件下，多数施工班组或生产者经过努力可以达到，少数班组或生产者可以接近，个别班组或生产者可以超过的水平。通常情况下，其低于先进水平，略高于平均水平。

（三）定额编制坚持“以专为主，专群结合”的原则

定额的编制除了要求有专门机构和实践经验丰富的专业人员把握方针政策，经常性地积累定额资料，还要专群结合，及时了解定额在执行过程中的情况和存在的问题，以便及时将新工艺、新技术、新材料随时反映在定额中。因此，定额的编制有很强的技术性、实践性和法规性。

四、消耗量定额的编制方法和步骤

消耗量定额的编制方法通常采用实物法，即消耗量定额由劳动消耗定额、材料消耗定额、机械台班消耗定额三部分实物指标组成。

（一）消耗量定额项目的划分

消耗量定额项目一般是按具体内容和工效差别，采用以下几种方法划分：按施工方法划分；按构件类型及形体划分；按建筑材料的品种和规格划分；按不同的构件做法划分；按工作高度划分。

（二）确定定额项目的计量单位

定额项目计量单位要能够确切地反映工日、材料以及建筑产品的数量，应尽可能同建筑产品的计量单位一致并采用它们的整数倍为定额计量单位。定额项目计量单位一般有物理计量单位和自然计量单位两种。

小提示

物理计量单位，是指需要经过度量的单位。建筑工程消耗量定额常用的物理计量单位有m^3、m^2、m、t等。自然计量单位，是指不需要经过度量的单位。建筑工程施工定额常用的自然计量单位有个、台、组等。

（三）定额的册、章、节的编排

消耗量定额是依据劳动定额编制的，册、章、节的编排与劳动消耗定额的编排类似。

（四）确定定额项目消耗量指标

按照企业定额的组成，消耗量指标的确定包括分项劳动消耗指标、材料消耗指标、机械台班消耗指标三个指标的确定。

五、建筑工程消耗量定额应用

（一）建筑工程消耗量定额的组成

建筑工程消耗量定额的内容，由目录、总说明、分章说明及分项工程量计算规则、定额项目表和附录等组成。

1. 总说明

在总说明中，主要阐述消耗量定额的用途和适用范围、消耗量定额的编制原则和依据、定额中已考虑和未考虑的因素、使用中应注意的事项和有关问题的规定等。

2. 分部说明

建筑工程消耗量定额将建筑工程按其性质、部位、工种和材料等因素的不同，划分为若干个分部工程。例如，建筑工程消耗量定额一般划分为以下八个分部工程，即土（石）方工程，桩与地基基础工程，砌筑工程，混凝土与钢筋混凝土工程，厂库房大门、特种门、木结构工程，金属结构工程，屋面及防水工程，防腐、保温、隔热工程。

装饰工程按其性质、部位、工种和材料等因素的不同，划分为若干个分部工程。

分部（章）以下按工程性质、工作内容及施工方法、使用材料等的不同，分成若干分节。如建筑工程中，土（石）方工程分为土方工程、石方工程、土石方回填三个分节。在节以下再按材料类别、规格等不同分成若干个子目。如土方工程分为平整场地、挖土方、挖基础土方、冻土开挖、挖淤泥流砂、管沟土方等项目。

分部说明主要说明本分部所包括的主要分项工程，以及使用定额的一些基本原则，同时在该分部中说明各分项工程的工程量计算规则。

3. 定额项目表

定额项目表是以各类定额中各分部工程归类，又以若干不同的分项工程排列的项目表，是定额的核心内容。

4. 附录

附录属于使用定额的参考资料，通常列在定额的最后，一般包括工程材料损耗率表、砂浆配合比表等，可作为定额换算和编制补充定额的基本依据。

（二）建筑工程消耗量定额的应用

建筑工程消耗量定额的应用，包括直接套用、换算和补充三种形式。

1. 定额的直接套用

当施工图纸设计工程项目的内容与所选套的相应定额项目内容一致时，则可直接套用定额。在确定分项工程人工、材料、机械台班的消耗量时，绝大部分属于这种情况。直接套用定额项目的方法步骤如下。

（1）根据施工图纸设计的工程项目内容，从定额目录中查出该项目所在定额中的部位。选定相应施工图纸设计的工程项目与定额规定的内容一致时，可直接套用定额。

（2）在套用定额前，必须注意核实分项工程的名称、规格、计量单位与定额规定的名称、规格、计量单位是否一致。

（3）将定额编号和定额工料消耗量分别填入工料计算表内。

（4）确定工程项目所需人工、材料、机械台班的消耗量。其计算公式如下：

$$\text{分项工程工料消耗量}=\text{分项工程量}\times\text{定额工料消耗指标} \tag{2.46}$$

2. 定额的换算

当施工图设计的工程项目内容，与选套的相应定额项目规定的内容不一致，如果定额规定有换算时，则应在定额规定的范围内进行换算。对换算后的定额项目，应在其定额编号后注明“换”字，以示区别。

消耗量定额项目换算的基本原理是，消耗量定额项目的换算主要是调整分项工程人工、材料、机械的消耗指标。但由于“三量”是计算工程单价的基础，因此，从确定工程造价的角度来看，定额换算的实质，就是对某些工程项目预算定额“三量”的消耗进行调整。

定额换算的基本思路是，根据设计图纸所示建筑、装饰分项工程的实际内容，选定某一相关定额子目，按定额规定换入应增加的人工、材料和机械，减去应扣除的人工、材料和机械。这一思路可以用下式表述：

$$\begin{matrix}\text{换算后工}\\\text{料消耗量}\end{matrix}=\begin{matrix}\text{分项定额}\\\text{工料消耗量}\end{matrix}+\begin{matrix}\text{换入的工}\\\text{料消耗量}\end{matrix}-\begin{matrix}\text{换出的工}\\\text{料消耗量}\end{matrix} \tag{2.47}$$

知识链接

在建筑、装饰工程预算定额的总说明、分章说明及附注内容中，对定额换算的范围和方法都有具体的规定，这些规定是进行定额换算的基本依据。例如，2004年《辽宁省建筑工程消耗量定额》《辽宁省建筑装饰装修工程消耗量定额》规定，当工程设计中所采用的材料、半成品、成品的品种、规定型号与定额不符时，可按各章规定调整。

以下是建筑、装饰工程预算中常见定额的换算方法。

（1）材料配合比不同的换算。配合比材料，包括混凝土、砂浆、保温隔热材料等，由于混凝土、装饰砂浆配合比的不同，而引起相应消耗量的变化时，定额规定必须进行换算，其换算的计算公式为

$$\begin{matrix}\text{换算后材}\\\text{料消耗量}\end{matrix}=\begin{matrix}\text{分项定额}\\\text{材料消耗量}\end{matrix}+\begin{matrix}\text{配合比材}\\\text{料定额用量}\end{matrix}\times\left(\begin{matrix}\text{换入配合比材料}\\\text{原材单位用量}\end{matrix}-\begin{matrix}\text{换出配合比材料}\\\text{原材单位用量}\end{matrix}\right) \tag{2.48}$$

（2）抹灰厚度不同的换算。对于抹灰砂浆的厚度，如设计与定额取定不同时，定额规定可以换算抹灰砂浆的用量，其他不变。其换算公式为

$$\text{分项定额换算消耗量}=\text{分项定额消耗量}\times\frac{\text{设计厚度}}{\text{定额厚度}} \tag{2.49}$$

（3）门窗断面积的换算。门窗断面积的换算方法是按断面比例调整材料用量。《装饰装修工程消耗量定额》门窗工程说明规定，当设计断面与定额取定断面不同时，应按比例进行换算。框料以边框断面为准，扇料以立梃断面为准。其计算公式为

$$分项定额换算消耗量=分项定额消耗量 \times（设计断面积 \div 定额断面积） \tag{2.50}$$

（4）利用系数换算。利用系数换算是根据定额规定的系数，对定额项目中的人工、材料、机械等进行调整的一种方法。此类换算比较多见，方法也较简单，但在使用时应注意以下几个问题。

① 要按照定额规定的系数进行换算。

② 要注意正确区分定额换算系数和工程量换算系数。前者是换算定额分项中的人工、材料、机械的指标量，后者是换算工程量，二者不得混用。

③ 正确确定项目换算的被调整内容和计算基数。

其计算公式为

$$分项定额换算消耗量=分项定额消耗量 \times 调整系数 \tag{2.51}$$

（5）其他换算。其他换算包括直接增加工料和实际材料用量换算等。

① 直接增加工料，必须根据定额的规定具体增加有关内容的消耗量。

② 实际材料用量换算。用料换算主要是由于施工图纸设计采用材料的品种、规格与选套定额项目取定的材料品种、规格的不同所引起的。换算的基本思路是，材料的实际耗用量按设计图纸计算。

3. 定额补充

施工图纸中的某些工程项目，由于采用了新结构、新材料和新工艺等原因，没有类似定额项目可供套用，就必须编制补充定额项目。

编制补充工程计价定额的方法通常有两种：一种是按照本节所述消耗量定额的编制方法，计算人工、材料和机械台班消耗量指标；另一种是参照同类工序、同类型产品消耗量定额的人工、机械台班指标，而材料消耗量，则按施工图纸进行计算或实际测定。

学习案例

某升降式起重机吊装大型屋面板，每次吊装一块，经过现场计时观察，测得循环一次的各组成部分的平均延续时间如下。

挂钩时停车用时31.4s；

将屋面板吊至15m高用时96.8s；

将屋面板下落就位用时56.3s；

解钩时停车用时39.6s；

回转悬臂、放下吊绳空回至构件堆放处用时52.8s。

想一想

计算升降式起重机纯工作1h的正常生产率。

案例分析

确定机械纯工作1h正常劳动生产率可分三步进行。

第一步，计算机械循环一次的正常延续时间，它等于本次循环中各组成部分延续时间之和，计算公式为

$$机械循环一次正常延续时间=\sum 循环内各组成部分延续时间$$

升降式起重机循环一次的正常延续时间=31.4+96.8+56.3+39.6+52.8=276.9（s）

第二步，计算机械纯工作1h的循环次数，计算公式为

$$机械纯工作1h循环次数=\frac{60\times60s}{一次循环的正常延续时间}=\frac{60\times60}{276.9}=13.00（次）$$

第三步，求机械纯工作1h的正常生产率，计算公式为

机械纯工作1h正常生产率=机械纯工作1h正常循环次数 × 一次循环的产品数量

=13.00次 × 1块/次=13.00（块）

知识拓展

施工定额

施工单位可以根据本企业的具体条件和可能挖掘的潜力，根据市场的需要和竞争环境，根据国家有关政策、法律、规范、制度，自己编制定额，自行决定定额水平。作为工程定额体系中的基础性定额，施工定额是施工企业管理工作的基础，它反映了企业的施工水平、装备水平和管理水平，是作为考核施工单位劳动生产率水平、管理水平的标尺和确定工程成本、投标报价的依据。

施工定额是建筑企业用于工程施工管理的定额，是建筑安装工人合理的劳动组织或工人小组在正常施工条件下，为完成单位合格产品所需的劳动、机械、材料消耗的数量标准，它是根据专业施工的作业对象和工艺制定，并按照一定程序颁发执行的。

施工定额在工程建设定额体系中处于最基础地位。施工定额和生产结合最紧密；它直接反映生产技术水平和管理水平，而其他各类定额则是在较高层次上、较大的跨度上反映社会生产力水平。尽管这些定额有更大的综合性和覆盖面，但它们都不能脱离施工定额所直接反映的生产技术水平和管理水平。施工定额管理是施工企业的基础性工作，施工定额应反映施工企业实际的施工水平、装备水平和管理水平，作为考核建筑安装企业劳动生产率水平、管理水平的标尺和确定工程成本、投标报价的依据。

施工定额是建筑安装企业进行科学管理的基础、组织和指挥生产的有效工具。施工定额是施工企业编制施工预算，进行工料分析和“两算对比”的依据；施工定额是施工企业编制施工组织设计、施工作业设计和确定资源需要量计划的依据；施工定额是施工企业向班组签发施工任务单和限额领料单的依据；施工定额是施工企业计算工人劳动报酬、实行内部经济核算以及成本管理的依据；施工定额是推广先进技术的必要手段和编制预算定额的基础资料。由此可见，施工定额涉及企业内部管理的各个方面，包括企业生产经营活动的计划、组织、协调、控制和指挥等各个环节。这就要求施工企业应该能够根据本企业的具体条件和可能挖掘的潜力，依据市场的需求和竞争环境，按照国家有关政策、法规编制企业内部的施工定额，以不断提高企业的经营管理水平，不断提高企业的市场竞争力。

情境小结

本情境重点介绍了建筑工程消耗量定额的知识。建筑工程消耗量定额是根据国家的产品标准、设计规范等系列技术资料确定的人工、材料、机械等消耗量的标准。建筑工程定额的实施不仅使施工企业编制工程造价文件有了重要的依据，更重要的是使施工企业通过对施工生产过程的全程管理总结先进生产方法，从而逐步提高整个建筑行业的生产力水平。在学习中，我们应充分理解人工定额、材料消耗定额、机械台班消耗定额的概念，在理解的基础上熟练掌握人工定额、材料消耗定额、机械台班消耗定额的编制与应用，为准确无误地计算工程造价做好充分的准备。

学习检测

填空题

1. 定额是规定的额度，工程建设定额的特点是科学性、________、________、________和________。

2. 生产活动包括劳动者、劳动手段、劳动对象三个不可缺少的要素。按此三要素可将工程建设定额分为________、________、________。

3. 时间定额是指在合理的劳动组织与合理使用材料的条件下，完成质量合格的单位产品所必须消耗的________。

4. 材料消耗定额是指在节约与合理使用材料条件下，生产质量合格的单位工程产品，所必须消耗的一定规格的质量合格的材料、成品、________、________、动力与燃料的数量标准。

5. 按定额的编制程序及用途分类，工程建设定额可分为________、________、________、________和________。

6. 机械工作时间中的定额时间包括________、________和________。

选择题

1. 劳动定额即人工定额，它可分为（　　）。

A. 时间定额和产量定额　　B. 材料消耗定额和机械台班定额

C. 预算定额和概算定额　　D. 施工定额和预算定额

2. 编制材料消耗定额的基本方法有观测法、实验法、统计法和（　　）。

A. 拟定法　　B. 经验估计法　　C. 比较类推法　　D. 理论计算法

3. 机械时间定额是指在合理组织施工和合理使用机械的条件下，某种类型的机械为完成符合质量要求的单位产品所必须消耗的（　　）。

A. 机械　　B. 机械工作时间　　C. 台班　　D. 台时

4. 按主编单位和管理权限，工程建设定额可分为全国统一定额、行业统一定额、地区统一定额、（　　）和补充定额五种。

A. 安装工程定额　　B. 预算定额

C. 建设工程定额　　D. 企业定额

5. 时间定额和产量定额是（　　）关系。

A. 互为倒数　　B. 互为相反数　　C. 导数　　D. 互为奇偶

6. 轮胎式起重机吊装大型屋面板，机械纯工作1小时的正常生产率为13.32块，工作班8小时内实际工作时间为7.2小时，则其产量定额和时间定额分别为（　　）。

A. 96块/台班，0.1台班/块　　B. 86块/台班，0.1台班/块

C. 96块/台班，0.01台班/块　　D. 86块/台班，0.01台班/块

简答题

1. 建筑工程消耗量定额有哪些分类？

2. 什么是劳动消耗定额？它有几种表现形式？

3. 什么是材料消耗定额？它有哪些制定方法？

4. 什么是机械台班消耗定额？它有几种表现形式？

学习情境3

建筑工程单价

情境导入

某一框架综合楼工程，定额计算出的钢筋工程工程量是131吨，以每吨500元的价格对外承包，并要求两个月完工。承包商是一个中小型建筑公司，只有5个工人，那么该工程工人每天就有220元的工资，而这220元再加上公司给员工的各种福利就是该钢筋工程的人工单价。

案例导航

上述案例中，人工单价是指一个建筑工人一个工作日在预算中应计入的全部人工费用。人工单价基本上反映了建筑安装生产工人的工资水平和一个工人在一个工作日中可以得到的报酬。

要了解人工单价的基本内容，需要掌握的相关知识有：

（1）材料单价的概念、组成及确定；

（2）施工机械台班单价的概念、组成及确定。

学习单元1　确定人工单价

知识目标

（1）了解人工单价的概念及组成。

（2）熟悉人工单价确定的依据和方法。

技能目标

（1）通过本单元的学习，对人工单价的概念有一个简要的了解。

（2）具备确定人工单价的能力。

基础知识

一、人工单价的概念及组成

（一）人工单价的概念

人工单价又称人工工日单价，是指一个建筑安装生产工人工作一个工作日应得的劳动报酬，即企业使用工人的技能、时间所给予的补偿。

工作日，简称“工日”，是指一个工人工作一天（8h）。按我国《劳动法》的规定，一个工作日的工作时间为8h。

合理确定人工工日单价是正确计算人工费和工程造价的前提和基础。

劳动报酬应包括一个人的物质需要和文化需要，具体地讲，应包括本人衣、食、住、行和生、老、病、死等基本生活的需要以及精神文化的需要，还应包括本人基本供养人口（如父母及子女）的需要。

（二）人工单价的组成

人工单价的构成在各地区、各部门不完全相同。目前，我国现行规定生产工人的人工工日单价组成如图3-1所示。

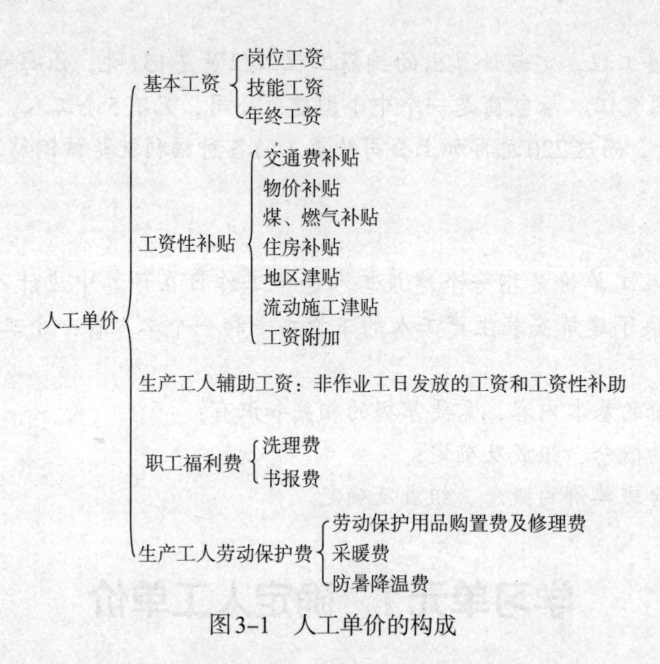

图3-1　人工单价的构成

1. 生产工人基本工资

生产工人基本工资，是指发放给生产工人的基本工资，包括岗位工资、技能工资和年终工资。它与工人的技术等级有关，一般来说，技术等级越高，工资也越高。

2. 工资性补贴

工资性补贴，是指为了补偿工人额外或特殊的劳动消耗及为了保证工人的工资水平不受特殊条件影响，而以补贴形式支付给工人的劳动报酬。它包括按规定标准发放的物价补贴，煤、燃气补贴，交通费补贴，住房补贴，流动施工津贴及地区津贴。

3. 生产工人辅助工资

生产工人辅助工资，是指生产工人年有效施工天数以外非作业天数的工资，包括职工学习、培训期间的工资，调动工作、探亲、休假期间的工资，因气候影响的停工工资，女工哺乳的工资，病假在6个月以内的工资及产、婚、丧假期的工资。

4. 职工福利费

职工福利费，是指按规定标准从工资中计提的职工福利费。

5. 生产工人劳动保护费

生产工人劳动保护费，是指按规定标准发放的劳动保护用品购置费及修理费、采暖费、防暑降温费，在有碍身体健康的环境中施工的保健费用等。

小提示

虽然现阶段企业的人工单价大多由企业自己制定，但其中每一项内容都是根据有关法规、政策文件的精神，结合本部门、本地区和本企业的特点，通过反复测算最终确定的。近几年国家陆续出台了养老保险、医疗保险、住房公积金、失业保险等社会保障的改革措施，新的工资标准会逐步将上述内容纳入人工单价之中。

二、人工单价确定的依据和方法

（一）人工单价的相关概念

1. 有效施工天数

年有效施工天数=年应工作天数–年非作业天数。

2. 年应工作天数

年应工作天数为年日历天数365天，减去双休日、法定节假日后的天数。

3. 年非作业工日

年非作业工日指因职工学习、培训、调动工作、探亲、休假，气候影响，女工哺乳期，6个月以内病假及产、婚、丧假等，在年应工作天数之内而未工作天数。

（二）人工单价的确定方法

根据“国家宏观调控，市场竞争形成价格”的现行工程造价的确定原则，人工单价由市场形成，国家或地方不再定级定价。

人工单价与当地平均工资水平、劳动力市场供需变化、政府推行的社会保障和福利政策等有直接联系。不同地区、不同时间（农忙、过节等）的人工单价均有不同。

人工单价即日工资单价，其计算公式如下：

$$\text{人工费}=\Sigma（\text{工日消耗量}\times\text{日工资单价}） \quad (3.1)$$

$$\text{日工资单价}(G)=G_1+G_2+G_3+G_4+G_5 \quad (3.2)$$

1. 基本工资

$$\text{基本工资}（G_1）=\frac{\text{生产工人平均月工资}}{\text{年平均每月法定工作日}} \quad (3.3)$$

2. 工资性补贴

$$\text{工资性补贴}（G_2）=$$

$$\sum\frac{\text{年发放标准}}{\text{全年日历日}-\text{法定工作日}}+\sum\frac{\text{月发放标准}}{\text{年平均每月法定工作日}}+\text{每工作日发放标准} \quad (3.4)$$

3. 生产工人辅助工资

$$\text{生产工人辅助工资}(G_3)=\frac{\text{全年无效工作日}\times(G_1+G_2)}{\text{全年日历日}-\text{法定工作日}} \quad (3.5)$$

4. 职工福利费

$$\text{职工福利费}(G_4)=(G_1+G_2+G_3)\times\text{福利费计提比例}(\%) \quad (3.6)$$

5. 生产工人劳动保护费

$$\text{生产工人劳动保护费}(G_5)=\frac{\text{生产工人年平均支出劳动保护费}}{\text{全年日历日}-\text{法定工作日}} \quad (3.7)$$

（三）影响人工单价的因素

影响建筑安装工人人工单价的因素很多，归纳起来有以下几方面。

1. 社会平均工资水平

建筑安装工人人工单价必然和社会平均工资水平趋同。社会平均工资水平取决于社会经济发展水平。由于我国改革开放以来经济迅速增长，社会平均工资也有大幅度增长，从而促使人工单价大幅提高。

2. 生产消费指数

生产消费指数的提高会带动人工单价的提高以减少生活水平的下降，或维持原来的生活水平。生产消费指数的变动决定于物价的变动，尤其决定于生活消费品物价的变动。

3. 人工单价的组成内容

例如住房消费、养老保险、医疗保险、失业保险费等列入人工单价，会使人工单价提高。

4. 劳动力市场供需变化

劳动力市场如果需求大于供给，人工单价就会提高；供给大于需求，市场竞争激烈，人工单价就会下降。

5. 国家政策的变化

如政府推行社会保障和福利政策，会影响人工单价的变动。需要指出的是，随着我国改革的深入，社会主义市场经济体制的逐步建立，企业按劳分配自主权的扩大，建筑企业工资分配标准早已突破以前企业工资标准的规定。因此，为适应社会主义市场经济的需要，人工单价应主要参考建筑劳务市场来确定。

学习单元2　确定材料单价

知识目标

（1）了解材料预算价格的概念及组成。

（2）掌握材料预算价格确定的基本方法。

（3）了解材料单价的概念和构成。

（4）掌握材料单价确定的基本方法。

技能目标

（1）通过本单元的学习，对材料单价的概念有一个简要的了解。

（2）具备确定材料预算价格的能力。

一、材料预算价格的概念及组成

（一）材料预算价格的概念

材料预算价格是指材料由其来源地（或交货地点）运至工地仓库（或指定堆放地点）的出库价格，包括货源地至工地仓库之间的所有费用。这里的材料包括构件、半成品及成品。

（二）材料预算价格的组成

材料预算价格是指施工过程中耗费的构成工程实体的原材料、辅助材料、构配件、零件、半成品的费用的总和。其内容包括材料原价（或供应价格）、材料运杂费、运输损耗费、采购及保管费、检验试验费五部分，如图3-2所示。

材料预算价格
- 材料原价（即买价）
- 材料运杂费
  - 材料运输费
  - 材料装卸费
- 材料运输损耗费
- 材料采购及保管费
  - 材料采购费
  - 工地保管费
- 材料检验试验费

图3-2　材料预算价格组成示意图

1.材料原价

材料原价即材料的进价，指材料的出厂价、交货地价格、市场采购价格。

2.材料运杂费

材料运杂费是指材料自货源地运至工地仓库所发生的全部费用，内容包括车船运输（包括运费，过路、过桥费）和装车、卸车等费用。

3.材料运输损耗费（又称途耗）

材料运输损耗费是指材料在运输及装卸过程中不可避免的损耗，如材料不可避免的损坏、丢失、挥发等。

4.材料采购及保管费

材料采购及保管费是指为组织采购和工地保管材料过程中所需要的各项费用，内容包括采购费和工地保管费两部分。

1）材料采购费。材料采购费是指采购人员的工资、异地采购材料的车船费、市内交通费、住勤补助费、通信费等。

2）工地保管费。工地保管费是指工地材料仓库的搭建、拆除、维修费，仓库保管人工的费用，仓库材料的堆码整理费用以及仓储损耗。

5.材料检验试验费

材料检验试验费是指对建筑材料、构件和建筑安装物进行一般鉴定、检查所发生的费用，包括自设试验室进行试验所耗用的材料和化学药品等费用。不包括新结构、新材料的试验费和建设单位对具有出厂合格证明的材料进行检验，对构件做破坏性试验及其他特殊要求检验试验的费用。

小 提 示

在对有出厂合格证明的材料进行检验时，经检验材料合格者，其检验费应由提出检验方承担；经检验材料不合格者，其检验费应由材料供应方承担。

二、材料预算价格的确定

在确定材料预算价格时，同一种材料若购买地及单价不同，应根据不同的供货数量及单价，采用加权平均的办法确定其材料预算价格。

（一）基本方法

1. 材料原价（或供应价格）

材料原价是指材料的出厂价格、进口材料抵岸价或销售部门的批发价和市场采购价（或信息价）。

2. 材料包装费

材料包装费是指为了便于材料运输和材料保护而进行包装所需的一切费用。包装费包括包装物品的价值和包装费用。

凡由生产厂家负责包装的产品，其包装费已计入材料原价内，不再另行计算，但应扣除包装品的回收价值。包装器材如有回收价值，应考虑回收价值。地区有规定者，按地区规定计算；地区无规定者，可根据实际情况确定。

3. 材料运杂费

材料运杂费是指材料由其来源地（交货地点）起（包括经中间仓库转运）运至施工地仓库或堆放场地上，全部运输过程中所支出的一切费用，包括车船等的运输费、调车费、出入仓库费、装卸费等。

材料运杂费主要包括车（船）运输费、调车（驳船）费、装卸费及附加工作费等。车（船）运输费是指火车、汽车、轮船运输材料时发生的途中运费；调车（驳船）费是指车（船）到专用线（专用装货码头）或非公用地点装货时发生的往返运费；装卸费是指火车、轮船、汽车上下货物时发生的费用；附加工作费是指货物从货源地运至工地仓库期间所发生的材料搬运、分类堆放及整理费用。

材料运杂费应按照国家有关部门和地方政府交通运输部门的规定计算，同一品种的材料如果有若干个来源地时，可根据材料来源地、运输方式、运输里程以及国家或地方规定的标准按加权平均的方法计算。

建筑材料的运输流程参见图3–3。

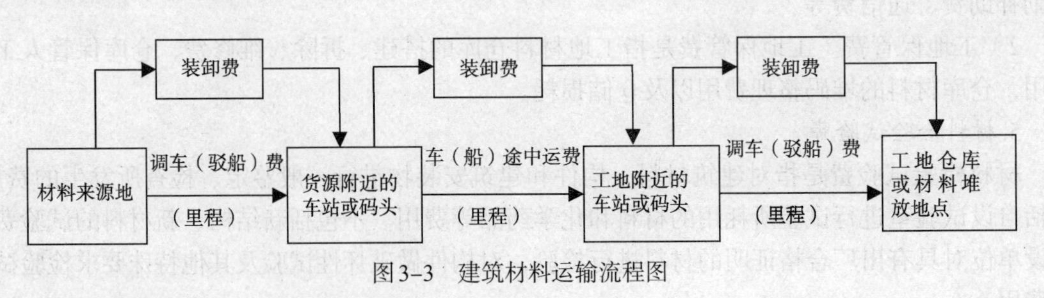

图3–3 建筑材料运输流程图

材料运杂费的计算公式为

$$材料运杂费=材料运输费+材料装卸费 \tag{3.8}$$

$$材料运输费=\Sigma（各购买地的材料运输距离\times运输单价\times各地权数） \tag{3.9}$$

$$材料装卸费=\Sigma（各购买地的材料装卸单价\times各地权数） \tag{3.10}$$

4. 材料运输损耗费

材料运输损耗是指材料在运输和装卸搬运过程中不可避免的损耗。一般通过损耗率规定损耗标准。材料运输损耗费的计算公式为

材料运输损耗费=（材料原价+材料运杂费）×运输损耗率 （3.11）

材料运输损耗率按照国家有关部门和地方政府交通运输部门的规定计算，若无规定可参照表3-1计取。

表3-1 各类建筑材料运输损耗率表

材料类别	损耗率/%
机砖、空心砖、砂、水泥、陶粒、水泥地面砖、白瓷砖、卫生洁具、玻璃灯罩	1
机制瓦、脊瓦、水泥瓦	3
石棉瓦、石子、黄土、耐火砖、玻璃、大理石板、水磨石板、混凝土管、缸瓦管	0.5
砌块	1.5

5. 材料采购及保管费

材料采购及保管费是指为组织采购、供应和保管材料过程中所需的各项费用，包括采购费、仓储费、工地保管费、仓储损耗。其计算公式为

材料采购及保管费=（材料原价+运杂费+运输损耗费）×采购及保管费率 （3.12）

由于建筑材料的种类、规格繁多，采购保管费不可能按每种材料在采购保管过程中所发生的实际费用计算，只能规定几种费率。由建设单位供应材料到现场仓库，施工企业只收保管费。

6. 材料检验试验费

材料检验试验费=材料原价×检验试验费率 （3.13）

7. 材料预算价格

材料预算价格=材料原价+材料运输费+材料损耗费+材料采购保管费+材料检验试验费-包装品回收残值 （3.14）

（二）影响材料预算价格变动的因素

影响材料预算价格变动的因素，具体如下。

（1）市场供需变化会对材料预算价格产生影响。材料原价是材料预算价格中最基本的组成。市场供大于求价格就会下降，反之，价格就会上升，从而影响材料预算价格的涨落。

（2）材料生产成本的变动直接涉及材料预算价格的波动。

（3）流通环节的多少和材料供应体制也会影响材料预算价格。

（4）运输距离和运输方法的变化会影响材料运输费的增减，从而影响材料预算价格。

（5）国际市场行情会对进口材料价格产生影响。

三、材料单价的概念和构成

材料单价类似于以前的材料预算价格，但是随着工程承包计价的发展，原来材料预算价格的概念已经包含不了更多的含义了。

（一）材料单价的概念

材料单价是指材料从采购时起运到工地仓库或堆放场地后的出库价格。

材料从采购、运输到保管，在使用前所发生的全部费用构成了材料单价。

（二）材料单价的费用构成

按照材料采购和供应方式的不同，其构成材料单价的费用也不同。一般有以下几种。

1.材料供货到工地现场

当材料供应商将材料送到施工现场时，材料单价由材料原价、采购保管费构成。

2.到供货地点采购材料

当需要派人到供货地点采购材料时，材料单价由材料原价、运杂费、采购保管费构成。

3.需二次加工的材料

当某些材料采购回来后，还需要进一步加工时，材料单价除了上述费用外还包括二次加工费。

综上所述，材料单价包括材料原价、运杂费、采购及保管费和二次加工费。

四、材料单价的确定

（一）材料原价计算

材料原价是指付给材料供应商的材料单价。当某种材料有两个或两个以上的材料供应商供货且材料原价不同时，要计算加权平均原价。

加权平均原价的计算公式为

$$\text{加权平均材料原价}=\frac{\sum_{i=1}^{n}(\text{材料原价}\times\text{材料数量})_i}{\sum_{i=1}^{n}(\text{材料数量})_i} \tag{3.15}$$

小提示

1）式中i是指不同材料供应商。

2）包装费和手续费均已包含在材料原价中。

（二）材料运杂费计算

材料运杂费是指在采购材料后运回工地仓库发生的各项费用。包括装卸费、运输费和合理的运输损耗费等。

材料装卸费按行业标准支付。

材料运输费按运输价格计算。当供货来源地不同且供货数量不同时，需要计算加权平均运输费。其计算公式为

$$\text{加权平均运输费}=\frac{\sum_{i=1}^{n}(\text{运输单价}\times\text{材料数量})_i}{\sum_{i=1}^{n}(\text{材料数量})_i} \tag{3.16}$$

材料运输损耗费是指在运输和装卸材料过程中不可避免产生的损耗所发生的费用，一般按下列公式计算：

$$\text{材料运输损耗费}=(\text{材料原价}+\text{装卸费}+\text{运输费})\times\text{运输损耗率} \quad (3.17)$$

（三）材料采购及保管费计算

材料采购及保管费是指施工企业在组织采购材料和保管材料过程中发生的各项费用，包括采购人员的工资、差旅交通费、通信费、业务费、仓库保管的各项费用等。采购及保管费一般按前面各项费用之和乘以一定的费率计算，通常取2%左右。其计算公式为

$$\text{材料采购及保管费}=(\text{材料原价}+\text{运杂费})\times\text{采购及保管费率} \quad (3.18)$$

（四）材料单价汇总

通过以上分析，我们可以知道，材料单价的计算公式为

$$\text{材料单价}=\left(\begin{matrix}\text{加权平均}\\\text{材料原价}\end{matrix}+\begin{matrix}\text{加权平均}\\\text{材料运杂费}\end{matrix}\right)\times\left(1\ \begin{matrix}\text{采购及保}\\\text{管费费率}\end{matrix}\right) \quad (3.19)$$

学习单元3　确定施工机械台班单价

知识目标

（1）了解施工机械台班单价的概念和组成。

（2）掌握施工机械台班单价确定的基本方法。

技能目标

（1）通过本单元的学习，对施工机械台班单价的概念有一个简要的了解。

（2）具备确定机械台班单价的能力。

基础知识

一、施工机械台班单价的概念与组成

（一）施工机械台班单价的概念

施工机械台班单价亦称施工机械台班使用费，是指一台施工机械在正常运转条件下，一个工作班中所发生的全部费用。

小 技 巧

施工机械台班单价以“台班”为计量单位。一台机械工作一班（一般按8h计）就为一个台班。一个台班中为使机械正常运转所支出和分摊的各种费用之和，就是施工机械台班单价，或称台班使用费。

机械台班费的比重，将随着施工机械化水平的提高而增加，所以，正确计算施工机械台班单价具有较重要的意义。

（二）施工机械台班单价的组成

施工机械台班单价按照有关规定由七项费用组成，这些费用按其性质分类，划分为第一类费用、第二类费用和其他费用三大类。

1. 第一类费用（又称固定费用或不变费用）

这类费用不因施工地点、条件的不同而发生大的变化。内容包括折旧费、大修理费、经常修理费、安拆费及场外运输费。

2. 第二类费用（又称变动费用或可变费用）

这类费用常因施工地点和条件的不同而有较大的变化。内容包括机上人员工资、动力燃料费。

3. 其他费用

其他费用指上述两类费用以外的其他费用。内容包括车船使用税、牌照费、保险费等。

二、施工机械台班单价的确定

（一）第一类费用的确定

1. 折旧费

折旧费是指施工机械在规定使用期限内，每一台班所摊的机械原值及支付贷款利息的费用。其计算公式如下：

$$\text{台班折旧费}=\frac{\text{施工机械预算价格}\times(1-\text{残值率})+\text{贷款利息}}{\text{耐用总台班}} \tag{3.20}$$

其中，施工机械预算价格=原价 ×（1+购置附加费率）+手续费+运杂费　　（3.21）

$$\text{残值率}=\frac{\text{施工机械残值}}{\text{施工机械预算价格}}\times 100\% \tag{3.22}$$

$$\text{耐用总台班}\left(\begin{array}{l}\text{即施工机械从开始投入使用}\\\text{到报废前所使用的总台班数}\end{array}\right)=\text{修理间隔台班}\times\text{修理周期} \tag{3.23}$$

2. 大修理费

大修理费是指施工机械按规定的大修理间隔进行必要的大修理，以恢复其正常功能所需的费用。

$$\text{台班大修费}=\frac{\text{一次大修费}\times(\text{大修理周期}-1)}{\text{耐用总台班}} \tag{3.24}$$

3. 经常修理费

经常修理费是指施工机械除大修理以外的各级保养及临时故障排除所需的费用。经常修理费包括保障机械正常运转所需替换设备与随机配备工具附具的摊销及维护费用、机械运转日常保养所需润滑与擦拭的材料费用及机械停滞期间的维护保养费用等。

$$\text{台班经常修理费}=\text{台班大修理费}\times\text{经常修理费系数} \tag{3.25}$$

4. 安拆费及场外运输费

安拆费是指施工机械在施工现场进行安装、拆卸所需的人工、材料、机械费及试运转费，以及安装所需的辅助设施的折旧、搭设、拆除等费用。

场外运输费指施工机械整体或分件，从停放场地运至施工现场或由一个工地运至另一个工地，运距在25km以内的机械进出场运输及转移费用，包括施工机械的装卸、运输、辅助材料、架线等费用。

$$机械台班安拆及场外运输费=\frac{台班辅助}{设施摊销费}+\frac{\frac{机械一次}{安拆费}\times\frac{年平均安}{拆次数}+\left(\frac{一次运输}{装卸费}+\frac{辅助材料一}{次摊销费}+\frac{一次架}{线费}\right)\times\frac{年平均场外}{运输次数}}{年工作台班} \quad (3.26)$$

（二）第二类费用的计算

1.燃料动力费

燃料动力费是指机械在运转施工作业中所耗用的固体燃料（煤炭、木材）、液体燃料（汽油、柴油）、电力、水和风力等费用。

$$台班燃料动力费=台班燃料动力消耗量\times燃料或动力单价 \quad (3.27)$$

2.人工费

人工费是指机上司机（司炉）和其他操作人员的工作日人工费及上述人员在机械规定的年工作台班以外的人工费。

$$台班人工费=人工消耗量\times\left(1+\frac{年度工作日-年工作台班}{年工作台班}\right)\times人工单价 \quad (3.28)$$

（三）其他费用的计算

1.车船使用税

车船使用税是指按照国家和有关部门规定机械应缴纳的车船使用税。

$$台班车船使用税=\frac{年车船使用税+年保险费+年检费用}{年工作台班} \quad (3.29)$$

2. 保险费

保险费指按有关规定应缴纳的第三者责任险、车主保险费等。

小 提 示

确定施工机械台班费的原理与确定人工费、材料费的原理相同，都是以定额中的各消耗量分别乘以相应的工资标准及材料、燃料动力预算价格，计算出各项费用。但施工机械台班定额具有与其他定额不同的特点，在计算台班费时应加以注意。

课堂案例

某6t载重汽车有关资料如下：销售价为85 000元，购置附加费率为10%，运杂费为2 800元，残值率为2%，耐用总台班为1 900个，贷款利息为4 650元；一次大修理费为8 800元，有3个大修理周期，耐用总台班为1 800个；经常修理系数为5.8；每台班耗用柴油34.29kg，每1kg单价2.40元；每个台班的机上操作人工工日数为1.25个，人工工日单价为25元；按规定每年应缴纳保险费900元，车船使用税50元/t，每年工作台班240个，年检费共计2 000元。

问题：

请计算台班单价。

分析：

根据上述信息计算如下。

（1）预算价格=85 000×（1+10%）+2 800=96 300（元）

$$（2）台班折旧费=\frac{96\ 300（1-2\%）+4\ 650}{1900}=52.12（元/台班）$$

$$（3）台班大修理费=\frac{8\ 800\times（3-1）}{1800}=9.78（元/台班）$$

（4）经常修理费=9.78×5.8=56.72（元/台班）

（5）台班燃料费=34.29×2.40=82.30（元/台班）

（6）台班人工费=1.25×25=31.25（元/台班）

$$（7）汽车车船使用税=\frac{6\times50+900}{240}+\frac{2\ 000}{240}=13.33（元/台班）$$

该载重汽车台班单价=52.12+9.78+56.72+82.30+31.25+13.33=245.5（元/台班）

学习案例

某工地某种钢筋的购买资料见表3-2。

表3-2　某工地某种钢筋的购买资料

货源地	数量/t	购买价/（元·t^{-1}）	远距/km	运输费/[元·（t·km）$^{-1}$]	装卸费/（元·t^{-1}）	材料采购保管费率/%
甲地	100	3400	60	0.8	15	2.5
乙地	300	3500	50	0.9	17	2.5
丙地	200	3600	70	0.6	13	2.5
合计	600					

注：运输损耗率为1.5%，检验试验费率为2%。

想一想

计算该材料的材料预算价格。

案例分析

（1）材料原价。

① 总金额法。

$$材料原价=\frac{100\times3\ 400+300\times3\ 500+200\times3\ 600}{100+300+200}=3516.67\ （元/t）$$

② 权数比重法。

$$甲地比重=\frac{100}{600}=17\%；\ 乙地比重=\frac{300}{600}=50\%；\ 丙地比重=\frac{200}{600}=33\%$$

$$材料原价=3\ 400\times17\%+3\ 500\times50\%+3\ 600\times33\%=3\ 516（元/t）$$

（2）材料运杂费。

① 运输费。

$$材料运输费=0.8\times60\times17\%+0.9\times50\times50\%+0.6\times70\times33\%=44.52（元/t）$$

② 装卸费。

$$材料装卸费=15\times17\%+17\times50\%+13\times33\%=15.34（元/t）$$

$$运杂费合计=44.52+15.34=59.86（元/t）$$

③ 运输损耗费。

$$运输损耗费=（3\ 516+59.86）\times1.5\%=53.64（元/t）$$

④ 材料采购保管费。

$$材料采购保管费=（3\ 516+59.86+53.64）\times2.5\%=90.74（元/t）$$

⑤ 检验试验费。

$$检验试验费=3\ 516\times2\%=70.32（元/t）$$

⑥ 材料预算价格。

$$材料预算价格=3\ 516+59.86+53.64+90.74+70.32=3\ 790.56（元/t）$$

知识拓展

单位估价表

在拟定的预算定额的基础上，有时还需要根据所在地区的工资、物价水平计算确定相应于人工、材料和施工机械台班的价格，即相应的人工工资价格、材料价格和施工机械台班价格，计算拟定预算定额中每一分项工程的单位预算价格。这一过程称为单位估价表的编制。单位估价表是由分部分项工程单价构成的单价表，具体的表现形式可分为工料单价和综合单价等。

（一）工料单价单位估价表

工料单价是确定定额计量单位的分部分项工程的人工费、材料费和机械费的费用标准，即直接工程费单价。

分部分项工程的单价，是用定额规定的分部分项工程的人工、材料、机械的消耗量，分别乘以相应的人工价格、材料价格、机械台班价格，从而得到分部分项工程的人工费、材料费和机械费，再将三者汇总而成的。因此，单位估价表是以定额为基本依据，根据相应地区和市场的资源价格，既需要人工、材料、机械消耗的三个量，又需人工、材料、机械价格的三个价，经汇总得到分部分项工程的单价。

由于生产要素价格，即人工价格、材料价格和机械台班价格是随地区的不同而不同，随市场的变化而变化，所以，单位估价表应是地区单位估价表，应按当地的资源价格来编制地区单位估价表。同时，单位估价表应是动态变化的，应随着市场价格的变化，及时不断地对单位估价表中的分部分项工程单价进行调整、修改和补充，使单位估价表能够正确反映市场的变化。

通常，单位估价表是以一个城市或一个地区为范围进行编制的，在该地区范围内适用。因此，单位估价表的编制依据如下。

（1）全国统一或地区通用的概算定额、预算定额或基础定额，以确定人工、材料、机械台班消耗的三个量。

（2）本地区或市场上的资源实际价格或市场价格，以确定人工、材料、机械台班的三个价。

单位估价表的编制公式为

$$
\begin{aligned}
\text{分部分项工程单价} &= \text{人工费单价}+\text{材料费单价}+\text{机械费单价} \\
&= \sum(\text{定额人工消耗量}\times\text{人工价格}) \\
&\quad +\sum(\text{定额材料消耗量}\times\text{材料价格}) \\
&\quad +\sum(\text{定额机械台班消耗量}\times\text{机械台班价格})
\end{aligned} \tag{3.30}
$$

编制单位估价表时，在项目的划分、项目名称、项目编号、计量单位和工程量计算规则上应尽量与定额保持一致。

编制单位估价表，可以简化设计概算和施工图预算的编制。在编制概预算时，将各个分部分项工程的工程量分别乘以单位估价表中的相应单价后，即可计算得出分部分项工程的直接费，经累加汇总就可得到整个工程的直接费。

（二）综合单价单位估价表

编制单位估价表时，在汇集分部分项工程人工、材料、机械台班使用费用，得到直接工程费单价以后，再按取定的措施费和间接费等费用比重以及取定的利润率和税率，计算出各项相应费用，汇总直接费、间接费、利润和税金，就构成一定计量单位的分部分项工程的综合单价。通过综合单价与计算所得的分部分项工程量，可得到分部分项工程的造价费用。

（三）企业单位估价表

作为施工企业，应依据本企业定额中的人工、材料、机械台班消耗量，按相应人工、材料、机械台班的市场价格，计算确定一定计量单位的分部分项工程的工料单价或综合单价，形成企业的单位估价表。

情境小结

1.人工单价的组成包括生产工人基本工资、工资性补贴、生产工人辅助工资、职工福利费和生产工人劳动保护费。其中，生产工人的基本工资，包括岗位工资、技能工资和年终工资。需要掌握有效施工天数、年应工作天数和年非作业工日的概念与计算，以及人工单价即日工资单价的计算公式。影响人工单价的因素有社会平均工资水平、生产消费指数、人工单价的组成内容、劳动力市场供需变化和国家政策的变化等。

2.材料预算价格内容包括材料原价（或供应价格）、材料运杂费、运输损耗费、采购及保管费、检验试验费五部分。

3.材料单价是指材料从采购时起运到工地仓库或堆放场地后的出库价格。

4.施工机械台班单价按照有关规定由七项费用组成，这些费用按其性质分类，划分为第一类费用、第二类费用和其他费用三大类。第一类费用包括折旧费、大修理费、经常修理费和安拆费及场外运输费。第二类费用包括机上人员工资及燃料动力费。其他费用包括车船使用税、牌照费、保险费等。

学习检测

填空题

1. 我国现行规定生产工人的人工工日单价组成包括________、________、生产工人辅助工资、职工福利费和生产工人劳动保护费五部分内容。

2. 材料预算价格是指材料由其________（或交货地点）运至工地仓库（或指定堆放地点）的出库价格，包括货源地至工地仓库之间的所有费用。

3. 材料预算价格内容包括材料原价（或供应价格）、________、________、________、________五部分。

4. 材料采购及保管费是指为组织采购和工地保管材料过程中所需要的各项费用，内容包括________和______两部分。

5. 材料运输损耗是指材料在运输和装卸搬运过程中________的损耗。

6. 施工机械台班第一类费用包括________、________、________、________及________。

选择题

1. 下列费用中不属于人工单价组成内容的有（　　）。

A. 生产工人的劳保福利费　　B. 生产工人的工会经费和职工教育经费

C. 生产工人基本工资　　D. 生产工人辅助工资

E. 生产工人退休后的退休金

2. 影响建筑安装工人人工单价的因素很多，归纳起来有（　　）。

A. 劳动力市场供需变化　　B. 人工单价的组成内容

C. 社会平均工资水平　　D. 国际市场行情的变化

E. 国家政策的变化

3. 某预算定额砌$10m^3$砖基础的综合用工为12.18工日/$10m^3$，人工单价为25元/工日，则该定额项目的人工费是（　　）。

A. 300.52元/$10m^3$　　B. 156.71元/$10m^3$

C. 304.50元/$10m^3$　　D. 285.62元/$10m^3$

4. 影响材料预算价格变动的因素包括（　　）。

A. 市场供需变化　　B. 运输距离和运输方法的变化

C. 国际市场行情　　D. 社会平均工资水平

E. 材料生产成本的变动

5. 6t载重汽车一次大修理费为9 900元，大修理周期为3个，耐用总台班为1 900个，则台班大修理费是（　　）。

A. 9.8元/台班　　B. 10.42元/台班

C. 5.6元/台班　　D. 98元/台班

简答题

1. 什么是人工单价？人工单价由哪些内容构成？

2. 影响人工单价的因素有哪些？

3. 什么是材料预算价格？材料预算价格由哪几部分组成？

4. 机械台班单价的概念？机械台班使用费由哪些费用组成？

学习情境 4

建筑工程费用

情境导入

2010年某月，某承建单位所承包的项目顺利竣工。经计算，得知该项目建设工程费用耗资3 500万元，其中包括付给监理公司的费用、购买各种施工所需器械的费用等大大小小数十项。

案例导航

建设工程费用是指建设工程按照既定的建设内容、建设规模、建设标准、工期全部建成并经验收合格交付使用所需的全部费用。它包括用于购买工程项目所需各种设备的费用，用于建筑和安装施工的全部费用，用于委托工程勘察设计、监理的费用，用于购置土地的费用，也包括建设单位进行项目管理和筹建所需的费用等。

要了解建筑工程费用的构成，需要掌握的相关知识有：

（1）建筑工程费用的组成；

（2）建筑安装工程费用项目的计算。

学习单元1　构成基本建设费用的项目

知识目标

（1）熟悉工程费用和建筑安装工程费用的组成。

（2）熟悉建筑工程费用和设备及工器具费用的概念和组成。

（3）熟悉工程建设其他费用、基本预备费和涨价预备费的概念和组成。

技能目标

（1）通过本单元的学习，对建筑工程费用和设备及工器具费用的概念有一个简要的认识。

（2）能够清楚基本建设费用的构成。

基础知识

基本建设费用是指基本建设项目从筹建到竣工验收交付使用整个过程中，所投入的全部费用的总和。其费用内容包括工程费用、工程建设其他费用、预备费、建设期贷款利息、固定资产投资方向调节税及铺底流动资金等。

一、工程费用

工程费用由建筑安装工程费用和设备及工具器具购置费两部分组成。

（一）建筑安装工程费用

建筑安装工程费用包括建筑工程费用和安装工程费用两部分。

1. 建筑工程费用

建筑工程费用是指包括房屋建筑物、构筑物以及附属工程等在内的各种工程费用。建筑工程有广义和狭义之分，这里的建筑工程是指广义建筑工程。狭义的建筑工程一般是指房屋建筑工程。广义的建筑工程包括以下内容。

① 房屋建筑工程，指一般工业与民用建筑工程，具体包括土建工程和装饰工程。

② 构筑物工程，如水塔、水池、烟囱、炉窑等构筑物。

③ 附属工程，如区域道路、围墙、大门、绿化等。

④ 公路、铁路、桥梁、隧道、矿山、码头、水坝、机场工程等。

⑤“七通一平”工程，包括施工用水、施工用电、通信、排污、热力管、燃气管的接入工程，施工道路修建工程（七通），以及场地平整工程（一平）。

2. 安装工程费用

安装工程费用是指各种设备及管道等安装工程的费用。安装工程包括以下内容。

① 设备安装工程（包括机械设备、电气设备、热力设备等安装工程）。

② 静置设备（容器、塔器、换热器等）与工艺金属结构制作安装工程。

③ 工业管道安装工程。

④ 消防工程。

⑤ 给水排水、采暖、燃气工程。

⑥ 通风空调工程。

⑦ 自动化控制仪表安装工程。

⑧通信设备及线路工程。

⑨ 建筑智能化系统设备安装工程。

⑩ 长距离输送管道工程。

⑪ 高压输变电工程（含超高压）。

⑫ 其他专业设备安装工程（如化工、纺织、制药设备等）。

（二）设备及工具器具购置费

设备及工具器具购置费用由设备购置费用和工具器具及生产家具购置费用组成，它是固定资产投资中的积极部分。

小提示

在生产性工程建设中，设备及工、器具费用占投资费用的比例增大，意味着生产技术的进步和资本有机构成的提高。

1. 设备购置费

设备购置费是指达到固定资产标准，为建设工程项目购置或自制的各种国产或进口设备及工器具的费用。它由设备原价和设备运杂费构成。

$$设备购置费=设备原价+设备运杂费 \tag{4.1}$$

上式中，设备原价指国产设备或进口设备的原价；设备运杂费指除设备原价之外的关于设备采购、运输、途中包装及仓库保管等方面支出费用的总和。

（1）设备原价。

① 国产设备原价。国产设备原价一般指的是设备制造厂的交货价或订货合同价。它一般根据生产厂或供应商的询价、报价、合同价确定，或采用一定的方法计算而确定。国产设备原价分为国产标准设备原价和国产非标准设备原价。

a. 国产标准设备原价。国产标准设备原价一般指的是设备制造厂的交货价，即出厂价。如设备是由设备成套公司供应，以订货合同价为设备原价。有的设备有两种出厂价，即带有备件的出厂价和不带有备件的出厂价。

国产标准设备是指按照主管部门颁布的标准图纸和技术要求，由设备生产厂批量生产的符合国家质量检验标准的设备。

b. 国产非标准设备原价。非标准设备原价有多种不同的计算方法，如成本计算估价法、系列设备插入估价法、分部组合估价法、定额估价法等。但无论采用哪种方法都应该使非标准设备计价接近实际出厂价，并且计算方法简便。

国产非标准设备是指国家尚无定型标准，各设备生产厂不可能在工艺过程中批量生产，只能按一次订货，并且根据具体的设计图纸制造的设备。

② 进口设备抵岸价的构成及其计算。进口设备抵岸价是指抵达买方边境港口或边境车站，且交完关税以后的价格。

a. 进口设备的交货方式。进口设备的交货方式可分为内陆交货类、目的地交货类、装运港交货类。

内陆交货类即卖方在出口国内陆的某个地点完成交货任务。在交货地点，卖方及时提交合同规定的货物和有关凭证，并承担交货前的一切费用和风险；买方按时接收货物，交付货款，承担接货后的一切费用和风险，并自行办理出口手续和装运出口。货物的所有权也在交货后由卖方转移给买方。

目的地交货类即卖方要在进口国的港口或内地交货，包括目的港船上交货价、目的港船边交货价（FOS）、目的港码头交货价（关税已付）及完税后交货价（进口国目的地的指定地点）。

装运港交货类即卖方在出口国装运港完成交货任务。该类交货方式主要有装运港船上交货价（FOB），习惯称为离岸价；运费在内价（CFR）；运费、保险费在内价（CIF），习惯称为到岸价。

b. 进口设备抵岸价的构成。进口设备如果采用装运港船上交货价（FOB），其抵岸价构成可概括如下，见表4-1。

表4-1 抵岸价的组成计算公式表

项目名称	公式	备注
进口设备的货价	货价=离岸价 × 人民币外汇牌价	
国外运费	国外运费=离岸价 × 运费率 或国外运费=运量 × 单位运价	我国进口设备大部分采用海洋运输方式，小部分采用铁路运输方式，个别采用航空运输方式。 运费率或单位运价参照有关部门或进出口公司的规定

续表

项 目 名 称	公　　式	备　　注
国外运输保险费	国外运输保险费=(离岸价+国外运费)×国外保险费率	对外贸易货物运输保险是由保险人（保险公司）与被保险人（出口人或进口人）订立保险契约，在被保险人交付议定的保险费后，保险人根据保险契约的规定对货物在运输过程中发生的承保责任范围内的损失给予经济上的补偿
银行财务费	银行财务费=离岸价×人民币外汇牌价×银行财务费率	一般指银行手续费；银行财务费率一般为0.4%～0.5%
外贸手续费	外贸手续费=到岸价×人民币外汇牌价×外贸手续费率	外贸手续费是指按商务部规定的外贸手续费率计取的费用，外贸手续费率一般取1.5%。 到岸价=离岸价+国外运费+国外运输保险费
进口关税	进口关税=到岸价×人民币外汇牌价×进口关税率	关税是由海关对进出国境的货物和物品征收的一种税，属于流转性课税
增值税	进口产品增值税额=组成计税价格×增值税率 组成计税价格=到岸价×人民币外汇牌价+进口关税+消费税	增值税是我国政府对从事进口贸易的单位和个人，在进口商品报关进口后征收的税种。我国增值税条例规定，进口应税产品均按组成计税价格，依税率直接计算应纳税额，不扣除任何项目的金额或已纳税额。增值税基本税率为17%
消费税	$消费税=\frac{到岸价\times人民币外汇牌价+关税}{1-消费税费}\times消费税率$	对部分进口产品（如轿车等）征收
海关监管手续费	海关监管手续费=到岸价×人民币外汇牌价×海关监管手续费率	海关监管手续费是指海关对发生减免进口税或实行保税的进口设备，实施监管和提供服务收取的手续费。全额收取关税的设备，不收取海关监管手续费

（2）设备运杂费。设备运杂费通常由以下各项构成。

① 国产标准设备由设备制造厂交货地点起至工地仓库（或施工组织设计指定的需要安装设备的堆放地点）止所发生的运费和装卸费。

进口设备则由我国到岸港口、边境车站起至工地仓库（或施工组织设计指定的需要安装设备的堆放地点）止所发生的运费和装卸费。

② 在设备出厂价格中没有包含的设备包装和包装材料器具费。在设备出厂价或进口设备价格中如已包括了此项费用，则不重复计算。

③ 供销部门的手续费。

④ 建设单位（或工程承包公司）的采购与仓库保管费，即采购、验收、保管和收发设备所发生的各种费用，包括设备采购、保管和管理人员工资、工资附加费、办公费、差旅交通费、设备供应部门办公和仓库所占固定资产使用费、工具用具使用费、劳动保护费、检验试验

费等。

2. 工具器具及生产家具购置费

工具器具及生产家具购置费是指新建项目或扩建项目初步设计规定所必须购置的不够固定资产标准的设备、仪器、工卡模具、器具、生产家具和备品备件的费用。其一般计算公式为

$$工具器具及生产家具购置费=设备购置费\times 规定费率 \quad (4.2)$$

课堂案例

某进口设备的人民币货价为50万元，国际运费费率为10%，运输保险费费率为3%，进口关税税率为20%。

问题：

该设备应支付的税额是多少？

分析：

$$关税=到岸价格\times 关税税率=（货价+运费+运输保险费）\times 关税税率$$

$$货价=50万元$$

$$运费=50\times 10\%=5（万元）$$

$$运输保险费=[(50+5)/(1-3\%)]\times 3\%=1.7（万元）$$

$$关税=（50+5+1.7）\times 20\%=11.34（万元）$$

二、工程建设其他费用

工程建设其他费用是指从工程筹建到工程竣工验收交付使用止的整个建设期间，除建筑安装工程费用和设备、工器具购置费以外的，为保证工程建设顺利完成和交付使用后能够正常发挥效用而发生的一些费用。

工程建设其他费用，按其内容大体可分为三类。第一类为土地使用费，由于工程项目固定于一定地点与地面相连接，必须占用一定量的土地，也就必然要发生为获得建设用地而支付的费用；第二类是与项目建设有关的费用；第三类是与未来企业生产和经营活动有关的费用。

（一）土地使用费

任何一个建设项目都固定于一定地点与地面相连接，必须占用一定量的土地，也就必然要发生为获得建设用地而支付的费用，这就是土地使用费。它是指通过划拨方式取得土地使用权而支付的土地征用及迁移补偿费，或者通过土地使用权出让方式取得土地使用权而支付的土地使用权出让金。

1. 土地征用及迁移补偿费

土地征用及迁移补偿费，是指建设项目通过划拨方式取得无限期的土地使用权，依照《中华人民共和国土地管理法》等规定所支付的费用。其总和一般不得超过被征土地年产值的20倍，土地年产值则按该地被征用前3年的平均产量和国家规定的价格计算。

知识链接

土地征用及迁移补偿费内容包括土地补偿费，青苗补偿费和被征用土地上的房屋、水井、树木等附着物补偿费，安置补助费，缴纳的耕地占用税或城镇土地使用税，土地登记费及征地管理费，征地动迁费，水利水电工程水库淹没处理补偿费等。

2. 取得国有土地使用费

取得国有土地使用费包括土地使用权出让金、城市建设配套费、拆迁补偿与临时安置补助费等。

（二）与项目建设有关的其他费用

1. 建设单位管理费

建设单位管理费是指建设项目从立项、筹建、建设、联合试运转、竣工验收、交付使用及后评估等全过程管理所需的费用，内容包括建设单位开办费、建设单位经费等。

2. 勘察设计费

勘察设计费是指为本建设项目提供项目建议书、可行性研究报告及设计文件等所需费用，包括以下内容。

（1）编制项目建议书、可行性研究报告及投资估算、工程咨询、评价以及为编制上述文件所进行勘察、设计、研究试验等所需费用。

（2）委托勘察、设计单位进行初步设计、施工图设计及概预算编制等所需费用。

（3）在规定范围内由建设单位自行完成的勘察、设计工作所需费用。

3. 研究试验费

研究试验费是指为建设项目提供和验证设计参数、数据、资料等所进行的必要的试验费用以及设计规定在施工中必须进行试验、验证所需的费用。研究试验费包括自行或委托其他部门研究试验所需人工费、材料费、设备及仪器使用费等。

4. 建设单位临时设施费

建设单位临时设施费是指建设期间建设单位所需临时设施的搭设、维修、摊销费用或租赁费用。

5. 工程监理费

工程监理费是指建设单位委托工程监理单位对工程实施监理工作所需费用。

6. 工程保险费

工程保险费是指建设项目在建设期间根据需要实施工程保险所需的费用。工程保险包括以各种建筑工程及其在施工过程中的物料、机器设备为保险标的的建筑工程一切险，以安装工程中的各种机器、机械设备为保险标的的安装工程一切险，以及机器损坏保险等。

7. 引进技术和进口设备其他费用

引进技术及进口设备其他费用，包括出国人员费用、国外工程技术人员来华费用、技术引进费、分期或延期付款利息、担保费以及进口设备检验鉴定费。

8. 工程承包费

工程承包费是指具有总承包条件的工程公司，对工程建设项目从开始建设至竣工投产全过程的总承包所需的管理费用。具体内容包括组织勘察设计、设备材料采购、非标准设备设计制造与销售、施工招标、发包、工程预决算、项目管理、施工质量监督、隐蔽工程检查、验收和试车直至竣工投产的各种管理费用。

（三）与未来企业生产经营有关的其他费用

1. 联合试运转费

联合试运转费是指为正式投产做准备的联动试车费，如联动试车时购买原材料、动力费用（电、气、油等）、人工费、管理费等。联合试运转生产的产品售卖收入应抵减联合试运转成本。

2. 生产准备费

生产准备费是指新建企业或新增生产能力的企业，为保证竣工交付使用进行必要的生产准备所发生的费用。生产准备费包括下列内容。

（1）生产人员培训费，包括自行培训、委托其他单位培训的人员的工资、工资性补贴、职工福利费、差旅交通费、学习资料费、学习费、劳动保护费等。

（2）生产单位提前进厂参加施工、设备安装、调试等以及熟悉工艺流程及设备性能等人员的工资、工资性补贴、职工福利费、差旅交通费、劳动保护费等。

3. 办公和生活家具购置费

办公和生活家具购置费是指为保证新建、改建、扩建项目初期正常生产、使用和管理所必须购置的办公和生活家具、用具的费用。改、扩建项目所需的办公和生活用具购置费，应低于新建项目。

知识链接

办公和生活家具购置费范围包括办公室、会议室、资料档案室、阅览室、文娱室、食堂、浴室、理发室、单身宿舍和设计规定必须建设的托儿所、卫生所、招待所、中小学校等家具用具购置费用。

三、预备费

按我国现行规定，预备费包括基本预备费和涨价预备费。

（一）基本预备费

基本预备费是指在初步设计及概算内难以预料的工程费用。

基本预备费是按设备及工、器具购置费，建筑安装工程费用和工程建设其他费用三者之和，乘以基本预备费率进行计算，其公式为

基本预备费=（设备及工、器具购置费+建筑安装工程费用+工程建设其他费用）×基本预备费率 （4.3）

基本预备费率的取值应执行国家及相关部门的有关规定。

（二）涨价预备费

涨价预备费是指建设项目在建设期间内由于价格等变化引起工程造价变化的预测预留费用。涨价预备费的测算方法，一般根据国家规定的投资综合价格指数，按估算年份价格水平的投资额为基数，采取复利方法计算。计算公式为

$$PF = \sum_{t=1}^{n} I_t \left[\left(1+f\right)^t - 1 \right] \tag{4.4}$$

式中，PF——涨价预备费；

n——建设期年份数；

I_t——建设期中第t年的投资计划额，包括设备及工器具购置费、建筑安装工程费、工程建设其他费用及基本预备费；

f——年均投资价格上涨率。

四、建设期贷款利息

一个建设项目需要投入大量的资金，自有资金的不足通常利用贷款来解决，但利用贷款必须支付利息。贷款利息包括向国内银行和其他非银行金融机构贷款、出口信贷、外国政府贷款、国际商业银行贷款以及在境内外发行的债券等在贷款期内应偿还的贷款利息。

当总贷款是分年均衡发放时，建设期利息的计算可按当年借款在年中支用考虑，即当年贷款按半年计息，上年贷款按全年计息。计算公式为

$$q_j = \left(P_{j-1} + \frac{1}{2} A_j\right) \cdot i \tag{4.5}$$

式中，q_j——建设期第j年应计利息；

P_{j-1}——建设期第（j-1）年末贷款累计金额与利息累计金额之和；

A_j——建设期第j年贷款金额；

i——年利率。

国外贷款利息的计算中，还应包括国外贷款银行根据贷款协议向贷款方以年利率的方式收取的手续费、管理费、承诺费，以及国内代理机构经国家主管部门批准的以年利率的方式向贷款单位收取的转贷费、担保费、管理费等。

五、固定资产投资方向调节税

为了贯彻国家产业政策，控制投资规模，引导投资方向，调整投资结构，加强重点建设，促进国民经济持续稳定协调发展，国家将根据国民经济的运行趋势和全社会固定资产投资的状况，对进行固定资产投资的单位和个人开征或暂缓征收固定资产投资方向的调节税（该税征收对象不含中外合资经营企业、中外合作经营企业和外资企业）。

投资方向调节税根据国家产业政策和项目经济规模实行差别税率，税率分为0%、5%、10%、15%、30%五个档次，各固定资产投资项目按其单位工程分别确定适用的税率。计税依据为固定资产投资项目实际完成的投资额，其中更新改造项目为建筑工程实际完成的投资额。投资方向调节税按固定资产投资项目的单位工程年度计划投资额预缴。年度终了后，按年度实际投资结算，多退少补。项目竣工后按全部实际投资进行清算，多退少补。

（一）基本建设项目投资适用的税率

（1）国家急需发展的项目投资，如农业、林业、水利、能源、交通、通信、原材料、科教、地质、勘探、矿山开采等基础产业和薄弱环节的部门项目投资，适用零税率。

（2）对国家鼓励发展但受能源、交通等制约的项目投资，如钢铁、化工、石油、水泥等

部分重要原材料项目，以及一些重要机械、电子、轻工工业和新型建材的项目，实行5%的税率。

（3）为配合住房制度改革，对城乡个人修建、购买住宅的投资实行零税率；对单位修建、购买一般性住宅投资，实行5%的低税率；对单位用公款修建、购买高标准独门独院、别墅式住宅投资，实行30%的高税率。

（4）对楼堂馆所以及国家严格限制发展的项目投资，课以重税，税率为30%。

（5）对不属于上述四类的其他项目投资，实行中等税负政策，税率为15%。

（二）更新改造项目投资适用的税率

（1）为了鼓励企事业单位进行设备更新和技术改造，促进技术进步，对国家急需发展的项目投资予以扶持，适用零税率；对单纯工艺改造和设备更新的项目投资，适用零税率。

（2）对不属于上述提到的其他更新改造项目投资，一律适用10%的税率。

（三）注意事项

为贯彻国家宏观调控政策，扩大内需，鼓励投资，根据国务院的决定，对《中华人民共和国固定资产投资方向调节税暂行条例》规定的纳税义务人，其固定资产投资应税项目自2000年1月1日起新发生的投资额，暂停征收固定资产投资方向调节税。但该税种并未取消。

六、铺底流动资金

铺底流动资金，主要是指工业建设项目中，为投产后第一年产品生产做准备的流动资金。一般按投产后第一年产品销售收入的30%计算。

铺底流动资金是指生产经营性项目投产后，为进行正常生产运营，用于购买原材料、燃料，支付工资及其他经营费用等所需的周转资金。铺底流动资金估算一般是参照现有同类企业的状况采用分项详细估算法，个别情况或者小型项目可采用扩大指标法。

（一）分项详细估算法

对计算铺底流动资金需要掌握的流动资产和流动负债这两类因素应分别进行估算。在可行性研究中，为简化计算，仅对存货、现金、应收账款等三项流动资产和应付账款这项流动负债进行估算。

（二）扩大指标估算法

（1）按建设投资的一定比例估算。例如，国外化工企业的铺底流动资金，一般是按建设投资的15% ~ 20%计算。

（2）按经营成本的一定比例估算。

（3）按年销售收入的一定比例估算。

（4）按单位产量占用流动资金的比例估算。

铺底流动资金一般在投产前开始筹措。在投产第一年开始按生产负荷进行安排，其借款部分按全年计算利息。流动资金利息应计入财务费用。项目计算期末回收全部流动资金。

学习单元2　组成建筑安装工程费用的项目

（1）了解建筑安装工程费用的构成要素。

（2）掌握人工费、材料费、施工机具使用费、企业管理费、利润、规费和税金的概念和组成。

（3）掌握分部分项工程费、措施项目费、其他项目费、规费和税金的概念和组成。

技能目标

（1）通过本单元的学习，能够清楚建筑安装工程费用的构成要素。

（2）能够对各构成要素的概念进行概述。

基础知识

一、按费用构成要素划分的建筑安装工程费用项目组成

根据建标[2013] 44号，即住房和城乡建设部、财政部关于印发《建筑安装工程费用项目组成》通知的规定，建筑安装工程费按照费用构成要素划分，由人工费、材料（包含工程设备，下同）费、施工机具使用费、企业管理费、利润、规费和税金组成。其中人工费、材料费、施工机具使用费、企业管理费和利润包含在分部分项工程费、措施项目费、其他项目费中（如图4-1所示）。

（一）人工费

人工费是指按工资总额构成规定，支付给从事建筑安装工程施工的生产工人和附属生产单位工人的各项费用。人工费包括以下内容。

1. 计时工资或计件工资

计时工资或计件工资是指按计时工资标准和工作时间或对已做工作按计件单价支付给个人的劳动报酬。

2. 奖金

奖金是指对超额劳动和增收节支支付给个人的劳动报酬，如节约奖、劳动竞赛奖等。

3. 津贴补贴

津贴补贴是指为了补偿职工特殊或额外的劳动消耗和因其他特殊原因支付给个人的津贴，以及为了保证职工工资水平不受物价影响支付给个人的物价补贴，如流动施工津贴、特殊地区施工津贴、高温（寒）作业临时津贴、高空作业津贴等。

4. 加班加点工资

加班加点工资是指按规定支付的在法定节假日工作的加班工资和在法定日工作时间外延时工作的加点工资。

5. 特殊情况下支付的工资

特殊情况下支付的工资是指根据国家法律、法规和政策规定，因病、工伤、产假、计划生育假、婚丧假、事假、探亲假、停工学习、执行国家或社会义务等原因按计时工资标准或计时工资标准的一定比例支付的工资。

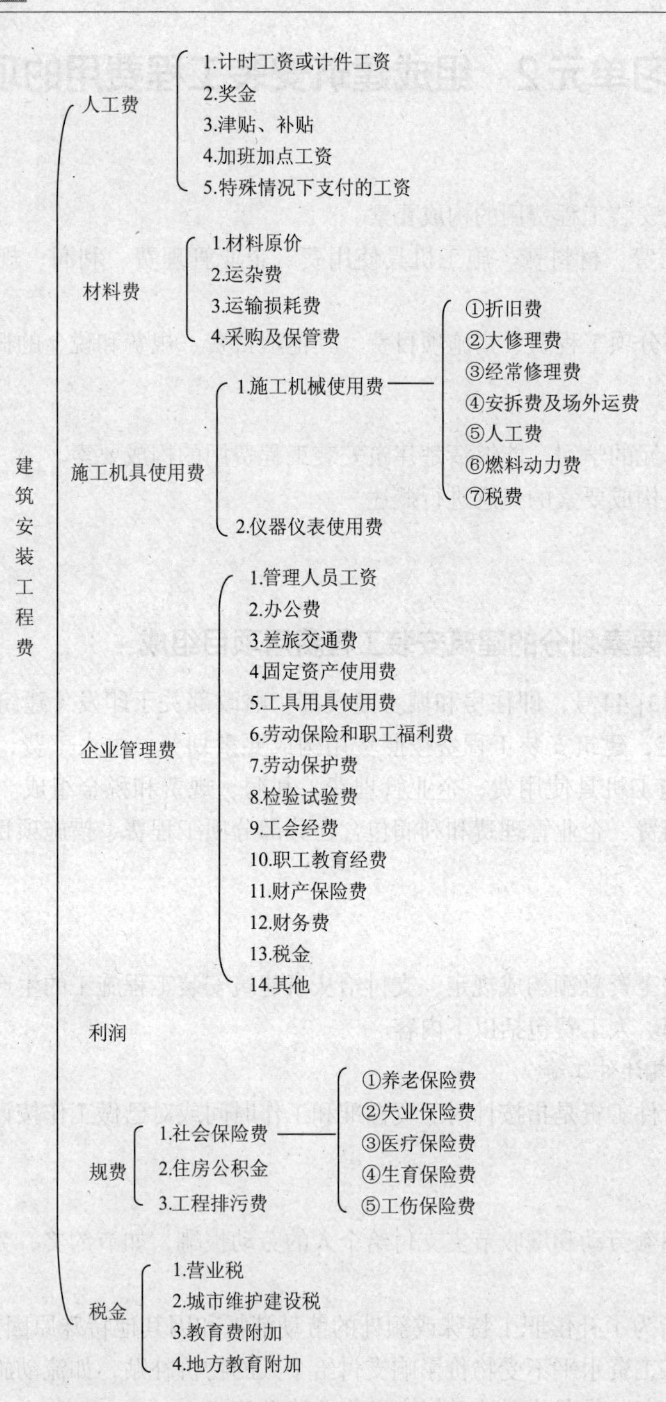

图 4-1 建筑安装工程费按照费用构成要素划分

（二）材料费

材料费是指施工过程中耗费的原材料、辅助材料、构配件、零件、半成品或成品、工程设备的费用。材料费包括以下内容。

1. 材料原价

材料原价是指材料、工程设备的出厂价格或商家供应价格。

2. 运杂费

运杂费是指材料、工程设备自来源地运至工地仓库或指定堆放地点所发生的全部费用。

3. 运输损耗费

运输损耗费是指材料在运输装卸过程中不可避免的损耗。

4. 采购及保管费

采购及保管费是指为组织采购、供应和保管材料、工程设备的过程中所需要的各项费用，包括采购费、仓储费、工地保管费、仓储损耗。

知识链接

工程设备是指构成或计划构成永久工程一部分的机电设备、金属结构设备、仪器装置及其他类似的设备和装置。

（三）施工机具使用费

施工机具使用费是指施工作业所发生的施工机械、仪器仪表使用费或其租赁费。

1. 施工机械使用费

施工机械使用费以施工机械台班耗用量乘以施工机械台班单价表示。施工机械台班单价应由下列七项费用组成。

（1）折旧费。折旧费是指施工机械在规定的使用年限内，陆续收回其原值的费用。

（2）大修理费。大修理费是指施工机械按规定的大修理间隔台班进行必要的大修理，以恢复其正常功能所需的费用。

（3）经常修理费。经常修理费是指施工机械除大修理以外的各级保养和临时故障排除所需的费用，包括为保障机械正常运转所需替换设备与随机配备工具附具的摊销和维护费用、机械运转中日常保养所需润滑与擦拭的材料费用及机械停滞期间的维护和保养费用等。

（4）安拆费及场外运费。安拆费指施工机械（大型机械除外）在现场进行安装与拆卸所需的人工、材料、机械和试运转费用以及机械辅助设施的折旧、搭设、拆除等费用；场外运费指施工机械整体或分体自停放地点运至施工现场或由一施工地点运至另一施工地点的运输、装卸、辅助材料及架线等费用。

（5）人工费。人工费是指机上司机（司炉）和其他操作人员的人工费。

（6）燃料动力费。燃料动力费是指施工机械在运转作业中所消耗的各种燃料及水、电等。

（7）税费。税费是指施工机械按照国家规定应缴纳的车船使用税、保险费及年检费等。

2. 仪器仪表使用费

仪器仪表使用费是指工程施工所需使用的仪器仪表的摊销及维修费用。

（四）企业管理费

企业管理费是指建筑安装企业组织施工生产和经营管理所需的费用。企业管理费包括以下内容。

1. 管理人员工资

管理人员工资是指按规定支付给管理人员的计时工资、奖金、津贴补贴、加班加点工资及特殊情况下支付的工资等。

2. 办公费

办公费是指企业管理办公用的文具、纸张、账表、印刷、邮电、书报、办公软件、现场监控、会议、水电、烧水和集体取暖降温（包括现场临时宿舍取暖降温）等费用。

3. 差旅交通费

差旅交通费是指职工因公出差、调动工作的差旅费、住勤补助费，市内交通费和误餐补助费，职工探亲路费，劳动力招募费，职工退休、退职一次性路费，工伤人员就医路费，工地转移费以及管理部门使用的交通工具的油料、燃料等费用。

4. 固定资产使用费

固定资产使用费是指管理和试验部门及附属生产单位使用的属于固定资产的房屋、设备、仪器等的折旧、大修、维修或租赁费。

5. 工具用具使用费

工具用具使用费是指企业施工生产和管理使用的不属于固定资产的工具、器具、家具、交通工具和检验、试验、测绘、消防用具等的购置、维修和摊销费。

6. 劳动保险和职工福利费

劳动保险和职工福利费是指由企业支付的职工退职金，按规定支付给离休干部的经费，集体福利费，夏季防暑降温、冬季取暖补贴，上下班交通补贴等。

7. 劳动保护费

劳动保护费是企业按规定发放的劳动保护用品的支出，如工作服、手套、防暑降温饮料以及在有碍身体健康的环境中施工的保健费用等。

8. 检验试验费

检验试验费是指施工企业按照有关标准规定，对建筑以及材料、构件和建筑安装物进行一般鉴定、检查所发生的费用，包括自设试验室进行试验所耗用的材料等费用，不包括新结构、新材料的试验费，对构件做破坏性试验及其他特殊要求检验试验的费用和建设单位委托检测机构进行检测的费用，对此类检测发生的费用，由建设单位在工程建设其他费用中列支。

小提示

对施工企业提供的具有合格证明的材料进行检测不合格的，该检测费用由施工企业支付。

9. 工会经费

工会经费是指企业按《工会法》规定的全部职工工资总额比例计提的工会经费。

10. 职工教育经费

职工教育经费是指按职工工资总额的规定比例计提，企业为职工进行专业技术和职业技能培训，专业技术人员继续教育、职工职业技能鉴定、职业资格认定以及根据需要对职工进行各类文化教育所发生的费用。

11. 财产保险费

财产保险费是指施工管理用财产、车辆等的保险费用。

12. 财务费

财务费是指企业为施工生产筹集资金或提供预付款担保、履约担保、职工工资支付担保等所发生的各种费用。

13. 税金

税金是指企业按规定缴纳的房产税、车船使用税、土地使用税、印花税等。

14. 其他

其他费用包括技术转让费、技术开发费、投标费、业务招待费、绿化费、广告费、公证费、法律顾问费、审计费、咨询费、保险费等。

（五）利润

利润是指施工企业完成所承包工程获得的盈利。

（六）规费

规费是指按国家法律、法规规定，由省级政府和省级有关权力部门规定必须缴纳或计取的费用，包括下列内容。

1. 社会保险费

（1）养老保险费：是指企业按照规定标准为职工缴纳的基本养老保险费。

（2）失业保险费：是指企业按照规定标准为职工缴纳的失业保险费。

（3）医疗保险费：是指企业按照规定标准为职工缴纳的基本医疗保险费。

（4）生育保险费：是指企业按照规定标准为职工缴纳的生育保险费。

（5）工伤保险费：是指企业按照规定标准为职工缴纳的工伤保险费。

2. 住房公积金

住房公积金，是指企业按规定标准为职工缴纳的住房公积金。

3. 工程排污费

工程排污费，是指按规定缴纳的施工现场工程排污费。

其他应列而未列入的规费，按实际发生计取。

（七）税金

税金是指国家税法规定的应计入建筑安装工程造价内的营业税、城市维护建设税、教育费附加以及地方教育附加。

二、按造价形成划分的建筑安装工程费用项目组成

根据建标[2013] 44号，即住房和城乡建设部、财政部关于印发《建筑安装工程费用项目组成》通知的规定，建筑安装工程费按照工程造价形成由分部分项工程费、措施项目费、其他项目费、规费、税金组成，分部分项工程费、措施项目费、其他项目费包含人工费、材料费、施工机具使用费、企业管理费和利润（如图4–2所示）。

（一）分部分项工程费

分部分项工程费是指各专业工程的分部分项工程应予列支的各项费用。

1. 专业工程

专业工程是指按现行国家计量规范划分的房屋建筑与装饰工程、仿古建筑工程、通用安装工程、市政工程、园林绿化工程、矿山工程、构筑物工程、城市轨道交通工程、爆破工程等各类工程。

2. 分部分项工程

分部分项工程是指按现行国家计量规范对各专业工程划分的项目。如房屋建筑与装饰工程

划分的土石方工程、地基处理与桩基工程、砌筑工程、钢筋及钢筋混凝土工程等。

各类专业工程的分部分项工程划分见现行国家或行业计量规范。

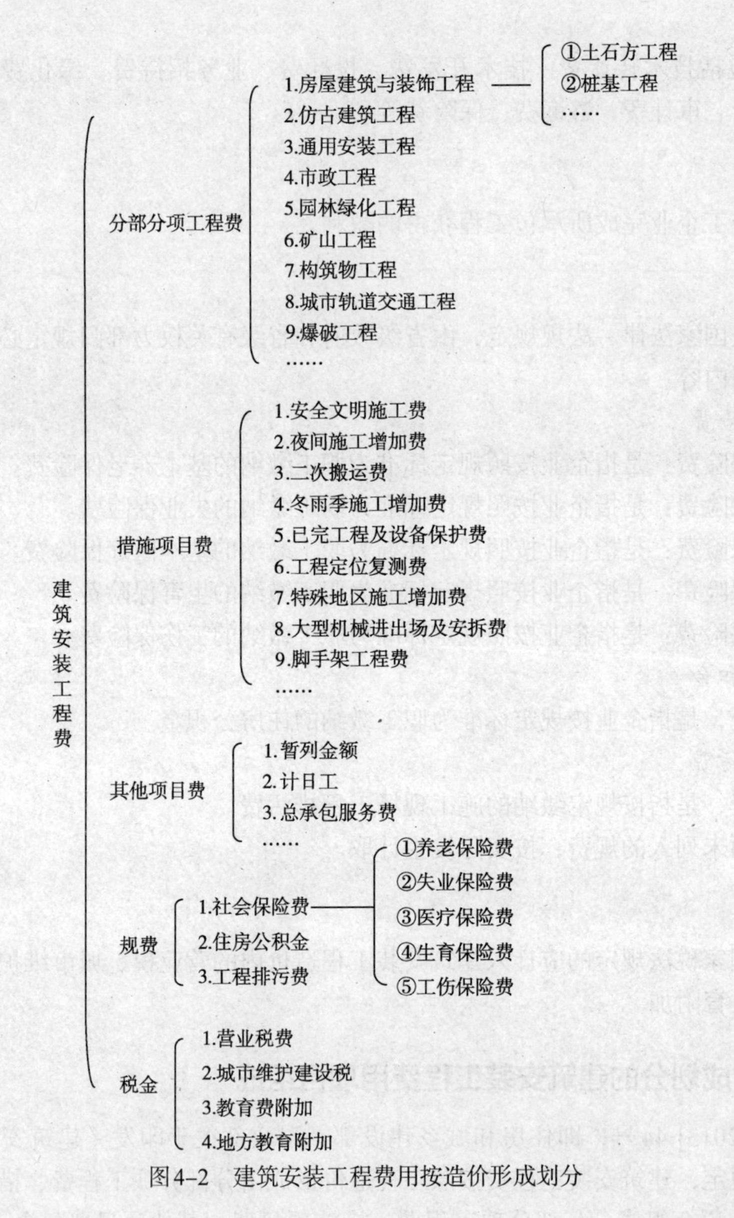

图4-2 建筑安装工程费用按造价形成划分

（二）措施项目费

措施项目费是指为完成建设工程施工，发生于该工程施工前和施工过程中的技术、生活、安全、环境保护等方面的费用。措施项目费包括以下内容。

1. 安全文明施工费

（1）环境保护费：是指施工现场为达到环保部门要求所需要的各项费用。

（2）文明施工费：是指施工现场文明施工所需要的各项费用。

（3）安全施工费：是指施工现场安全施工所需要的各项费用。

（4）临时设施费：是指施工企业为进行建设工程施工所必须搭设的生活和生产用的临时建筑物、构筑物和其他临时设施费用，包括临时设施的搭设、维修、拆除、清理费或摊销费等。

2. 夜间施工增加费

夜间施工增加费是指因夜间施工所发生的夜班补助费、夜间施工降效、夜间施工照明设备摊销及照明用电等费用。

3. 二次搬运费

二次搬运费是指因施工场地条件限制而发生的材料、构配件、半成品等一次运输不能到达堆放地点，必须进行二次或多次搬运所发生的费用。

4. 冬雨季施工增加费

冬雨季施工增加费是指在冬季或雨季施工需增加的临时设施、防滑、排除雨雪，人工及施工机械效率降低等费用。

5. 已完工程及设备保护费

已完工程及设备保护费是指竣工验收前，对已完工程及设备采取的必要保护措施所发生的费用。

6. 工程定位复测费

工程定位复测费是指工程施工过程中进行全部施工测量放线和复测工作的费用。

7. 特殊地区施工增加费

特殊地区施工增加费是指工程在沙漠或其边缘地区、高海拔、高寒、原始森林等特殊地区施工增加的费用。

8. 大型机械设备进出场及安拆费

大型机械设备进出场及安拆费是指机械整体或分体自停放场地运至施工现场或由一个施工地点运至另一个施工地点，所发生的机械进出场运输及转移费用及机械在施工现场进行安装、拆卸所需的人工费、材料费、机械费、试运转费和安装所需的辅助设施的费用。

9. 脚手架工程费

脚手架工程费是指施工需要的各种脚手架搭、拆、运输费用以及脚手架购置费的摊销（或租赁）费用。

措施项目及其包含的内容详见各类专业工程的现行国家或行业计量规范。

（三）其他项目费

1. 暂列金额

暂列金额是指建设单位在工程量清单中暂定并包括在工程合同价款中的一笔款项。

小技巧

暂列金额用于施工合同签订时尚未确定或者不可预见的所需材料、工程设备、服务的采购，施工中可能发生的工程变更、合同约定调整因素出现时的工程价款调整以及发生的索赔、现场签证确认等的费用。

2. 计日工

计日工是指在施工过程中，施工企业完成建设单位提出的施工图纸以外的零星项目或工作所需的费用。

3. 总承包服务费

总承包服务费是指总承包人为配合、协调建设单位进行的专业工程发包，对建设单位自行采购的材料、工程设备等进行保管以及施工现场管理、竣工资料汇总整理等服务所需的费用。

（四）规费

同按费用构成要素划分的建筑安装工程费用项目组成中的规费。

（五）税金

同按费用构成要素划分的建筑安装工程费用项目组成中的税金。

学习单元3　计算建筑安装工程费用

知识目标

（1）了解各费用构成要素的计算方法。

（2）掌握建筑安装工程计价方法。

技能目标

（1）通过本单元的学习，能够清楚各费用构成要素的计算方法。

（2）能够根据建筑安装工程计价公式，进行费用计算。

基础知识

一、各费用构成要素计算方法

（一）人工费

人工费的计算公式为

$$人工费=\sum（工日消耗量\times日工资单价）\qquad（4.6）$$

其中，

$$日工资单价=\frac{生产工人平均月工资（计时、计件）+平均月奖金+津贴补贴+特殊情况下支付的工资}{年平均每月法定工作日}\qquad（4.7）$$

小提示

公式（4.6）主要适用于施工企业投标报价时自主确定人工费，也是工程造价管理机构编制计价定额确定定额人工单价或发布人工成本信息的参考依据。

$$人工费=\sum（工程工日消耗量\times日工资单价）\qquad（4.8）$$

小提示

公式（4.8）适用于工程造价管理机构编制计价定额时确定定额人工费，是施工企业投标报价的参考依据。

日工资单价是指施工企业平均技术熟练程度的生产工人在每工作日（国家法定工作时间内）按规定从事施工作业应得的日工资总额。

工程造价管理机构确定日工资单价应根据工程项目的技术要求，通过市场调查，参考实物工程量人工单价综合分析确定，最低日工资单价不得低于工程所在地人力资源和社会保障部门所发布的最低工资标准的：普工1.3倍；一般技工2倍；高级技工3倍。

工程计价定额不可只列一个综合工日单价，应根据工程项目技术要求和工种差别适当划分多种日工单价，确保各分部工程人工费的合理构成。

（二）材料费

1. 材料费

$$材料费=\sum(材料消耗量\times材料单价) \tag{4.9}$$

$$材料单价=(材料原价+运杂费)\times(1+运输损耗率)\times(1+采购保管费率) \tag{4.10}$$

2. 工程设备费

$$工程设备费=\sum(工程设备量\times工程设备单价) \tag{4.11}$$

$$工程设备单价=(设备原价+运杂费)\times(1+采购保管费率) \tag{4.12}$$

（三）施工机具使用费

1. 施工机械使用费

$$施工机械使用费=\sum(施工机械台班消耗量\times机械台班单价) \tag{4.13}$$

$$\begin{aligned}机械台班单价=&台班折旧费+台班大修费+台班经常修理费+台班安拆费及场外运费+\\&台班人工费+台班燃料动力费+台班车船税费\end{aligned} \tag{4.14}$$

（1）折旧费计算公式为

$$台班折旧费=\frac{机械预算价格\times(1-残值率)}{耐用总台班数} \tag{4.15}$$

$$耐用总台班数=折旧年限\times年工作台班 \tag{4.16}$$

（2）大修理费计算公式为

$$台班大修理费=\frac{一次大修理费\times大修理次数}{耐用总台班数} \tag{4.17}$$

小提示

工程造价管理机构在确定计价定额中的施工机械使用费时，应根据《建筑施工机械台班费用计算规则》结合市场调查编制施工机械台班单价。施工企业可以参考工程造价管理机构发布的台班单价，自主确定施工机械使用费的报价。

2. 仪器仪表使用费

$$仪器仪表使用费=工程使用的仪器仪表摊销费+维修费 \tag{4.18}$$

（四）企业管理费费率

1. 以分部分项工程费为计算基础

$$企业管理费费率=\frac{生产工人年平均管理费}{年有效施工天数\times人工单价}\times人工费占分部分项工程费比例(\%) \tag{4.19}$$

2. 以人工费和机械费合计为计算基础

$$企业管理费费率=\frac{生产工人年平均管理费}{年有效施工天数\times(人工单价+每一工日机械使用费)}\times100\% \tag{4.20}$$

3. 以人工费为计算基础

$$企业管理费费率=\frac{生产工人年平均管理费}{年有效施工天数\times人工单价}\times 100\% \tag{4.21}$$

小 提 示

上述公式适用于施工企业投标报价时自主确定管理费，是工程造价管理机构编制计价定额确定企业管理费的参考依据。

工程造价管理机构在确定计价定额中的企业管理费时，应以定额人工费或（定额人工费+定额机械费）作为计算基数，其费率根据历年工程造价积累的资料，辅以调查数据确定，列入分部分项工程和措施项目中。

（五）利润

① 施工企业根据企业自身需求并结合建筑市场实际自主确定，列入报价中。

② 工程造价管理机构在确定计价定额中利润时，应以定额人工费或定额人工费与定额机械费之和作为计算基数，其费率根据历年工程造价积累的资料，并结合建筑市场实际确定，以单位（单项）工程测算，利润在税前建筑安装工程费的比重可按不低于5%且不高于7%的费率计算。利润应列入分部分项工程和措施项目中。

（六）规费

1. 社会保险费和住房公积金

社会保险费和住房公积金应以定额人工费为计算基础，根据工程所在地省、自治区、直辖市或行业建设主管部门规定费率计算。

$$社会保险费和住房公积金=\sum（工程定额人工费\times社会保险费和住房公积金费率） \tag{4.22}$$

式中，社会保险费和住房公积金费率可按每万元发承包价的生产工人人工费、管理人员工资含量与工程所在地规定的缴纳标准综合分析取定。

2. 工程排污费

工程排污费等其他应列而未列入的规费应按工程所在地环境保护等部门规定的标准缴纳，按实计取列入。

（七）税金

税金计算公式为

$$税金=税前造价\times综合税率(\%) \tag{4.23}$$

综合税率计算如下。

1. 纳税地点在市区的企业

$$综合税率=\frac{1}{1-3\%-(3\%\times 7\%)-(3\%\times 3\%)-(3\%\times 2\%)}-1=3.48\%$$

2. 纳税地点在县城、镇的企业

$$综合税率=\frac{1}{1-3\%-(3\%\times 5\%)-(3\%\times 3\%)-(3\%\times 2\%)}-1=3.41\%$$

3. 纳税地点不在市区、县城、镇的企业

$$综合税率=\frac{1}{1-3\%-(3\%\times1\%)-(3\%\times3\%)-(3\%\times2\%)}-1=3.28\%$$

4. 其他

实行营业税改增值税的，按纳税地点现行税率计算。

二、建筑安装工程计价公式

（一）分部分项工程费

分部分项工程费计算公式为

分部分项工程费=∑（分部分项工程量 × 综合单价）（4.24）

式中，综合单价包括人工费、材料费、施工机具使用费、企业管理费和利润以及一定范围的风险费用（下同）。

（二）措施项目费

1. 国家计量规范规定应予计量的措施项目

国家计量规范规定应予计量的措施项目的计算公式为

措施项目费=∑（措施项目工程量 × 综合单价）（4.25）

2. 国家计量规范规定不宜计量的措施项目

对于国家计量规范规定不宜计量的措施项目，计算方法如下。

（1）安全文明施工费。

安全文明施工费=计算基数 × 安全文明施工费费率(%)（4.26）

计算基数应为定额基价（定额分部分项工程费+定额中可以计量的措施项目费）、定额人工费（或定额人工费+定额机械费），其费率由工程造价管理机构根据各专业工程的特点综合确定。

（2）夜间施工增加费。

夜间施工增加费=计算基数 × 夜间施工增加费费率(%)（4.27）

（3）二次搬运费。

二次搬运费=计算基数 × 二次搬运费费率(%)（4.28）

（4）冬雨期施工增加费。

冬雨期施工增加费=计算基数 × 冬雨期施工增加费费率(%)（4.29）

（5）已完工程及设备保护费。

已完工程及设备保护费=计算基数 × 已完工程及设备保护费费率(%)（4.30）

上述（2）~（5）项措施项目的计费基数应为定额人工费（或定额人工费+定额机械费），其费率由工程造价管理机构根据各专业工程特点和调查资料综合分析后确定。

（三）其他项目费

（1）暂列金额由建设单位根据工程特点，按有关计价规定估算，施工过程中由建设单位掌握使用，扣除合同价款调整后如有余额，归建设单位。

（2）计日工由建设单位和施工企业按施工过程中的签证计价。

（3）总承包服务费由建设单位在招标控制价中根据总包服务范围和有关计价规定编制，施工企业投标时自主报价，施工过程中按签约合同价执行。

（四）规费和税金

建设单位和施工企业均应按照省、自治区、直辖市或行业建设主管部门发布的标准计算规费和税金，不得作为竞争性费用。

学习案例

某公司拟引进一项设备，有关资料如下。

某进口设备离岸价为2 500万元人民币，到岸价（货价、海运费、运输保险费）为3 020万元人民币，进口设备国内运杂费为100万元。

想一想

试计算进口设备购置费用。

案例分析

列表计算该设备购置费用，见表4–2。

表4–2 进口设备购置费用计算表

序 号	项 目	费 率	计 算 式	金额/万元
1	到岸价格			3020.00
2	银行财务费	0.5%	2 500 × 0.5%	12.50
3	外贸手续费	1.5%	3 020 × 1.5%	45.30
4	关税	10%	3 020 × 10%	302.00
5	增值税	17%	（3 020+302）× 17%	564.74
6	设备国内运杂费			100.00
进口设备购置费			1+2+3+4+5+6	4044.54

如表4-2所示，设备购置费=设备原价+设备运杂费=到岸价格+银行财务费+外贸手续费+关税+增值税+设备运杂费=到岸价+离岸价 × 银行财务费费率+到岸价 × 外贸手续费费率+到岸价 × 关税税率+（关税完税价格+关税）× 增值税税率+设备运杂费=3 020.00+2 500 × 0.5%+3 020 × 1.5%+3 020 × 10%+（3 020+302）× 17%+100=4 044.54（万元）

知识拓展

建筑安装工程计价程序

建设单位工程招标控制价计价程序见表4–3，施工企业工程投标报价计价程序见表4–4，竣工结算计价程序见表4–5。

表4-3　建设单位工程招标控制价计价程序

工程名称：　　　　　　　　　　　　　　标段

序　号	内　容	计 算 方 法	金额/元
1	分部分项工程费	按计价规定计算	
1.1			
1.2			
1.3			
2	措施项目费	按计价规定计算	
2.1	安全文明施工费	按规定标准计算	
3	其他项目费		
3.1	暂列金额	按计价规定估算	
3.2	专业工程暂估价	按计价规定估算	
3.3	计日工	按计价规定估算	
3.4	总承包服务费	按计价规定估算	
4	规费	按规定标准计算	
5	税金（扣除不列入计税范围的工程设备金额）	（1+2+3+4）× 规定税率	

招标控制价合计=1+2+3+4+5

表4-4　施工企业工程投标报价计价程序

工程名称：　　　　　　　　　　　　　　标段

序号	内　容	计 算 方 法	金额/元
1	分部分项工程费	自主报价	
1.1			
1.2			
1.3			
2	措施项目费	自主报价	
2.1	安全文明施工费	按规定标准计算	
3	其他项目费		
3.1	暂列金额	按招标文件提供金额计列	
3.2	专业工程暂估价	按招标文件提供金额计列	
3.3	计日工	自主报价	
3.4	总承包服务费	自主报价	
4	规费	按规定标准计算	
5	税金（扣除不列入计税范围的工程设备金额）	（1+2+3+4）× 规定税率	

投标报价合计=1+2+3+4+5

表4–5 竣工结算计价程序

工程名称: 标段

序 号	内 容	计 算 方 法	金额/元
1	分部分项工程费	按合同约定计算	
1.1			
1.2			
1.3			
2	措施项目费	按合同约定计算	
2.1	安全文明施工费	按规定标准计算	
3	其他项目费		
3.1	暂列金额	按合同约定计算	
3.2	专业工程暂估价	按计日工签证计算	
3.3	计日工	按合同约定计算	
3.4	总承包服务费	按发承包双方确认数额计算	
4	规费	按规定标准计算	
5	税金（扣除不列入计税范围的工程设备金额）	（1+2+3+4）× 规定税率	

竣工结算价合计=1+2+3+4+5

情境小结

工程费用由建筑安装工程费用和设备及工具器具购置费两部分组成。建筑安装工程费用包括建筑工程费用和安装工程费用两部分。建筑安装工程费用是指各种设备及管道等安装工程的费用。设备及工具器具购置费用是由设备购置费用和工具器具及生产家具购置费用组成，它是固定资产投资中的积极部分。

根据建标〔2013〕44号，住房和城乡建设部、财政部关于印发《建筑安装工程费用项目组成》的通知的规定，建筑安装工程费按照费用构成要素划分，由人工费、材料（包含工程设备，下同）费、施工机具使用费、企业管理费、利润、规费和税金组成；建筑安装工程费按照工程造价形成由分部分项工程费、措施项目费、其他项目费、规费、税金组成，分部分项工程费、措施项目费、其他项目费包含人工费、材料费、施工机具使用费、企业管理费和利润。

学习检测

填空题

1. 建筑安装工程费用包括建筑工程费用和________两部分。

2. 根据建标[2013] 44号，建筑安装工程费按照费用构成要素划分，由________、________、________、________、利润、规费和税金组成。

3. 材料费是指施工过程中耗费的________、________、构配件、零件、半成品或成品、工程设备的费用。

4. 施工机具使用费是指施工作业所发生的施工机械、仪器仪表________或________。

5. 经常修理费是指施工机械除大修理以外的________和________所需的费用。

6. 安拆费指施工机械（大型机械除外）在现场进行________与________所需的人工、材料、机械和试运转费用以及机械辅助设施的折旧、搭设、拆除等费用；场外运费指施工机械整体或分体自停放地点运至________或由一施工地点运至另一施工地点的运输、装卸、辅助材料及架线等费用。

7. 根据建标〔2013〕44号，建筑安装工程费按照工程造价形成由________、________、________、规费、税金组成。

选择题

1. 安装工程费用是指各种设备及（　　）的费用。

A. 土方工程　　B. 房屋建筑工程

C. 装饰装修工程　　D. 管道等安装工程

2. 装运港交货类即卖方在出口国装运港完成交货任务。其中FOB习惯称为（　）。

A. 到岸价　　B. 离岸价　　C. 抵岸价　　D. 货价

3. 人工费是指按工资总额构成规定，支付给从事建筑安装工程施工的生产工人和附属生产单位工人的各项费用，内容包括（　）。

A. 计时工资或计件工资　　B. 津贴补贴

C. 抚恤金　　D. 加班加点工资　　E. 奖金

4. 材料费内容包括（　　）。

A. 采购及保管费　　B. 运输损耗费　　C. 运杂费

D. 机械购买费　　E. 材料原价

5. 企业管理费是指建筑安装企业组织施工生产和经营管理所需的费用，内容包括（　　）。

A. 管理人员工资　　B. 津贴补贴　　C. 差旅交通费

D. 工具用具使用费　　E. 检验试验费

6. 下列不是社会保险费的是（　　）。

A. 生育保险费　　B. 工伤保险费

C. 意外伤害保险费　　D. 养老保险费

7. 安全文明施工费包括（　）。

A. 二次搬运费　　B. 安全施工费　　C. 临时设施费

D. 文明施工费　　E. 环境保护费

简答题

1. 建筑工程费用按费用性质划分（基本组成）包括哪几部分？建筑工程费用按工程量清单计价顺序划分包括哪几部分？

2. 建筑工程费用的基本构成包括哪些内容？

3. 工程量清单计价费用由哪些费用构成？

4. 分部分项工程费包括哪些内容？

5. 什么是规费？它包括哪些内容？

学习情境5

计算建筑面积

情境导入

图5-1所示是某单层房屋建筑横、纵剖面图，该房屋建筑面积为64.14m^2。

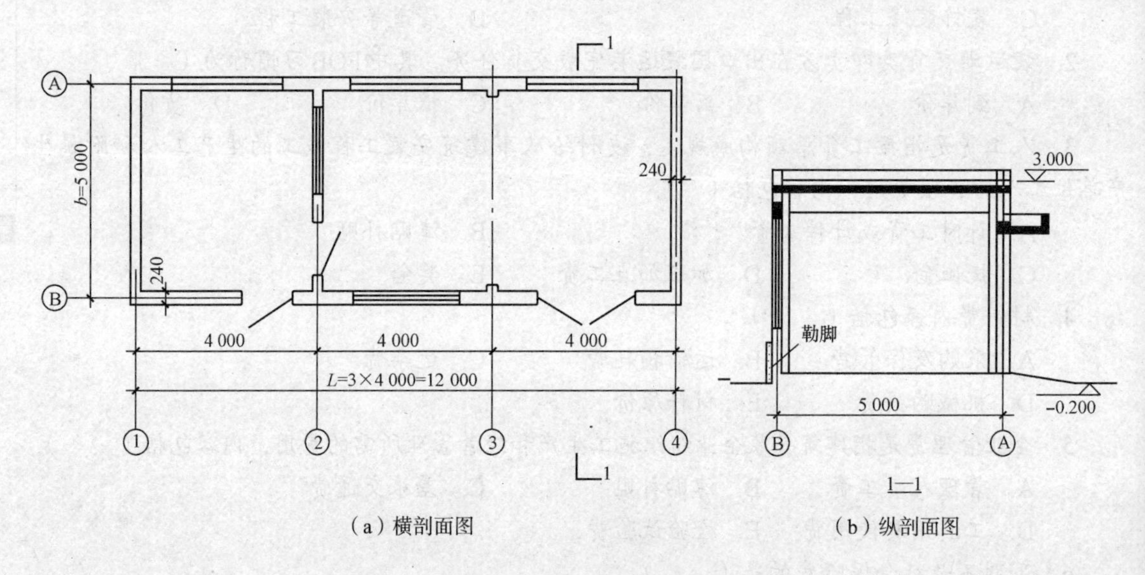

（a）横剖面图　　（b）纵剖面图

图5-1　某单层房屋剖面图

案例导航

建筑面积是建筑物各层水平面面积的总和，即外墙勒脚以上各层水平投影面积的综合。它包括使用面积、辅助面积和结构面积三部分内容。使用面积是指建筑物各层平面布置中可直接为生产或生活使用的净面积的总和。在民用建筑中居室的净面积称为居住面积。辅助面积是指建筑物各层平面布置间接为生产或生活服务所占用的净面积的总和。使用面积与辅助面积的总和称为有效面积。结构面积是指建筑物各层布置中的墙、柱等结构件所占面积的总和（不含抹灰厚度所占面积）。

要了解建筑面积的概念，需要掌握的相关知识有：

（1）建筑面积计算中所涉及的相关术语；

（2）单层建筑物、多层建筑物、其他建筑面积的计算以及不计算建筑面积的范围。

学习单元1　了解建筑面积的基本内容

知识目标

（1）了解建筑面积的概念。

（2）熟悉建筑面积的作用。

技能目标

（1）通过本单元的学习，对建筑面积的概念有一个简要的了解。

（2）能够清楚建筑面积的作用。

基础知识

一、建筑面积概述

（一）建筑面积的概念

建筑面积是指建筑物各层外墙勒脚以上结构外围（外墙外侧有保温隔热层的应按保温隔热层外边线所围）水平投影面积的总和。

（二）建筑面积的组成

建筑面积由结构面积和有效面积两部分组成。有效面积又分为使用面积和辅助面积。

结构面积是指建筑物中墙体、柱子等混凝土或砌体占据的房屋使用者无法使用的面积。使用面积是指建筑物各层中直接为生产或生活使用的净面积，如客厅（起居室）、厨房、卫生间等。辅助面积是建筑物各层中为辅助生产或辅助生活所占净面积综合，如楼梯等。

建筑面积=有效面积+结构面积=使用面积+辅助面积+结构面积

二、建筑面积的作用

建筑面积计算是工程计量的最基础工作，在工程建设中具有重要意义。首先，在工程建设的众多技术经济指标中，大多数以建筑面积为基数，建筑面积是核定估算、概算、预算工程造价的一个重要基础数据，是计算和确定工程造价，并分析工程造价和工程设计合理性的一个基础指标；其次，建筑面积是国家进行建设工程数据统计、固定资产宏观调控的重要指标；最后，建筑面积还是房地产交易、工程承发包、建筑工程有关运营费用核定等的一个关键指标。建筑面积的作用，具体有以下几个方面。

（一）确定建设规模的重要指标

根据项目立项批准文件所核准的建筑面积，是初步设计的重要控制指标。对于国家投资的项目，施工图的建筑面积不得超过初步设计的5%，否则必须重新报批。

（二）确定各项技术经济指标的基础

建筑面积与使用面积、辅助面积、结构面积之间存在着一定的比例关系。设计人员在进行建筑或结构设计时，在计算建筑面积的基础上再分别计算出结构面积、有效面积等技术经济指标。比如，有了建筑面积，才能确定每平方米建筑面积的工程造价。

$$单位面积工程造价=\frac{工程造价}{建筑面积}$$

（三）评价设计方案的依据

建筑设计和建筑规划中，经常使用建筑面积控制某些指标，比如容积率、建筑密度、建筑系数等。在评价设计方案时，通常采用居住面积系数、土地利用系数、有效面积系数、单方造价等指标，它们都与建筑面积密切相关。因此，为了评价设计方案，必须准确计算建筑面积。

$$容积率=\frac{建筑总面积}{建筑占地面积}\times100\%$$

$$建筑密度=\frac{建筑物底层面积}{建筑占地总面积}\times100\%$$

（四）计算有关分项工程量的依据

在编制一般固件工程预算时，建筑面积是确定一些分项工程量的基本数据。应用统筹计算方法，根据底层建筑面积，就可以方便地推算出室内回填土体积、地（楼）面面积和天棚面积等。另外，建筑面积也是脚手架、垂直运输机械费用的计算依据。

（五）选择概算指标和编制概算的基础数据

概算指标通常是以建筑面积为计量单位。用概算指标编制概算时，要以建筑面积为计算基础。

知识链接

根据国家标准《建筑工程建筑面积计算规范》(GB/T 50353—2013)，对在计算中涉及的术语做如下解释。

1. 层高(storey height)：指上下两层楼面或楼面与地面之间的垂直距离。
2. 自然层(floor)：指按楼板、地板结构分层的楼层。
3. 架空层(empty space)：指建筑物深基础或坡地建筑吊脚架空部位不回填土石方形成的建筑空间。
4. 走廊(corridor gallery)：指建筑物的水平交通空间。
5. 挑廊(overhanging corridor)：指挑出建筑物外墙的水平交通空间。
6. 檐廊(eaves gallery)：指设置在建筑物底层出檐下的水平交通空间。
7. 回廊(cloister)：指在建筑物门厅、大厅内设置在二层或二层以上的回形走廊。
8. 门斗(foyer)：指在建筑物出入口设置的起分隔、挡风、御寒等作用的建筑过渡空间。
9. 建筑物通道(passage)：指为道路穿过建筑物而设置的建筑空间。
10. 架空走廊(bridge way)：指建筑物与建筑物之间在二层或二层以上专门为水平交通设置的走廊。
11. 勒脚(plinth)：指建筑物的外墙与室外地面或散水接触部位墙体的加厚部分。
12. 围护结构(envelop enclosure)：指围合建筑空间四周的墙体、门、窗等。
13. 围护性幕墙(enclosing curtain wall)：指直接对外墙起围护作用的幕墙。

14. 装饰性幕墙(decorative faced curtain wall)：指设置在建筑物墙体外起装饰作用的幕墙。

15. 落地橱窗(french window)：指突出外墙面根基落地的橱窗。

16. 阳台(balcony)：指供使用者进行活动和晾晒衣物的建筑空间。

17. 眺望间(view room)：指设置在建筑物顶层或挑出房间的供人们远眺或观察周围情况的建筑空间。

18. 雨篷(canopy)：指设置在建筑物进出口上部的遮雨、遮阳篷。

19. 地下室(basement)：指房间地平面低于室外地平面的高度、超过该房间净高的1/2者。

20. 半地下室(semi basement)：指房间地平面低于室外地平面的高度、超过该房间净高的1/3且不超过1/2者。

21. 变形缝(deformation joint)：指伸缩缝(温度缝)、沉降缝和抗震缝的总称。

22. 永久性顶盖(permanent cap)：指经规划批准设计的永久使用的顶盖。

23. 飘窗(bay window)：指为房间采光和美化造型而设置的突出外墙的窗。

24. 骑楼(overhang)：指楼层部分跨在人行道上的临街楼房。

25. 过街楼(arcade)：指有道路穿过建筑空间的楼房。

学习单元2　掌握建筑面积的计算规则

知识目标

（1）熟悉应计算建筑面积的范围。

（2）熟悉不应计算建筑面积的范围。

技能目标

（1）通过本单元的学习，能够清楚建筑面积的计算规则。

（2）根据工程实际，能够正确计算建筑面积。

基础知识

一、应计算建筑面积的范围及规则

根据国家标准《建筑工程建筑面积计算规范》(GB/T 50353—2013)的规定，下列内容应计算建筑面积。

（一）单层建筑物

单层建筑的建筑面积，应按其外墙勒脚以上结构外围水平面积计算，并应符合下列规定。

1. 单层建筑高度在2.20 m及以上者应计算全面积；高度不足2.20 m者应计算1/2面积。以图5-2为例，其面积为

$$S=15\times5=75\ (\mathrm{m}^2)$$

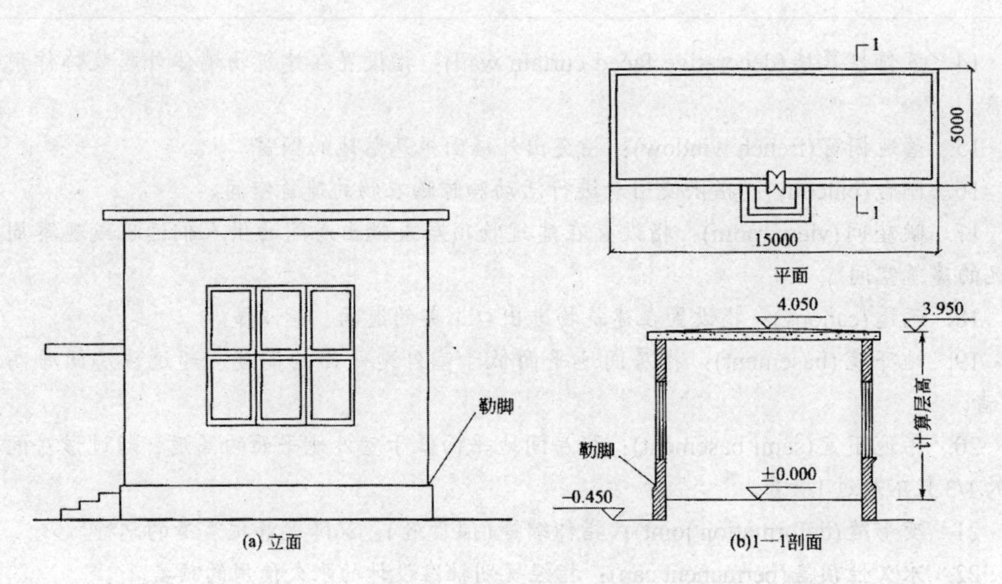

图5-2 单层建筑示意图

2．利用坡屋顶内空间时，净高超过2.10m的部位应计算全面积；净高围1.20 ~ 2.10m的部位应计算1/2面积；净高不足1.20m的部位不应计算面积。以图5-3为例，坡屋顶空间面积为

$$S = 5.4\times(6.9+0.24)+2.7\times(6.9+0.24)\times\frac{1}{2}\times2 = 57.83\left(\mathrm{m}^2\right)$$

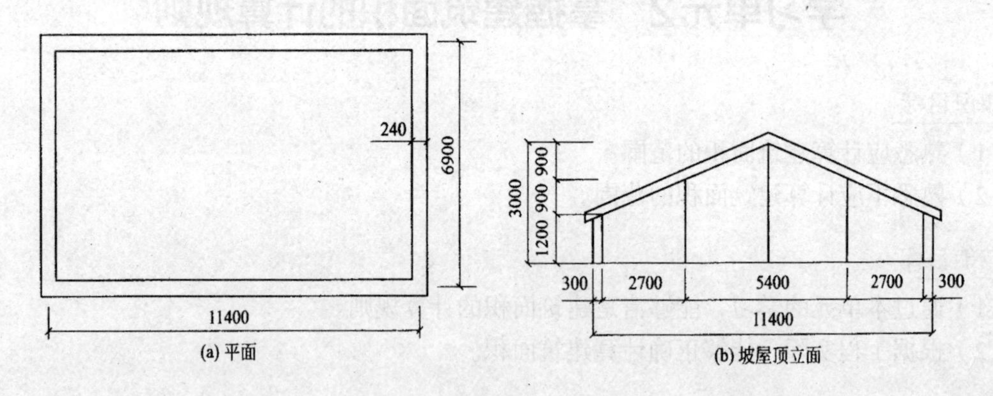

图5-3 坡屋顶空间示意图

知识链接

（1）单层建筑物可以是民用建筑、公共建筑，也可以是工业厂房。

（2）建筑面积的计算是以勒脚以上外墙结构外边线计算，即建筑面积不包括勒脚，因为勒脚是墙根部很矮的一部分墙体加厚，不能代表整个外墙结构，在计算中要扣除勒脚墙体加厚的部分。这也说明建筑面积只包括外墙的结构面积，不包括勒脚以及外墙抹灰厚度、装饰材料厚度所占的面积。

小技巧

单层建筑物的高度指室内地面标高至屋面板板面结构标高之间的垂直距离；遇有以屋面板找坡的平屋顶单层建筑物，其高度指室内地面标高至屋面板最低处板面结构标高之间的垂直距离。净高指楼面或地面至上层楼板底面或吊顶底面之间垂直距离。单层建筑物应按不同的高度确定面积的计算。

（二）单层建筑物内设有局部楼层

单层建筑内设有局部楼层者，局部楼层的二层及以上楼层，有围护结构的应按其围护结构外围水平面积计算，无围护结构的应按其结构底板水平面积计算。层高在2.20m及以上者应计算全面积；层高不足2.20m者应计算1/2面积。以图5-4为例：

单层建筑的建筑面积=（9.6+0.24）×（10.5+0.24）=105.68（m^2）

楼隔层的建筑面积=（3+0.24）×（3.3+0.24）÷2=5.73（m^2）

建筑面积合计=105.68+5.73=111.41（m^2）

小技巧

楼隔层的首层已包括在单层建筑内，不再计算建筑面积，所以规范规定仅计算二层及二层以上的建筑面积。由于图5-4中H_2=2.15m＜2.20m，故楼隔层（第二层）按1/2计算面积。

围护结构，指围合建筑空间四周的墙体、门、窗等，后同。

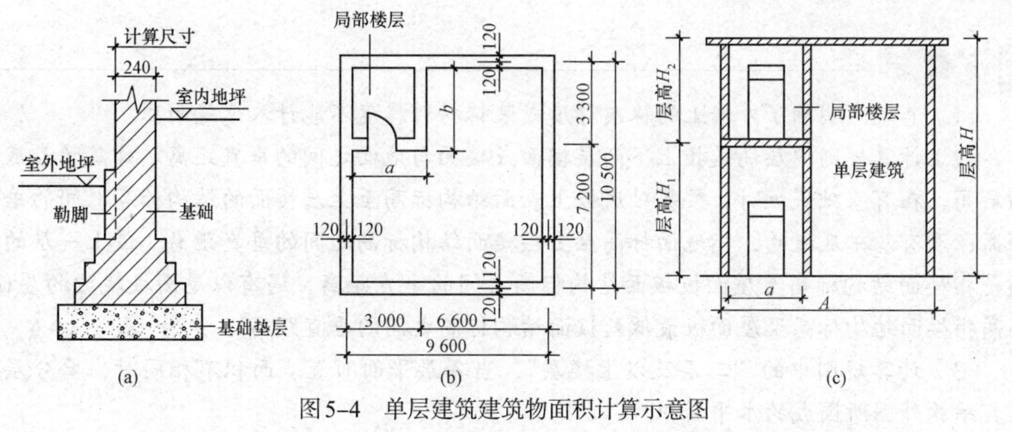

图5-4　单层建筑建筑物面积计算示意图

（a）勒脚示意图；（b）面积计算示意图；（c）楼隔层示意图

小提示

（1）单层建筑物内设有部分楼层的例子如图5-4（c）所示。计算规则中局部楼层的二层及以上楼层有围护结构的应按其维护结构外围水平面积计算，即局部楼层的墙厚应包括在楼层面积内。

（2）本规定没有规定不计算建筑面积的部位，我们可以理解为局部楼层层高一般不会低于1.2m。

（三）多层建筑物

多层建筑首层应按其外墙勒脚以上结构外围水平面积计算；二层及以上楼层应按其外墙结构外围水平面积计算。层高在2.20m及以上者应计算全面积；层高不足2.20m者应计算1/2面积。

多层建筑坡屋顶内和场馆看台下，当设计加以利用时，净高超过2.10m的部位应计算全面积；净高为1.20 ~ 2.10m的部位应计算1/2面积；当设计不利用或室内净高不足1.20m时不应计算面积。图5-5所示为看台示意图。

如图5-6所示，设第1 ~ 5层的层高为3.9m，第6层的层高为3.1m，经计算第1 ~ 4层每层的外墙外围面积为1 166.60m^2，第5、6层每层的外墙外围面积为475.90 m^2。计算该工程的建筑面积。

建筑面积=（第1 ~ 4层）1 166.60×4+（第5层）475.90+（第6层）475.90÷2=5 380.25（m^2）

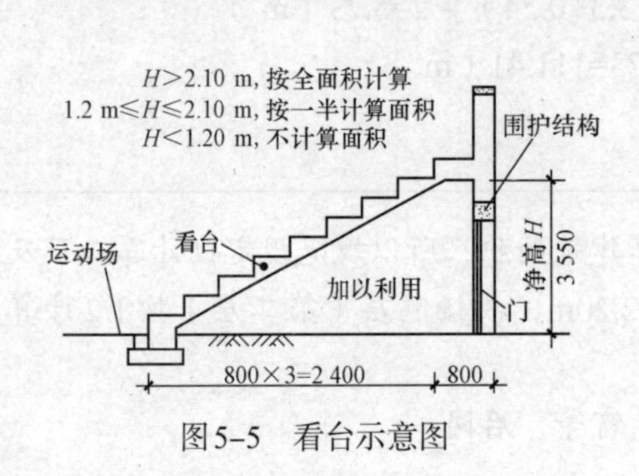

图5-5 看台示意图

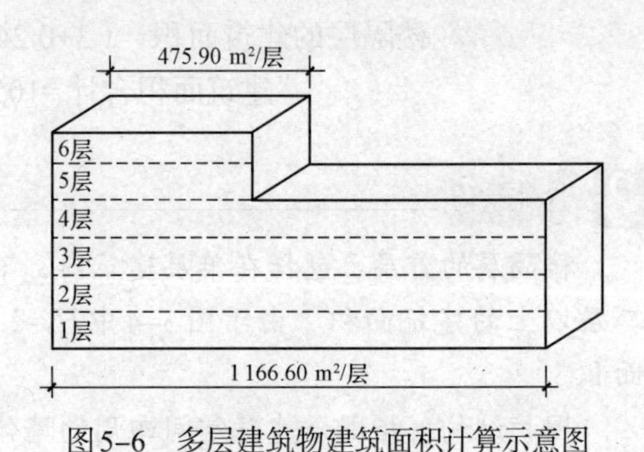

图5-6 多层建筑物建筑面积计算示意图

小提示

（1）其规定明确了外墙上的抹灰厚度或装饰材料厚度不能计入建筑面积。

（2）计算规则中层高是指上下两层楼面或楼面与地面之间的垂直距离。建筑物最底层的层高，在有基础底板时，按基础底板上表面结构标高至上层楼面的结构标高之间的垂直距离；没有基础底板的，指地面标高至上层楼面结构标高之间的垂直距离。最上一层的层高是指楼面结构标高至屋面板板面结构标高之间的垂直距离，遇有以屋面板找坡的屋面，层高指楼面结构标高至屋面板最低处板面结构标高之间的垂直距离。

（3）计算规则中的“二层及以上楼层”，当各层平面布置、面积不相同时，要分层计算其结构外围所围成的水平面积。

（4）多层建筑坡屋顶、单层建筑物坡屋顶以及场馆看台下的空间的建筑面积计算规则是一样的，设计加以利用时，应按其净高确定建筑面积的计算。

（四）地下室、半地下室

地下室、半地下室(车间、商店、车站、车库、仓库等)，包括相应的有永久性顶盖的出入口，应按其外墙上口(不包括采光井、外墙防潮层及其保护墙)外边线所围水平面积计算。层高在2.20m及以上者应计算全面积；层高不足2.20m者应计算1/2面积。以图5-7为例，地下室建筑面积为

$$S = 7.98 \times 5.68 = 45.33\left(\mathrm{m}^2\right)$$

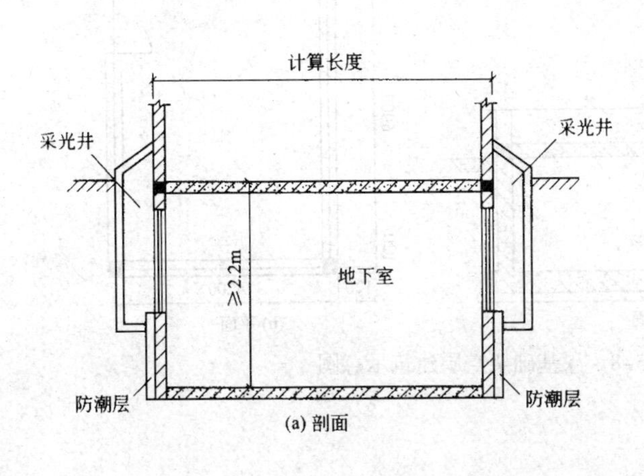

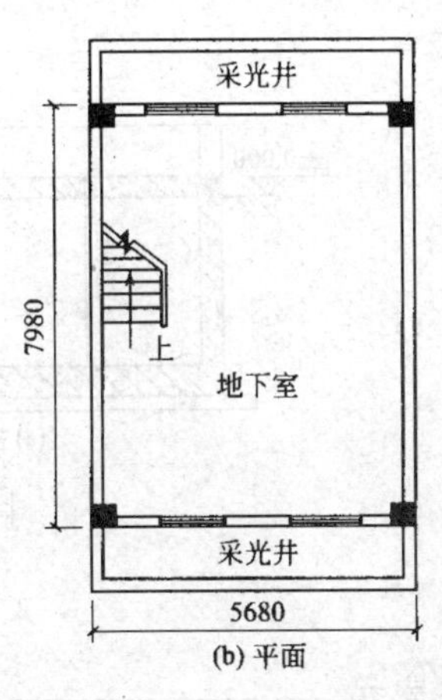

图5-7 地下室建筑面积示意图

小 提 示

房间地平面低于室外地平面的高度超过该房间净高的1/2者为地下室；房间地平面低于室外地平面的高度超过该房间净高的1/3，且不超过1/2者为半地下室。

知 识 链 接

（1）地下室采光井是为了满足地下室的采光和通风要求设置的。一般在地下室围护墙上口开设一个矩形或其他形状的竖井，井的上口一般设有铁栅，井的一个侧面安装采光和通风用的窗子。

（2）地下室、半地下室应以其外墙上口外边线所围水平面积计算。原计算规则规定按地下室、半地下室上口外墙外围水平面积计算，文字上不甚严密，“上口外墙”容易被理解为地下室、半地下室的上一层建筑的外墙。因为通常情况下，上一层建筑外墙与地下室墙的中心线不一定完全重叠，多数情况是凹进或凸出地下室外墙中心线。

（五）建筑物吊脚架空层、深基础架空层

坡地的建筑物吊脚架空层、深基础架空层，设计加以利用并有围护结构的，层高在2.20m及以上的部位应计算全面积；层高不足2.20m的部位应计算1/2面积。设计加以利用、无围护结构的建筑吊脚架空层，应按其利用部位水平面积的1/2计算；设计不利用的深基础架空层、坡地吊脚架空层、多层建筑坡屋顶内、场馆看台下的空间不应计算面积。以图5-8为例，深基础架空层建筑面积为

$$S = (4.2 + 0.24) \times (6 + 0.24) = 27.71\left(\mathrm{m}^2\right)$$

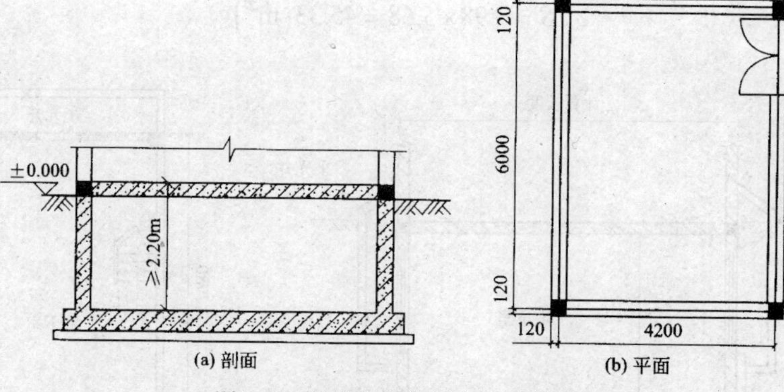

图5-8 深基础架空层建筑示意图

小提示

（1）建于坡地的建筑物吊脚架空层示意图如图5-9所示。

（2）层高在2.20m及以上的吊脚架空层可以设计用来作为一个房间使用。

（3）2.20m及以上层高的深基础架空层，可以设计用来安装设备或做储藏间使用，如图5-10所示。

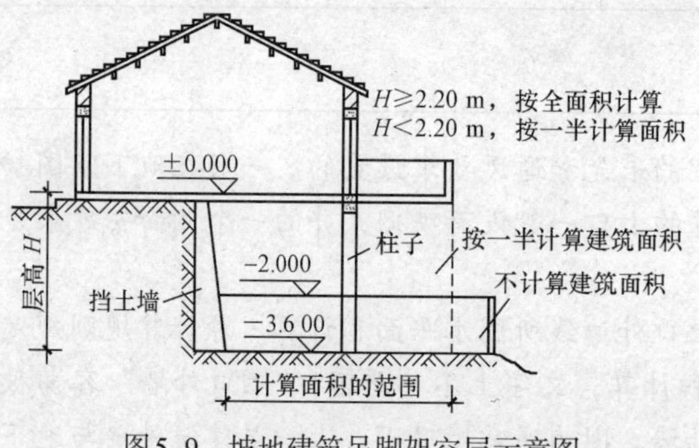

图5-9 坡地建筑吊脚架空层示意图

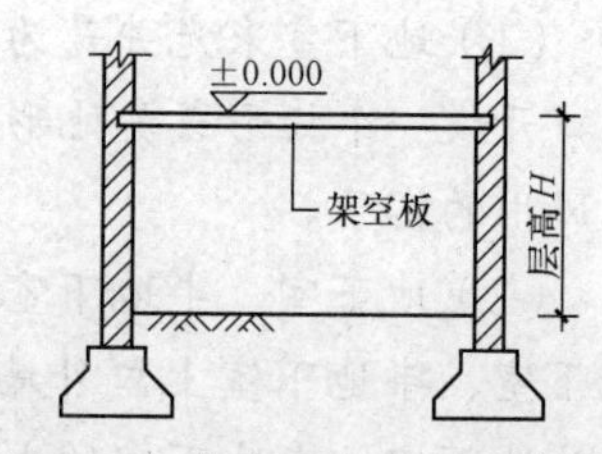

图5-10 深基础架空层示意图

（六）建筑物的门厅、大厅及其回廊

建筑物的门厅、大厅按一层计算建筑面积。门厅、大厅内设有回廊时，应按其结构底板水平面积计算。层高在2.20m及以上者应计算全面积；层高不足2.20m者应计算1/2面积。计算如图5-11所示回廊的建筑面积。设回廊的水平投影宽度为2.0m。

回廊建筑面积=12.30×12.60-（12.30-2.0×2）×（12.60-2.0×2）=83.60（m^2）

小技巧

在计算建筑物的门厅、大厅及其回廊时，由于回廊的层高3.90m＞2.20m，所以应计算全面积。

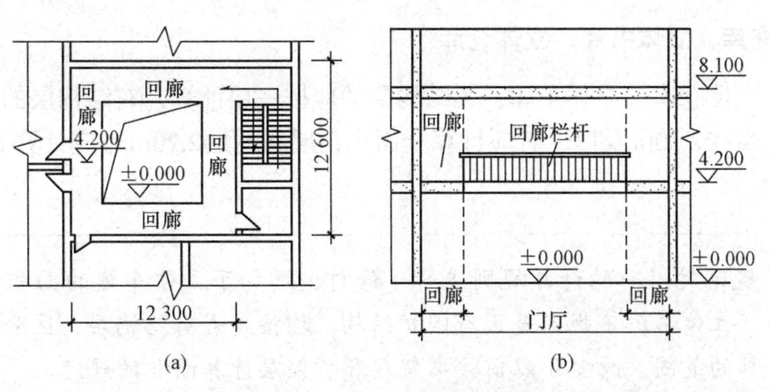

图5-11　大厅、回廊示意图

（a）平面图；（b）剖面图

小提示

（1）“门厅、大厅内设有回廊”中“回廊”是指，建筑物大厅、门厅的上部（一般该大厅、门厅占两个或两个以上建筑物层高）四周向大厅、门厅、中间挑出的走廊，如图5-11所示。

（2）宾馆、大会堂、教学楼等大楼内的门厅或大厅，往往要占建筑物的两层或两层以上的层高，这时也只能计算一层面积。

（3）“层高不足2.20m者应计算1/2面积”指回廊层高可能出现的情况。

（七）架空走廊

建筑物间有围护结构的架空走廊，应按其围护结构外围水平面积计算。层高在2.20m及以上者应计算全面积；层高不足2.20m者应计算1/2面积。有永久性顶盖无围护结构的应按其结构底板水平面积的1/2计算。

小提示

计算规定解读架空走廊是指建筑物与建筑物之间，在二层或二层以上专门为水平交通设置的走廊，如图5-12所示。

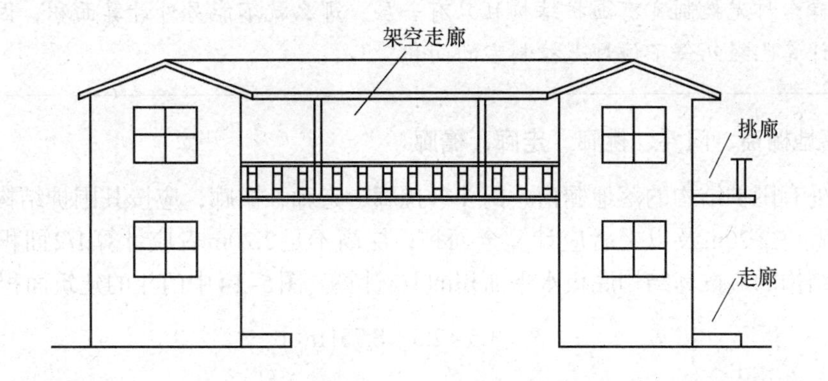

图5-12　有永久性顶盖架空走廊示意图

（八）立体车库、立体书库、立体仓库

立体书库、立体仓库、立体车库，无结构层的应按一层计算，有结构层的应按其结构层面积分别计算。层高在2.20m及以上者应计算全面积；层高不足2.20m者应计算1/2面积。

小提示

（1）计算规范对以前的计算规则进行了修订，增加了立体车库的面积计算。立体车库、立体仓库、立体书库不规定是否有围护结构，均按是否有结构层，区分不同的层高确定建筑面积计算的范围，改变了以前按书架层和货架层计算面积的规定。

（2）立体书库建筑面积计算（按图5-13计算）如下：

底层建筑面积=（2.82+4.62）×（2.82+9.12）+3.0×1.20=92.43（m^2）

结构层建筑面积=（4.62+2.82+9.12）×2.82×0.50（层高2m）=23.35（m^2）

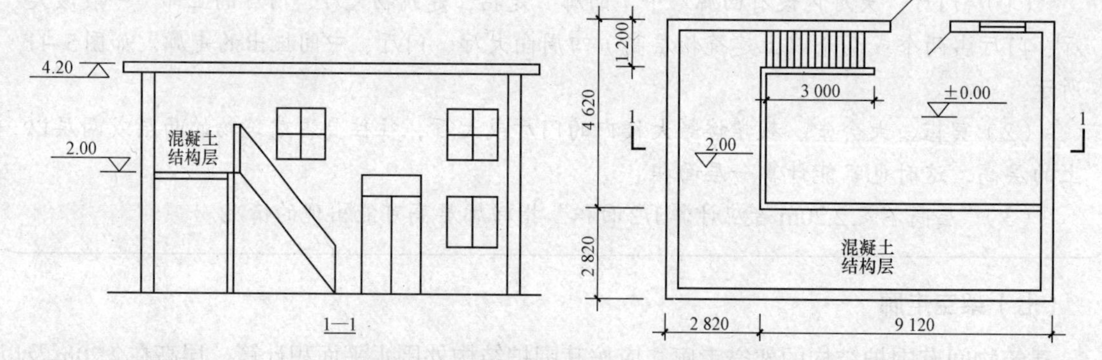

图5-13　立体书库建筑面积计算示意图

（九）舞台灯光控制室

有围护结构的舞台灯光控制室，应按其围护结构外围水平面积计算。层高在2.20m及以上者应计算全面积；层高不足2.20m者应计算1/2面积。

小提示

如果舞台灯光控制室有围护结构且只有一层，那么就不能另外计算面积，因为整个舞台的面积计算已经包含了该灯光控制室的面积。

（十）落地橱窗、门斗、挑廊、走廊、檐廊

建筑物外有围护结构的落地橱窗、门斗、挑廊、走廊、檐廊，应按其围护结构外围水平面积计算。层高在2.20m及以上者应计算全面积；层高不足2.20m者应计算1/2面积。有永久性顶盖无围护结构的应按其结构底板水平面积的1/2计算。图5-14中门斗的建筑面积为

$$S = 3.5 \times 2.5 = 8.75\left(m^2\right)$$

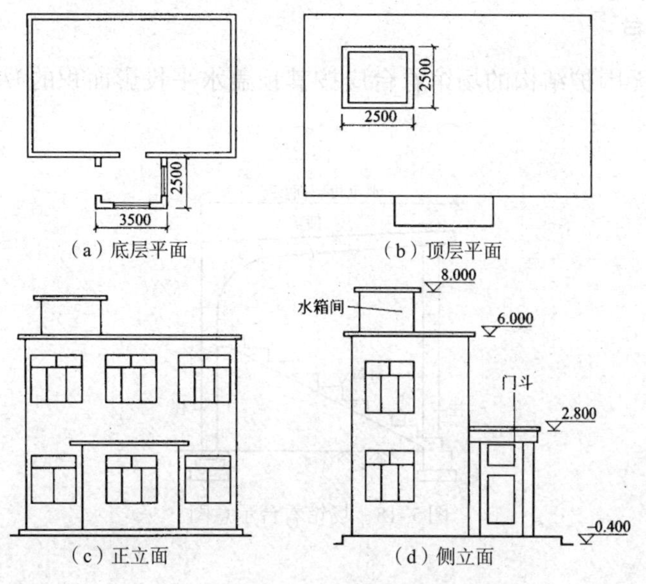

图5-14　有门斗、水箱间的建筑示意图

小提示

（1）落地橱窗是指凸出外墙面根基落地的橱窗。

（2）门斗是指在建筑物出入口设置的起分隔、挡风、御寒等作用的建筑过渡空间。保温门斗一般有围护结构，如图5-15所示。

（3）挑廊是指挑出建筑物外墙的水平交通空间，如图5-16所示；走廊指建筑物底层的水平交通空间，如图5-17所示；檐廊是指设置在建筑物底层出檐下的水平交通空间，如图5-17所示。

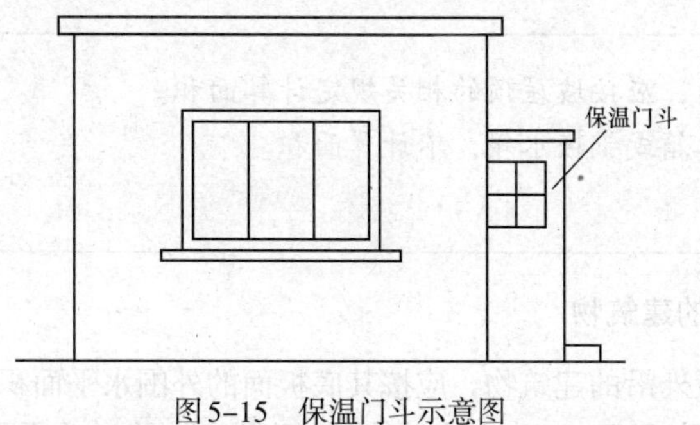

图5-15　保温门斗示意图

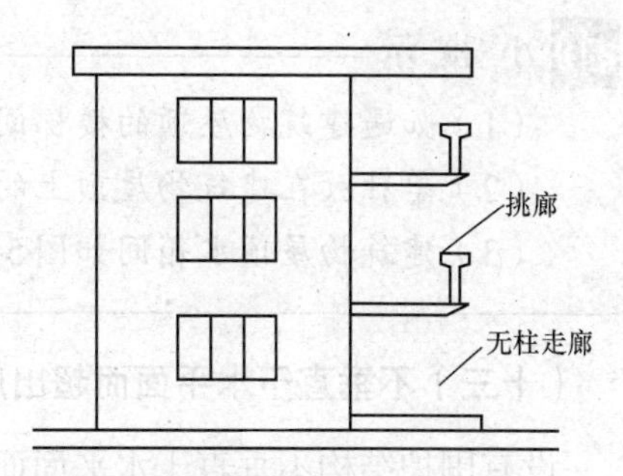

图5-16　挑廊、无柱走廊示意图

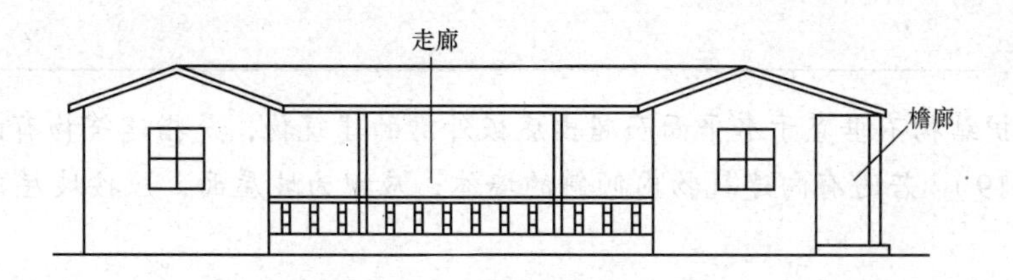

图5-17　走廊、檐廊示意图

（十一）场馆看台

有永久性顶盖无围护结构的场馆看台应按其顶盖水平投影面积的1/2计算。场馆看台如图5-18所示。

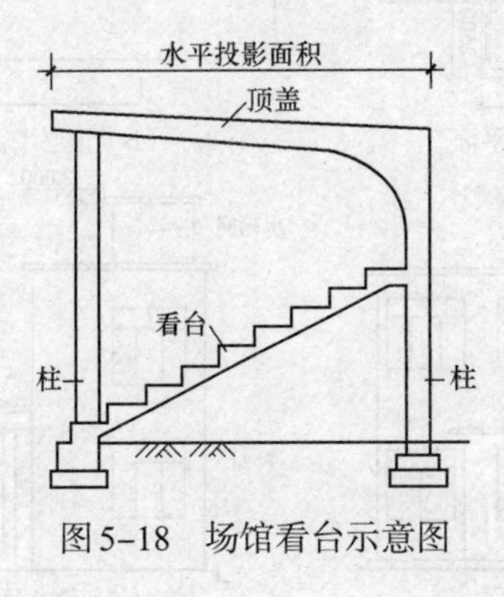

图5-18　场馆看台示意图

小提示

“场馆”实质上是指“场”（如足球场、网球场等），看台上有永久性顶盖部分。“馆”应是有永久性顶盖和维护结构的，应按单层或多层建筑相关规定计算面积。

（十二）建筑物顶部楼梯间、水箱间、电梯机房

建筑物顶部有围护结构的楼梯间、水箱间、电梯机房等，层高在2.20m及以上者应计算全面积；层高不足2.20m者应计算1/2面积。图5-14中水箱的建筑面积为

$$S = 2.5 \times 2.5 \times \frac{1}{2} = 3.13\left(\mathrm{m}^2\right)$$

小提示

（1）如遇建筑物屋顶的楼梯间是坡屋顶，应按坡屋顶的相关规定计算面积。

（2）单独放在建筑物屋顶上的混凝土水箱或钢板水箱，不计算面积。

（3）建筑物屋顶水箱间如图5-14所示。

（十三）不垂直于水平面而超出底板外沿的建筑物

设有围护结构不垂直于水平面而超出底板外沿的建筑物，应按其底板面的外围水平面积计算。层高在2.20m及以上者应计算全面积；层高不足2.20m者应计算1/2面积。如图5-17所示。

小提示

设有围护结构不垂直于水平面而超出底板外沿的建筑物，是指建筑物有向外倾斜的墙体（见图5-19）。若遇有向建筑物内倾斜的墙体，应视为坡屋面，应按坡屋顶的有关规定计算面积。

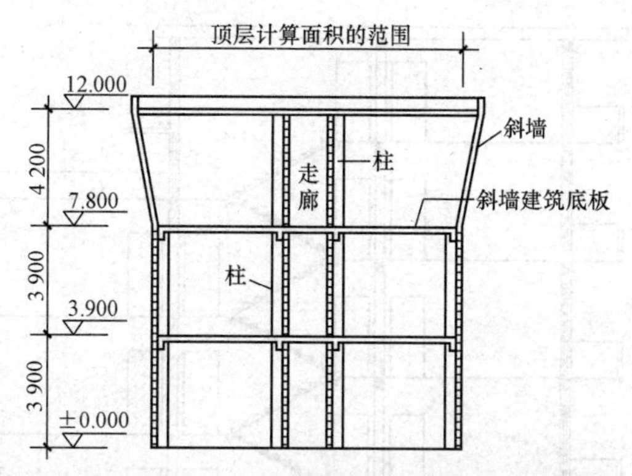

图5-19　不垂直于水平面而超出底板外沿的建筑物示意图

(十四)室内楼梯间、电梯井、垃圾道

建筑物内的室内楼梯间、电梯井、观光电梯井、提物井、管道井、通风排气竖井、垃圾道、附墙烟囱应按建筑物的自然层计算，如图5-20所示。

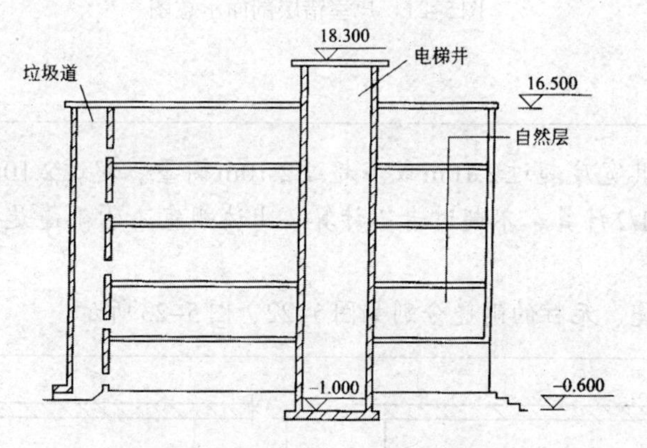

图5-20　电梯井、垃圾道示意图

小 提 示

(1)室内楼梯间的面积计算，应按楼梯依附的建筑物的自然层数计算，合并在建筑物面积内。若遇跃层建筑，其共用的室内楼梯应按自然层计算面积；上下两错层户室共用的室内楼梯，应选上一层的自然层计算面积，如图5-21所示。

(2)电梯井是指安装电梯用的垂直通道，如图5-20所示。

(3)提物井是指图书馆提升书籍、酒店提升食物的垂直通道。

(4)垃圾道是指写字楼等大楼内每层设垃圾倾倒口的垂直通道。

(5)管道井是指宾馆或写字楼内集中安装给排水、采暖、消防、电线管道用的垂直通道。

(十五)雨篷结构

雨篷结构的外边线至外墙结构外边线的宽度超过2.10m者，应按雨篷结构板的水平投影面积的1/2计算。

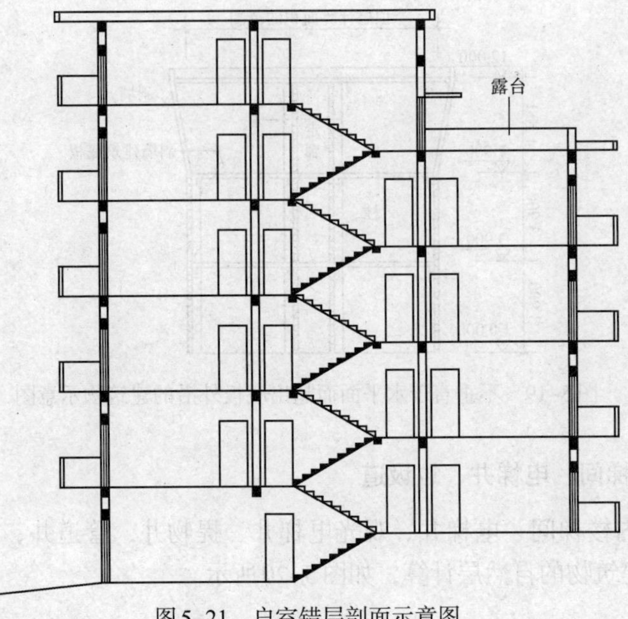

图5-21　户室错层剖面示意图

小提示

（1）雨篷均以其宽度超过2.10m或不超过2.10m衡量。超过2.10m者应按雨篷的结构板水平投影面积的1/2计算；不超过者不计算。上述规定不管雨篷是否有柱或无柱，计算应一致。

（2）有柱的雨篷、无柱的雨篷分别如图5-22、图5-23所示。

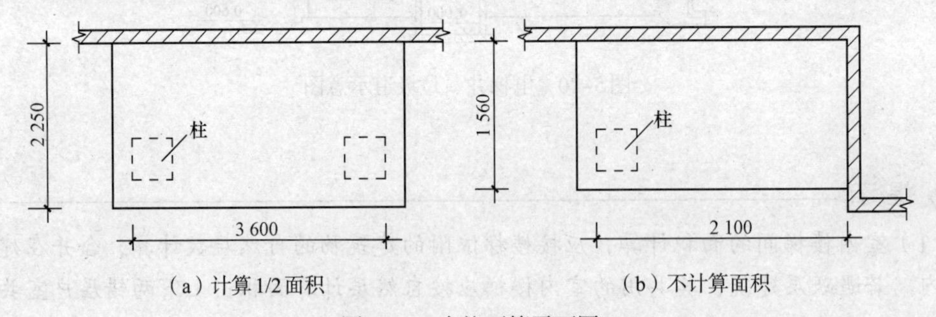

（a）计算1/2面积　　（b）不计算面积

图5-22　有柱雨篷平面图

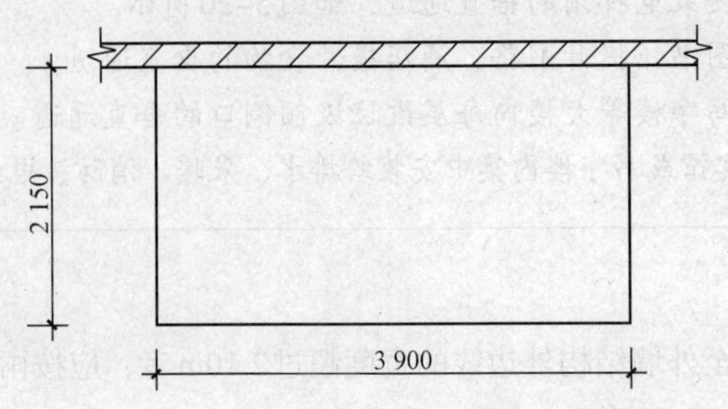

图5-23　无柱雨篷平面图（计算1/2面积）

（十六）室外楼梯

有永久性顶盖的室外楼梯，应按建筑物自然层的水平投影面积的1/2计算。

小提示

对于室外楼梯，最上层楼梯无永久性顶盖或不能完全遮盖楼梯的雨篷，上层楼梯不计算面积，上层楼梯可视为下层楼梯的永久性顶盖，下层楼梯应计算面积。

图5–24所示的室外楼梯无顶盖，但应将顶层楼梯视为顶盖，按两层计算其建筑面积。

（十七）阳台

建筑物的阳台均应按其水平投影面积的1/2计算。

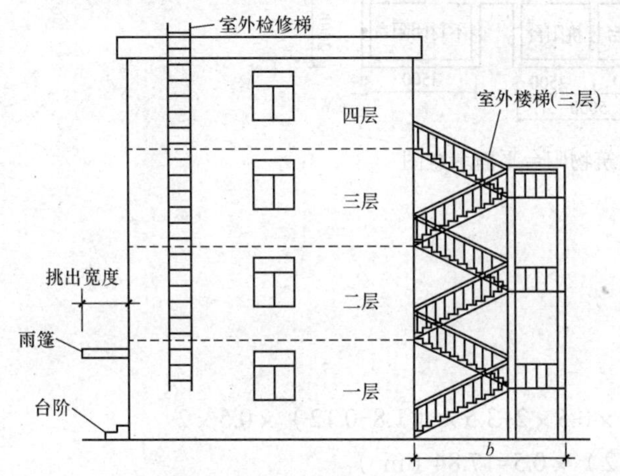

图5–24　雨篷、室外楼梯示意图

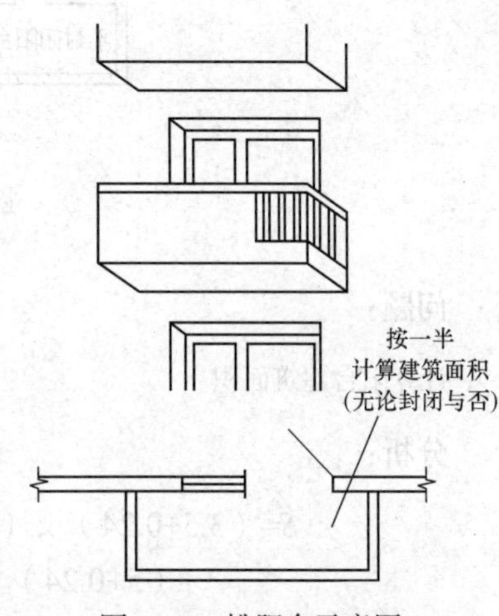

图5–25　挑阳台示意图

小提示

阳台是指供使用者进行活动和晾晒衣物的建筑空间。

建筑物的阳台，不论是凹阳台、挑阳台、封闭阳台、不封闭阳台均按其水平投影面积的1/2计算建筑面积，如图5–25至图5–27所示。

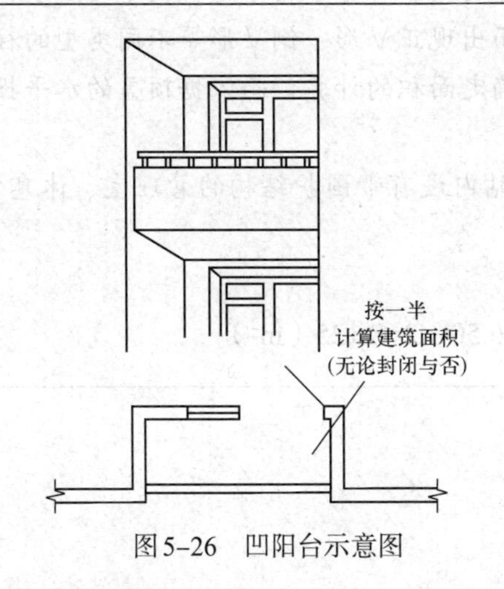

图5–26　凹阳台示意图

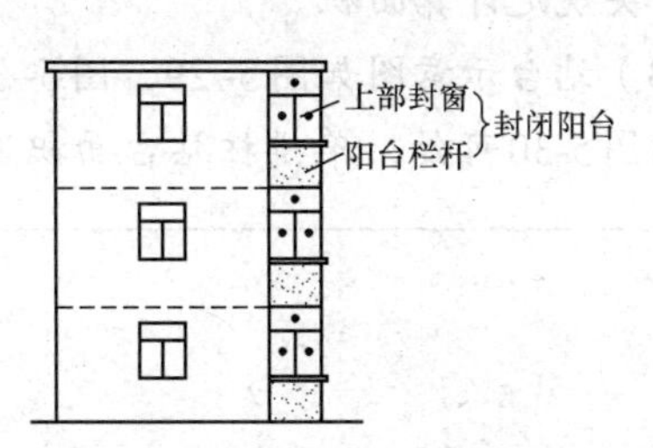

图5–27　封闭式阳台示意图

课堂案例

以图5–28为例。

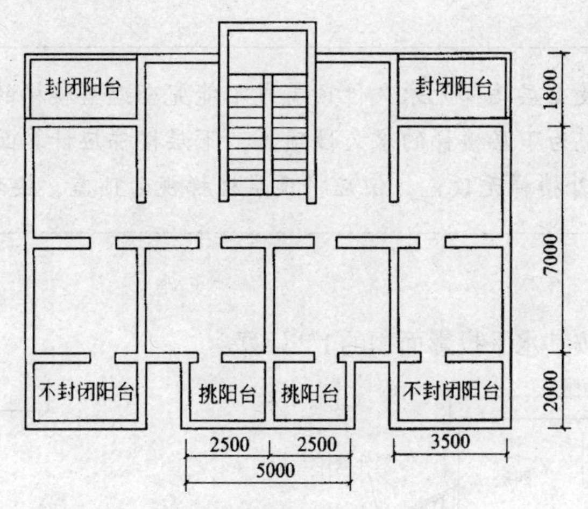

图5–28　建筑物阳台平面示意图

问题：

计算阳台建筑面积。

分析：

$$S=(3.5+0.24)\times(2-0.12)\times0.5\times2+3.5\times(1.8-0.12)\times0.5\times2+(5+0.24)\times(2-0.12)\times0.5=17.84\ (m^2)$$

（十八）车棚、货棚、站台、加油站、收费站等

有永久性顶盖无围护结构的车棚、货棚、站台、加油站、收费站等，应按其顶盖水平投影面积的1/2计算。

小 提 示

（1）车棚、货棚、站台、加油站、收费站等的面积计算。由于建筑技术的发展，出现许多新型结构，如柱不再是单纯的直立的柱，而出现正V形、倒V形等不同类型的柱，给面积计算带来许多争议。为此，我们不以柱来确定面积的计算，而依据顶盖的水平投影面积计算。

（2）在车棚、货棚、站台、加油站、收费站内设有带围护结构的管理室、休息室等，另按有关规定计算面积。

（3）站台示意图如图5–29、图5–30所示。

由图5-30可知，单排柱站台面积为$S=2.5\times6.50\div2=8.125\ (m^2)$

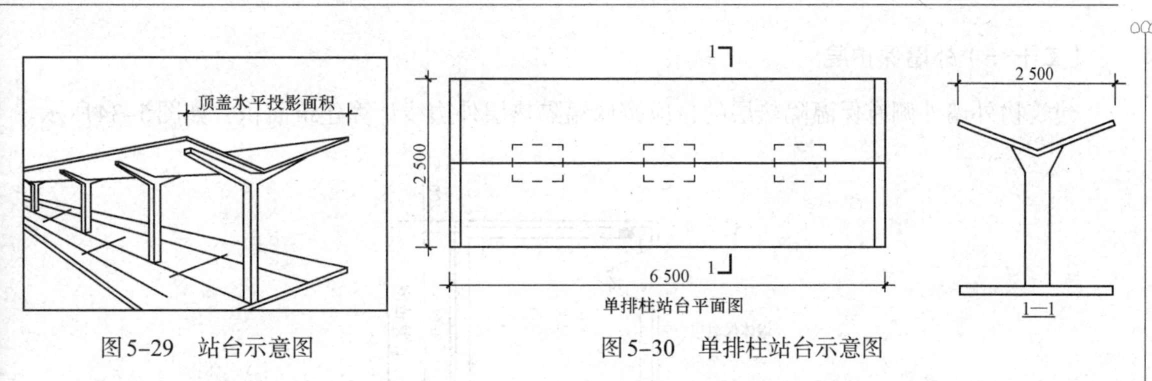

图5-29　站台示意图　　图5-30　单排柱站台示意图

（十九）高低联跨的建筑物

高低联跨的建筑物，应以高跨结构外边线为界分别计算建筑面积。其高低跨内部连通时，其变形缝应计算在低跨面积内。图5-31所示的建筑面积为

$$S=(6+0.4)\times 8+4\times 2\times 8=115.2(m^2)$$

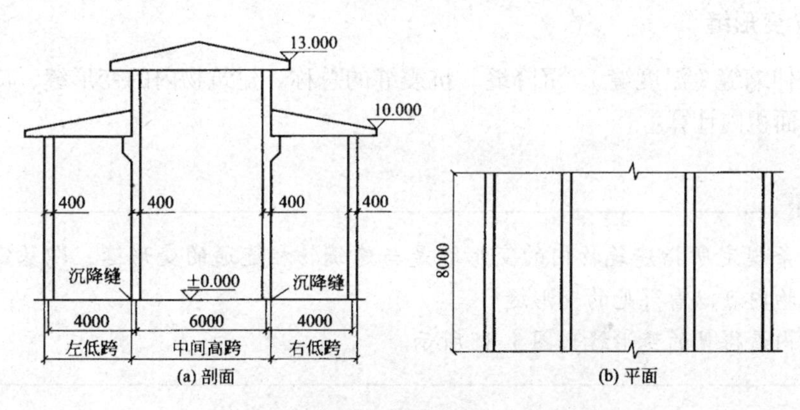

图5-31　高跨为中跨单层厂房示意图

（二十）幕墙

围护性幕墙是指直接作为外墙起围护作用的幕墙。以幕墙作为围护结构的建筑物，应按幕墙外边线计算建筑面积，如图5-32、图5-33所示。

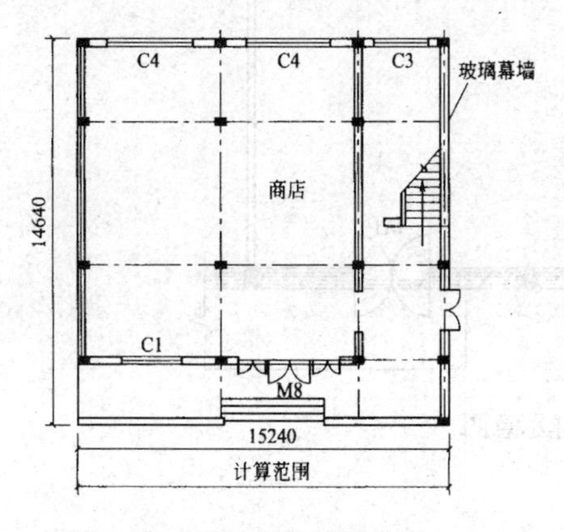

图5-32　围护性幕墙示意图

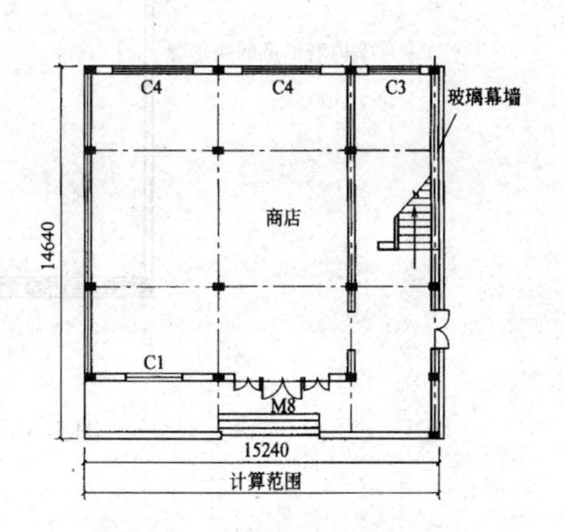

图5-33　装饰性幕墙示意图

（二十一）外墙保护层

建筑物外墙外侧有保温隔热层的，应按保温隔热层外边线计算建筑面积，如图5–34所示。

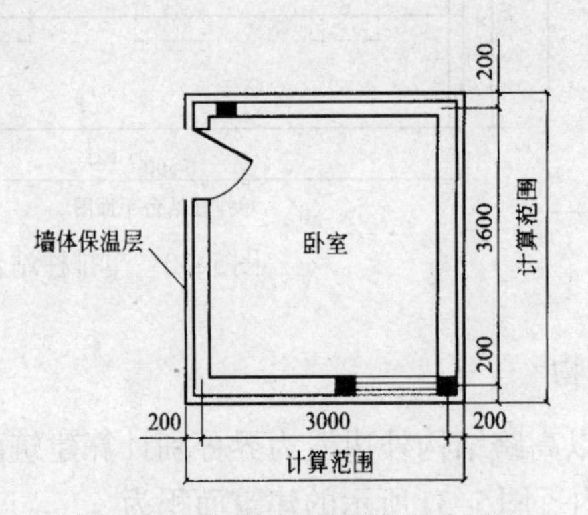

图5–34　外墙保温隔热层示意图

（二十二）变形缝

变形缝是伸缩缝（温度缝）、沉降缝、抗震缝的总称。建筑物内的变形缝，应按其自然层合并在建筑物面积内计算。

小 提 示

（1）本条规定所指建筑物内的变形缝是与建筑物相连通的变形缝，即暴露在建筑物内，在建筑物内可以看得见的变形缝。

（2）室内看得见的变形缝如图5–35所示。

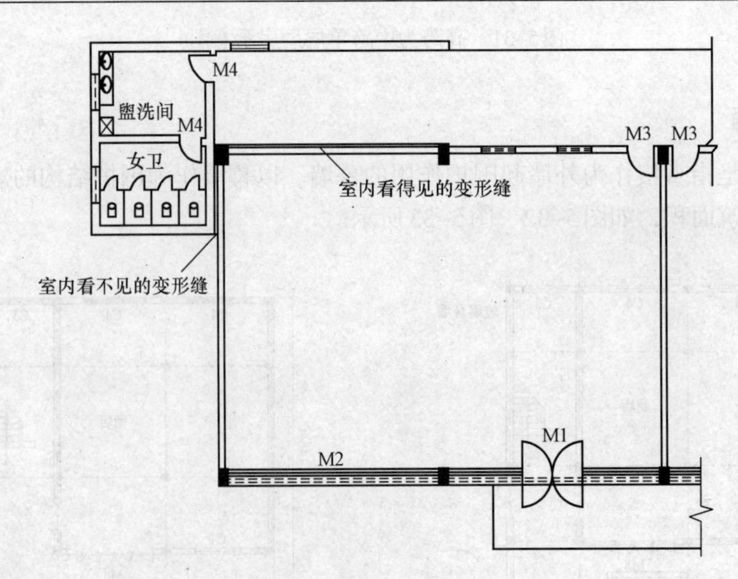

图5–35　变形缝示意图

二、不应计算建筑面积的范围

根据国家标准《建筑工程建筑面积计算规范》(GB/T 50353—2013)的规定，下列内容不计算建筑面积。

(1)建筑物通道（骑楼、过街楼的底层)。建筑物通道包括骑楼及过街楼的底层。

小 提 示

(1)骑楼是指楼层部分跨在人行道上的临街楼房，如图5–36所示。

(2)过街楼是指有道路穿过建筑空间的楼房，如图5–37所示。

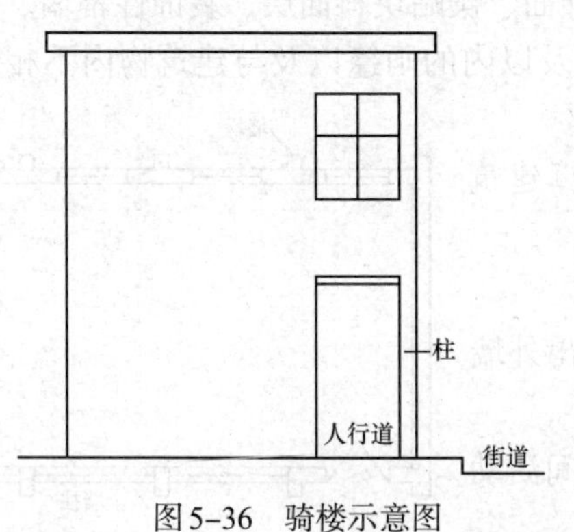

图5–36 骑楼示意图

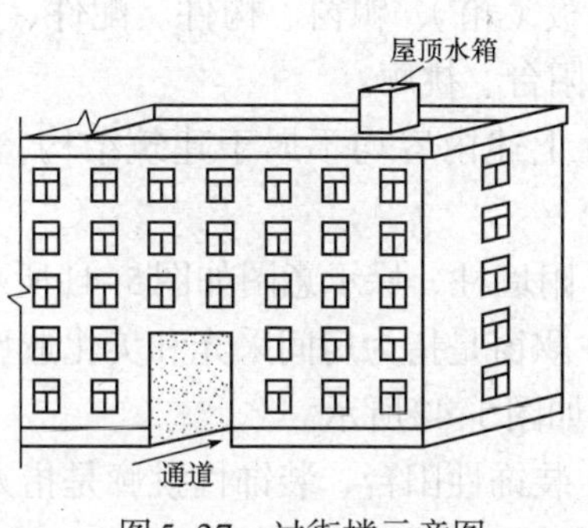

图5–37 过街楼示意图

(2)建筑物内分隔的单层房间，舞台及后台悬挂幕布、布景的天桥、挑台等，如图5–38所示。

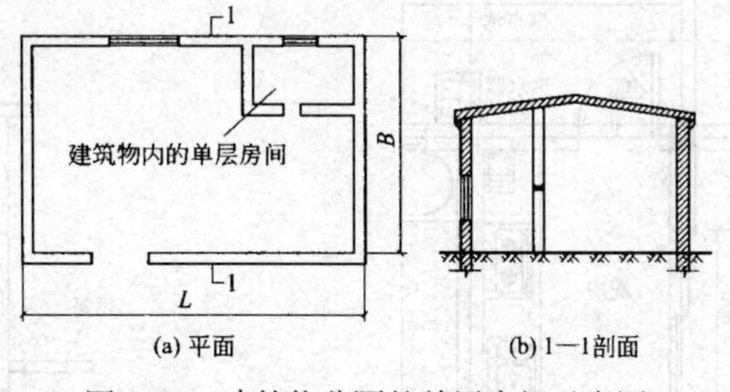

图5–38 建筑物分隔的单层房间示意图

(3)屋顶水箱、花架、凉棚、露台、露天游泳池等。

(4)建筑物内的操作平台、上料平台、安装箱和罐体的平台，如图5–39所示。

(5)建筑物内的设备管道夹层。

知 识 链 接

设备管道夹层一般用来集中布置水、暖、电、通风管道及设备等，不应计算建筑面积。高层建筑的宾馆、写字楼等，通常在建筑物高度的中间部分设置管道及设备层，主要用于集中放置水、暖、电、通风管道及设备。这一设备管道层不应计算建筑面积，如图5–40所示。

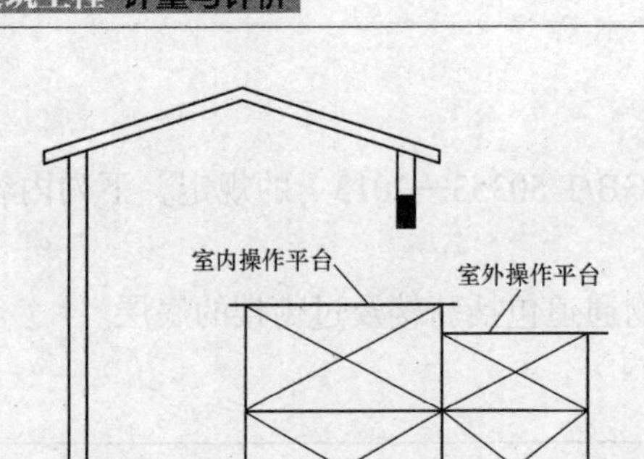

图5-39 操作平台示意图

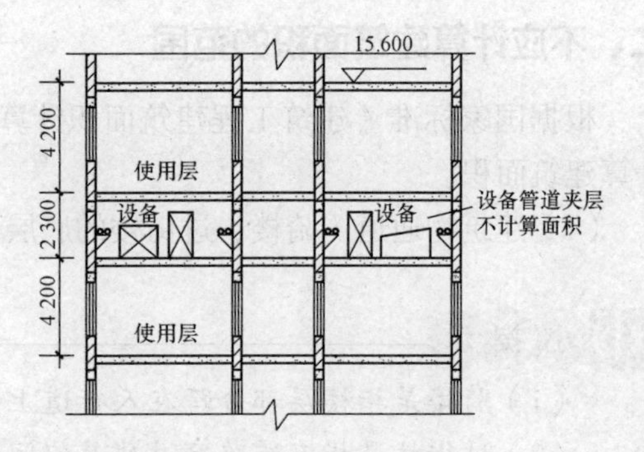

图5-40 设备管道夹层示意图

（6）勒脚、附墙柱、垛、台阶、墙面抹灰、装饰面、镶贴块料面层、装饰性幕墙、空调室外机搁板（箱）、飘窗、构件、配件、宽度在2.10m及以内的雨篷以及与建筑物内不相连通的装饰性阳台、挑廊。

① 上述内容均不属于建筑结构，所以不应计算建筑面积。

② 附墙柱、垛示意图如图5-41所示。

③ 飘窗是指为房间采光和美化造型而设置的凸出外墙的窗，如图5-42所示。

④ 装饰性阳台、装饰性挑廊是指人不能在其中间活动的空间。

图5-41 附墙柱、垛示意图

（7）无永久性顶盖的架空走廊、室外楼梯和用于检修、消防等的室外钢楼梯、爬梯。室外检修钢爬梯如图5-43所示。

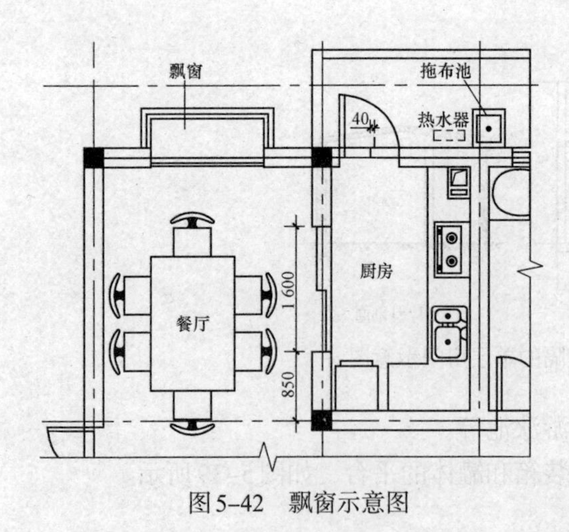

图5-42 飘窗示意图

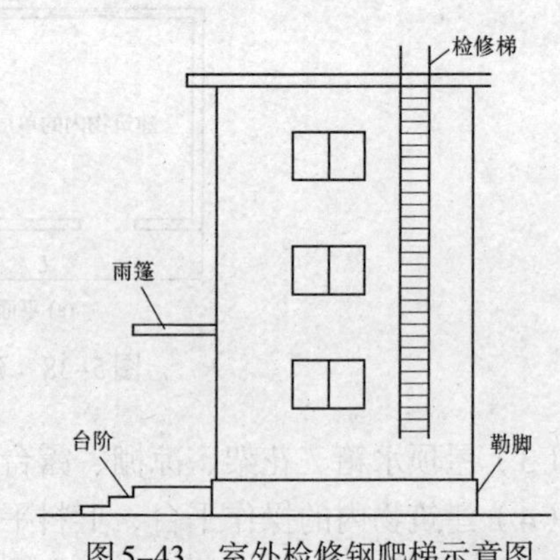

图5-43 室外检修钢爬梯示意图

（8）自动扶梯、自动人行道。

小 提 示

自动扶梯（斜步道滚梯），除两端固定在楼层板或梁之外，扶梯本身属于设备，为此扶梯不宜计算建筑面积。水平步道（滚梯）属于安装在楼板上的设备，所以也不应单独计算建筑面积。

（9）独立烟囱、烟道、地沟、油（水）罐、气柜、水塔、贮油（水）池、贮仓、栈桥、地下人防通道、地铁隧道。

学习案例

某建筑物为一栋七层框混结构房屋。并利用深基础架空层做设备层，层高2.2m，外围水平面积为774.19m^2；第1层为框架结构，层高为6m，外墙厚均为240mm，外墙轴线尺寸为15m×50m；第1层至第5层外围面积均为765.66m^2；第6层和第7层外墙的轴线尺寸为6m×50m；除第1层外，其他各层的层高均为2.8m；2~5层共有阳台5个，每个阳台的水平投影面积为5.4m^2；在第5层至第7层有永久性顶盖的室外楼梯。室外楼梯每层水平投影面积为15m^2。第1层设有带柱雨篷，雨篷顶盖水平投影面积为40.5m^2。2~7层顶板均为空心板，设计要求空心板内穿二芯塑料护套线，经测算穿护套线的有关资料如下。

（1）人工消耗：基本用工1.84工日/100m，其他用工占总用工的10%。

（2）材料消耗：护套线预留长度平均为10.4m/100m，损耗率为1.8%；
接线盒用量为13个/100m，钢丝用量为0.12kg/100m。

（3）信息价格：人工工日单价为50元/工日；接线盒单价为2.5元/个；
二芯塑料护套线单价为2.56元/m；钢丝单价为2.80元/kg；
其他材料费单价为5.6元/100m。

想一想

（1）计算该建筑物的建筑面积。

（2）简述内外墙工程量计算规则，并列出计算公式。

（3）编制空心板内安装二芯塑料护套线的工料单价。

案例分析

（1）该建筑物的建筑面积$=S_{深基础架空层}+S_{室外楼梯}+S_{雨篷}+S_{标准}+S_{阳台}+S_{6层}+S_{7层}$

$=774.19+15\times2\times1/2+40.5\times1/2+765.66\times5+5.4\times5\times1/2+(6+0.24)\times(50+0.24)\times2=5278.24\ (m^2)$

（2）内、外墙工程量，按图示墙体长乘墙体高再乘以墙厚以三次方（m^3）体积计算。应扣除门窗洞口、空圈和嵌入墙身的钢筋混凝土构件等所占体积；不扣除梁头、板头、加固钢筋、铁件、管道、门窗走头和0.3m^{2}以内孔洞所占体积。墙体工程量计算公式如下：

墙体工程量=（墙长×墙高−∑嵌入墙身门窗洞面积）×墙厚−∑嵌入墙身混凝土构件体积

式中，

墙长——外墙按外墙中心线计算，内墙按内墙净长线计算；

墙高——外墙自室内地坪标高算至屋面板板底，内墙自地面或楼面算至上一层板的顶面。

（3）安装二芯塑料护套线工料单价=安装人工费+安装材料费

安装人工费=人工消耗量×人工工日单价

令，　人工消耗量=基本用工+其他用工$=X$

则，　$X=1.84+10\%X$

$(1-10\%)X=1.84$

求得，　$X=2.044$（工日）

安装人工费=2.044×50=102.20（元/100m）

安装材料费=∑（材料消耗量×相应的材料预算价格）

其中，

二芯塑料护套线消耗量=（100+10.4）×（1+1.8%）=112.39（m）

安装材料费=112.39×2.56+13×2.5+0.12×2.8+5.6

=287.72+32.5+0.34+5.6=326.16（元/100m）

安装二芯塑料护套线工料单价=102.20+326.16=438.36元/100m

工程计量相关知识

（一）工程量计算的依据

1. 工程量的含义

工程量是指以物理计量单位或自然计量单位所表示的建筑工程各个分部分项工程或结构构件的施工数量。

工程量是确定建筑安装工程费用、编制施工计划、编制材料供应计划，进行工程统计和经济核算的重要依据。

2. 工程量计算的依据

工程量计算的依据主要有施工图纸及设计说明、相关图集、施工方案、设计变更、工程签证、图纸答疑、会审记录等，工程施工合同、招标文件的商务条款，以及工程量计算规则。

（二）工程量计算的方法

1. 工程量计算顺序

为了避免漏算或重算，提高计算的准确程度，一般情况下，工程量的计算应按照一定的顺序逐步进行。具体的计算顺序应根据具体工程和个人的习惯来确定，一般有以下几种顺序。

（1）单位工程计算顺序。单位工程计算顺序一般按计价规范清单列项顺序计算，即按照计价规范上的分章或分部分项工程顺序来计算工程量。

（2）单个分部分项工程计算顺序。

① 按照顺时针方向计算法。即先从平面图的左上角开始，自左至右，然后再由上而下，最后转回到左上角为止，这样按顺时针方向转圈依次进行计算。例如计算外墙、地面、顶棚等分部分项工程，都可以按照此顺序进行计算。

② 按“先横后竖，先上后下，先左后右”计算法。即在平面图上从左上角开始，按“先横后竖，从上而下，自左到右”的顺序计算工程量。例如房屋的条形基础土方、砖石基础、砖墙砌筑、门窗过梁、墙面抹灰等分部分项工程，均可按这种顺序计算工程量。

③ 按图纸分项编号顺序计算法。即按照图纸上所注结构构件、配件的编号顺序进行计算。例如计算混凝土构件、门窗、屋架等分部分项工程，均可以按照此顺序计算。

④ 按定额的编制顺序计算项目。按消耗量定额手册所排列的分部分项顺序依次进行计算。

小 技 巧

按一定顺序计算工程量的目的是防止漏项少算或重复多算的现象发生，只要能实现这一目的，采用哪种顺序方法计算都可以。

2. 统筹法计算工程量

实践表明，每个分部分项工程量计算虽然有着各自的特点，但都离不开计算“线”、“面”之类的基数。运用统筹法计算工程量，就是分析各分部分项工程量计算之间的固有规律和相互之间的依赖关系——基数，按先主后次，统筹安排计算程序，简化繁琐的计算过程形成的一种计算方法。

小 技 巧

利用基数，连续计算：就是以“线”或“面”为基数，利用连乘或加减，算出与它有关的分部分项工程量。常用基数为“三线一面”。“三线”是指外墙中心线、外墙外边线、内墙净长线；“一面”是指建筑物底层建筑面积。

一次算出，多次使用：对一些不能用基数进行连续计算的项目，如木门窗、屋架、钢筋混凝土预制标准构件等，首先将常用数据一次算出，汇编成计算册，当需计算有关工程量时，只要查手册就可快速算出所需的工程量。

结合实际，灵活机动：实践证明，在一般工程上利用基数计算工程量完全可以利用，但在特殊工程上，由于断面、墙厚、砂浆标号、各楼层面积不同等原因，就不能完全用“线”或“面”的一个数作为基数，而必须结合实际灵活计算。

（三）工程量计算的注意事项

工程量的计算是编制施工图预算中最繁琐、最细致的工作，其工作量占整个施工图预算编制工作量的70%以上，能否及时、准确地完成工程量计算工作，直接影响着预算编制的质量和速度。为使工程量计算尽量避免错算，做到迅速准确，工程量计算时应注意以下事项。

（1）工程量计算必须严格按照施工图纸进行计算。工程量计算必须根据施工图纸所确定的工程范围和内容进行计算，不得重算、漏算，也不得随意抬高构造的等级，这样才能确保工程量数据的准确。

（2）工程量计算一定要遵循合理的计算顺序。合理的计算顺序可以加快工程量计算的速度，避免重算。一般情况下，工程量计算的总体顺序为：先结构、后建筑，先平面、后立面，先室内、后室外。分项工程工程量计算顺序可以按照施工顺序、定额编排顺序、构件的分类和编号顺序以及统筹法进行计算。

（3）工程量计算必须严格按照规范规定的工程量计算规则计算工程量。在工程量计算的过程中，必须严格按照现行定额各章节规定的工程量计算规则进行计算，不得擅自更改，否则将造成错算，影响工程量计算的准确性。

（4）工程量计算的项目必须与现行定额的项目一致。工程量计算时，其所列的分项工程项目，必须在项目特征、工程内容等方面与现行定额项目相一致，这样才能正确使用定额的各项指标。

（5）工程量计算的计量单位必须与现行定额的计量单位一致。现行定额中各分项工程的计量单位有多种表现形式，如m、m^2、m^3、t、个、樘等，在工程量计算前，必须明确现行定额的计量单位，使工程量计算所列项目的计量单位与现行定额项目的计量单位一致，再着手计算，以避免由于计量单位不一致造成的重算。

（6）力求分层分段计算，加强自我检查复核。要结合施工图纸尽量做到结构按楼层，内装修按楼层分房间、外装修按施工层分立面计算，或按施工方案的要求分段计算，或按使用材料的不同分别进行计算。这样，在计算工程量时既可避免漏项，又可为安排施工进度和编制资源计划提供数据。

情境小结

建筑面积是指建筑物的水平平面面积，即外墙勒脚以上各层水平投影面积的总和。它包括使用面积、辅助面积和结构面积，其中使用面积与辅助面积的总和称为"有效面积"。计算工业与民用建筑的建筑面积，总的规则是：凡在结构上、使用上形成具有一定使用功能的建筑物和构筑物，并能单独计算出其水平面积及其相应消耗的人工、材料和机械用量的，应计算建筑面积；反之，不应计算建筑面积。

建筑面积的具体作用有，建筑面积是确定建设规模的重要指标，建筑面积是重要的管理指标，建筑面积是重要的技术经济指标和建筑面积是计算工程量的基础。

在计算建筑面积时要认真对照《建筑工程建筑面积计算规范》(GB/T 50353—2013) 中的计算规则，弄清楚哪些部位该计算，哪些不该计算，如何计算等。

学习检测

填空题

1. 建筑面积是指建筑物的水平________，即外墙勒脚以上各层水平________面积的总和。它包括使用面积、辅助面积和结构面积，其中使用面积与辅助面积的总和称为________。

2. 单层建筑物的建筑面积，应按其外墙勒脚以上结构外围水平面积计算，并应符合规定：单层建筑物高度在________m及以上者应计算全面积，高度不足________m者应计算1/2面积。

3. 单层建筑物应按不同的高度确定面积的计算。其高度指室内地面标高至屋面板板面结构标高之间的________距离。

4. 多层建筑坡屋顶内和场馆看台下的空间应视为坡屋顶内的空间。设计加以利用时，应按其净高确定其面积的计算；设计不利用的空间，应________。

5. 地下室采光井是为了满足地下室的________和________要求设置的。

6. 电梯井是________。

选择题

1. 建筑面积包括（　　）。

A. 实际面积　　B. 使用面积　　C. 辅助面积　　D. 公用面积

E. 结构面积

2. 计算图5-44所示单层建筑物坡屋顶的建筑面积是（　　）。

A. 185.32 m^2　　B. 304.98m^2　　C. 152.49 m^2　　D. 122.46m^2

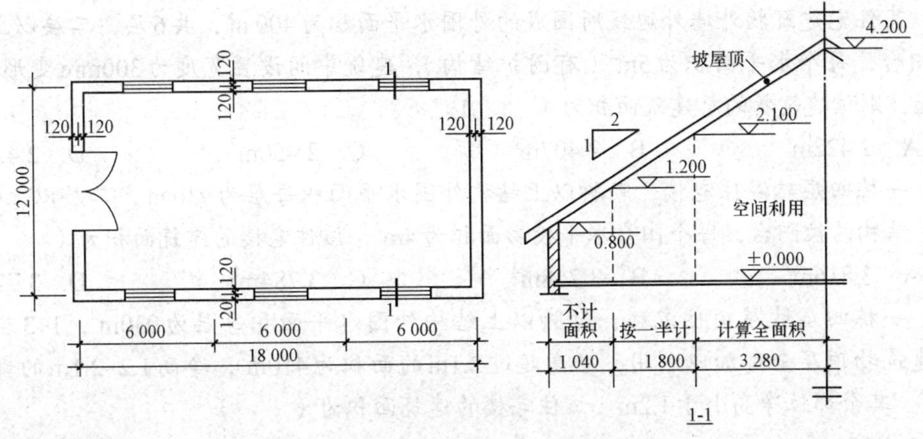

图5-44 坡屋顶建筑面积示意图

3. 建筑物的阳台均应按（　　）计算建筑面积。

A. 其水平投影面积的全面积　　B. 其水平投影面积的1/2

C. 不计算面积　　D. 任意计算面积

4. 变形缝是（　　）的总称。

A. 伸缩缝　　B. 构造缝　　C. 沉降缝　　D. 抗震缝

E. 以上全选择

5. 下列项目应计算建筑面积的是（　　）。

A. 地下室的采光井　　B. 室外台阶

C. 建筑物内的操作平台　　D. 穿过建筑物的通道

6. 下列不计算建筑面积的内容是（　　）。

A. 无围护结构的挑阳台　　B. 300mm的变形缝

C. 1.5m宽的有顶无柱走廊　　D. 突出外墙有围护结构的橱窗

E. 1.2m宽的悬挑雨篷

7. 下列项目按水平投影面积1／2计算建筑面积的有（　　）。

A. 有围护结构的阳台　　B. 室外楼梯

C. 单排柱站台　　D. 独立柱雨篷

E. 屋顶上的水箱

8. 依据《建筑工程建筑面积计算规范》(GB/T 50353—2013)，下列内容中，应计算建筑面积的是（　　）。

A. 坡地建筑设计利用但无维护结构的吊脚架空层

B. 建筑门厅内层高不足2.2m的回廊

C. 层高不足2.2m的立体仓库

D. 建筑物内钢筋混凝土操作平台

E. 公共建筑物内自动扶梯

9. 某三层办公楼每层外墙结构外围水平面积均为670m^2，一层为车库，层高2.2m，二层至三层为办公室，层高为3.2m。一层设有高2.2m的有永久性顶盖无维护结构的檐廊，檐廊顶盖水平投影面积为67.5m^2，该办公楼的建筑面积为（　　）。

A. 2 077.50m^2　　B. 1 373.75m^2　　C. 2 043.25m^2　　D. 2 043.75m^2

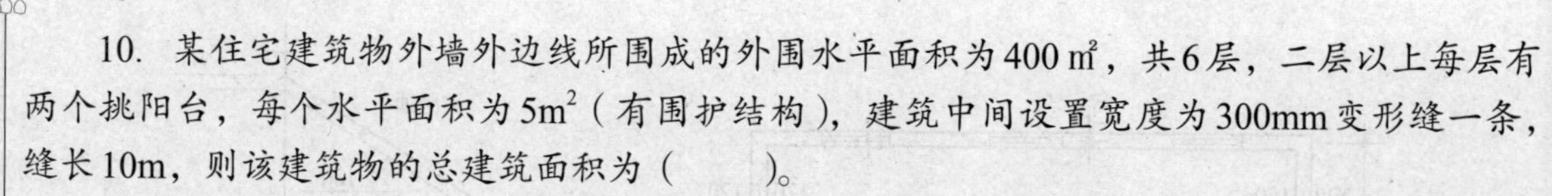

10. 某住宅建筑物外墙外边线所围成的外围水平面积为400 ㎡，共6层，二层以上每层有两个挑阳台，每个水平面积为5m²（有围护结构），建筑中间设置宽度为300mm变形缝一条，缝长10m，则该建筑物的总建筑面积为（　　）。

A. 2 422m²　　B. 2 407m²　　C. 2 450m²　　D. 2 425m²

11. 一栋四层砖混住宅楼，勒脚以上结构外围水平面积每层为930 ㎡，二层以上每层有8个无围护结构的挑阳台，每个阳台水平投影面积为4m²，该住宅楼的建筑面积为（　　）。

A. 3 816m²　　B. 3 768m²　　C. 3 784m²　　D. 3 720m²

12. 一栋四层坡屋顶住宅楼，勒脚以上结构外围水平面积每层为930m²，1~3层层高为3.0m。建筑物顶层全部加以利用，净高超过2.1m的面积为410m²，净高1.2~2.1m的部位面积为200m²，其余部位净高小于1.2m。该住宅楼的建筑面积为（　　）。

A.3 100m²　　B. 3 300m²　　C. 3 400m²　　D. 3 720m²

13. 六层楼标准砖混住宅，一层楼梯水平投影面积为11.3m²，则一个单元门内楼梯间的水平投影面积为（　　）。

A. 79.1m²　　B. 67.8m²　　C. 56.5m²　　D. 45.2m²

学习情境6

计算土建工程工程量

情境导入

某多层砖混住宅土方工程有关资料如下。

（1）土壤类别为三类土；基础为砖大放脚带形基础；垫层宽度为920mm；挖土深度为1.8m，弃土运距4km；挖土总长度1500m。

（2）投标人根据工程地质资料和施工图样确定施工方案。基础挖土工作面宽度各边为0.25m，放坡系数为0.2。基础挖土采用90%挖掘机械挖土，10%人工挖土。现场堆土2 100m^3，运距为60m，采用人工运输，其余余土均用自卸汽车运走，运距为4km。

（3）根据投标人的企业定额可知，人工挖土的工料单价为8.4元/m^3；人工运土60m的工料单价为7.38元/m^3，挖掘机挖土工料单价为1.2元/m^3，自卸汽车运土4km，工料单价为17元/m^3。

（4）投标人认真决策决定该工程分摊的管理费、利润的费率值分别为工料直接费的100%和8%。

（5）该项工程措施费仅为机械进出场费，经计算其值为1 400元。该项工程无其他项目费和零星工作项目费。该工程所在地区的规费标准为1%，税金标准为3. 41%。

案例导航

在计算土（石）方工程量时首先应确定的因素有：土壤及岩石类别，根据工程地质勘测资料及《土壤及岩石（普氏）分类表》进行划分；地下水位标高及排（降）水方法；土方、沟槽、基坑挖（填）起止标高，施工方式及运距；岩石开凿、爆破方法，石碴清运方法及运距；其他有关资料。

要了解计算土（石）方工程量时应确定的因素，需要掌握的相关知识有：

（1）土石方工程工程清单计量规则和方法；

（2）地基处理与边坡支护工程工程清单计量规则和方法；

（3）桩基础工程工程清单计量规则和方法；

（4）砌筑工程工程清单计量规则和方法；

（5）混凝土及钢筋混凝土工程工程清单计量规则和方法；

（6）屋面及防水工程工程清单计量规则和方法；

（7）保温隔热防腐工程工程清单计量规则和方法。

学习单元1 计算土石方工程工程量

知识目标

（1）了解土石方工程的主要内容。

（2）熟悉工程量清单项目设置及工程量计算规则。

（3）掌握工程量计算应注意的问题。

技能目标

（1）通过本单元的学习，能够清楚土石方工程的主要内容。

（2）能够明确工程量计算的注意事项。

基础知识

一、土石方工程的主要内容

土石方工程适用于建筑物和构筑物的土石方开挖及回填工程，包括平整场地、挖土方、挖基础土方、土（石）方回填等项目。

（一）平整场地

平整场地项目适用于建筑场地厚度在 ± 30cm以内的挖、填、运、找平。

1. 工程量计算

平整场地工程量按设计图示尺寸以建筑物首层面积（不包含阳台等部分的面积）计算，即S=建筑物首层面积。

小 技 巧

当施工组织设计规定超面积平整场地时，清单工程量仍按建筑物首层面积计算，只是投标人在报价或招标人确定招标控制价时，所确定的工程量要按超面积平整场地计算，且超出部分包含在平整场地清单项目价格中。

2. 项目特征

项目特征描述土壤类别、弃土运距、取土运距。其中，土壤类别共分为四类。弃土运距、取土运距是指在工程中，有时可能出现在场地 ± 30cm以内全部是挖方或填方工程，且需外运土方或回填土方，这时应描述弃土运距或取土运距，并将此运输费用包含在报价中。

3. 工程内容

工程内容包含土方挖填、场地找平及运输。

（二）挖土方

挖土方项目适用于 ± 30cm以外的竖向布置挖土或山坡切土，是指室外地坪标高以上挖土，并包括制定范围内的土方运输。

1. 工程量计算

挖土方工程量按设计图示尺寸以体积计算，计算公式如下：

$$V=\text{挖土平均厚度}\times\text{挖土平面面积} \tag{6.1}$$

小技巧

挖土平均厚度应按自然地面测量标高至设计地坪标高间的平均厚度确定。若地形起伏变化大，不能提供平均厚度，应提供方格网法或断面法施工的设计文件。

土方体积按挖掘前的天然密实体积计算。

2. 项目特征

项目特征描述土壤类别、挖土平均厚度、弃土运距。

3. 工程内容

工程内容包含排地表水、土方开挖、挡土板支拆、截桩头、基底钎探、运输。

（三）挖基础土方

挖基础土方项目适用于基础土方开挖（包括人工挖孔桩土方），是指设计室外地坪以下的土方开挖，并包括指定范围内的土方运输。

1. 工程量计算

挖基础土方工程量按设计图示尺寸以基础垫层底面积乘以挖土深度计算，计算式如下：

$$V=\text{基础垫层长}\times\text{基础垫层宽}\times\text{挖土深度} \tag{6.2}$$

当基础为带形基础时，外墙基础垫层长取外墙中心线长，内墙基础垫层长取内墙垫层净长。挖土深度应按基础垫层底表面标高至交付施工场地标高的高度确定，无交付施工场地标高时，应按自然地面标高确定。

小技巧

（1）土方体积按挖掘前的天然密实体积计算。

（2）带形基础的挖土应按不同底宽和深度、独立基础和满堂基础应按不同底面积和深度分别编码列项。

（3）按上式计算的工程量中未包括根据施工方案规定的放坡、操作工作面和由机械挖土进出施工工作面的坡道等增加的挖土量，其挖土增量及相应弃土增量的费用应包括在基础土方清单项目价格内。

（4）桩间挖土方工程量中不应扣除桩所占的体积。

（5）指定范围内的土方运输是指由招标人指定的弃土地点或取土地点的运距。若招标文件规定由投标人确定弃土地点或取土地点，此条件不必在工程量清单中描述，但其运输费用应包含在基础土方清单项目价格内。

2. 项目特征

项目特征描述土壤类别，基础类型，垫层底宽、底面积，挖土深度，弃土运距。

从项目特征中可发现，挖基础土方项目不考虑不同施工方法（即人工挖或机械挖及机械种类）对土方工程量的影响。投标人在报价时，应根据施工组织设计，结合本企业施工水平，并考虑竞争需要进行报价。

3. 工程内容

工程内容包含排地表水、土方开挖、挡土板支拆、截桩头、基底钎探、运输。其中截桩头包括剔打混凝土、钢筋清理、调直弯钩及清运弃渣、桩头。

从工程内容可以看出，本项目应包含指定范围内土方的一次或多次运输、装卸以及基底夯实、修理边坡、清理现场等全部施工工序。

（四）挖淤泥、流砂

淤泥是一种稀软状、不易成型、灰黑色、有臭味，含有半腐朽植物遗体（占60%以上），置于水中有动植物残体渣滓浮出，并常有气泡由水中冒出的泥土。当土方开挖至地下水位时，有时坑底下面的土层会形成流动状态，随地下水涌入基坑，这种现象称为流砂。

1. 工程量计算

挖淤泥、流砂工程量按设计图示位置、界限以体积计算。

2. 项目特征

项目特征描述挖掘深度，弃淤泥、流砂距离。

3. 工程内容

工程内容包含挖淤泥、流砂，弃淤泥、流砂。

（五）管沟土方

管沟土方项目适用于管沟土方开挖、回填。

1. 工程量计算

管沟土方工程量按设计图示以管道中心线的长度计算。

小技巧

管沟土方工程量不论有无管沟设计均按长度计算。其开挖加宽的工作面、放坡和接口处加宽的工作面，均应包括在管沟土方清单项目价格内。

2. 项目特征

项目特征描述土壤类别、管外径、挖沟平均深度、弃土运距、回填要求。

挖沟平均深度按以下规定计算：有管沟设计时，平均深度以沟垫层底表面标高至交付施工场地标高的高度计算；无管沟设计时，直埋管（无沟盖板，管道安装好后，直接回填土）深度应按管底外表面标高至交付施工场地标高的平均高度计算。

3. 工程内容

工程内容包含排地表水、土方开挖、挡土板的支拆、土方运输、土方回填。

从工程内容可以看出，在管沟土方项目内，除包含土方开挖外，还包含土方运输及土方回填，计价时应注意。另外，由于管沟的宽窄不同，施工费用就有所不同，计算时应注意区分。

（六）土方回填

土方回填项目适用于场地回填、室内回填和基础回填，并包括指定范围内的土方运输以及借土回填的土方开挖。

1. 工程量计算

土方回填工程量按设计图示尺寸以体积计算。

场地回填工程量按下式计算。

$$V=\text{回填面积}\times\text{平均回填厚度} \quad (6.3)$$

室内回填工程量按下式计算。

$$V=\text{主墙间净面积}\times\text{回填厚度} \quad (6.4)$$

式中主墙是指结构厚度在120mm以上（不含120mm）的各类墙体。主墙间净面积按下式计算。

$$\text{主墙间净面积}=\text{底层建筑面积}-\text{内、外墙体所占水平平面的面积} \quad (6.5)$$

基础回填工程量按下式计算。

V=挖土体积－设计室外地坪以下埋设物的体积（包括基础、垫层及其他构筑物）

注意，基础土方操作工作面、放坡等施工的增加量，应包括在相应项目价格内。

2. 项目特征

项目特征描述土质要求、密实度要求、粒径要求、夯填（碾压）、松填、运输距离。

3. 工程内容

工程内容包含挖土方，装卸、运输，回填，分层碾压、夯实。

因地质情况变化或因设计变更引起的土方工程量的变更，应由业主与承包人双方现场认证，依据合同条件进行调整。

二、工程量清单项目设置及工程量计算规则

（一）土方工程（编码：010101）

土方工程工程量清单项目设置及工程量计算规则见表6-1。

表6-1 土方工程（编码：010101）

项目编号	项目名称	项目特征	计量单位	工程量计算规则	工程内容
010101001	平整场地	1.土壤类别 2.弃土运距 3.取土运距	m^2	按设计图示尺寸以建筑物首层面积计算	1.土方挖填 2.场地找平 3.运输
010101002	挖一般土方	1.土壤类别 2.挖土深度 3.弃土运距	m^3	按设计图示尺寸以体积计算	1.排地表水 2.土方开挖 3.围护（挡土板）及拆除 4.基底钎探 5.运输
010101003	挖沟槽土方			按设计图示尺寸以基础垫层底面积乘以挖土深度计算	
010101004	挖基坑土方				
010101005	冻土开挖	1.冻土厚度 2.弃土运距		按设计图示尺寸开挖面积乘厚度以体积计算	1.爆破 2.开挖 3.清理 4.运输
010101006	挖淤泥、流砂	1.挖掘深度 2.弃淤泥、流砂运距		按设计图示位置、界限以体积计算	1.开挖 2.运输

续表

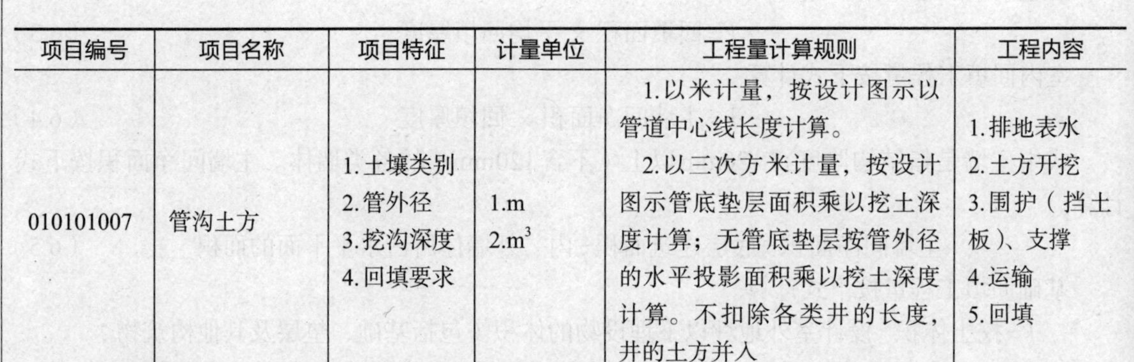

项目编号	项目名称	项目特征	计量单位	工程量计算规则	工程内容
010101007	管沟土方	1.土壤类别 2.管外径 3.挖沟深度 4.回填要求	1.m 2.m^3	1.以米计量，按设计图示以管道中心线长度计算。 2.以三次方米计量，按设计图示管底垫层面积乘以挖土深度计算；无管底垫层按管外径的水平投影面积乘以挖土深度计算。不扣除各类井的长度，井的土方并入	1.排地表水 2.土方开挖 3.围护（挡土板）、支撑 4.运输 5.回填

小技巧

沟槽、基坑、一般土方的划分

（1）底宽≤7m，且底长>3倍底宽为沟槽；

（2）底长≤3倍底宽且底面积≤$150m^2$为基坑；

（3）超出上述范围则为一般土方。

（二）石方工程（编码：010102）

石方工程工程量清单项目设置及工程量计算规则见表6-2。

表6-2　石方工程（编码：010102）

项目编码	项目名称	项目特征	计量单位	工程量计算规则	工作内容
010102001	挖一般石方	1.岩石类别 2.开凿深度 3.弃渣运距	m^3	按设计图示尺寸以体积计算	1. 排地表水 2. 凿石 3. 运输
010102002	挖沟槽石方			按设计图示尺寸沟槽底面积乘以挖石深度以体积计算	
010102003	挖基坑石方			按设计图示尺寸基坑底面积乘以挖石深度以体积计算	
010102004	挖管沟石方	1.岩石类别 2.管外径 3.挖沟深度	1.m 2.m^3	1.以米计量，按设计图示以管道中心线长度计算 2.以三次方米计量，按设计图示截面积乘以长度计算	1. 排地表水 2. 凿石 3. 回填 4. 运输

（三）土石方回填（编码：010103）

土石方运输与回填工程量清单项目设置及工程量计算规则见表6-3。

表6-3　回填（编码：010103）

项目编码	项目名称	项目特征	计量单位	工程量计算规则	工作内容
010103001	回填方	1.密实度要求 2.填方材料品种 3.填方粒径要求 4.填方来源、运距	m^3	按设计图示尺寸以体积计算。 1.场地回填：回填面积乘平均回填厚度。	1.运输 2.回填 3.压实

续表

项目编码	项目名称	项目特征	计量单位	工程量计算规则	工作内容
010103001	回填方	1.密实度要求 2.填方材料品种 3.填方粒径要求 4.填方来源、运距	m^3	2.室内回填：主墙间面积乘回填厚度，不扣除间隔墙。 3.基础回填：按挖方清单项目工程量减去自然地坪以下埋设的基础体积（包括基础垫层及其他构筑物）	1.运输 2.回填 3.压实
010103002	余方弃置	1.废弃料品种 2.运距		按挖方清单项目工程量减利用回填方体积（正数）计算	余方点装料运输至弃置点

三、工程量计算应注意的问题

（一）土石方体积

土石方体积应按挖掘前的天然密实体积计算。如需按天然密实体积折算，按表6-4所示系数换算。

表6-4　土石方体积折算系数表

虚方体积	天然密实体积	夯实后体积	松填体积
1.00	0.77	0.67	0.83
1.30	1.00	0.87	1.08
1.50	1.15	1.00	1.25
1.20	0.92	0.80	1.00

（二）挖土方平均厚度

挖土方平均厚度应由自然地面测量标高至设计地坪标高间的平均厚度确定。基础土方、石方开挖深度应由基础垫层底表面标高至交付施工场地标高确定；无交付施工场地标高时，应由自然地面标高确定。由于地形起伏较大，不能提供平均挖土厚度时应按方格网或断面法施工的设计文件计算工程量。

（三）干湿土的划分

应以地质资料提供的地下常水位为界，地下常水位以下为湿土。

（四）计算土（石）方工程量时首先应确定下列因素

（1）土壤及岩石类别，根据工程地质勘测资料及《土壤及岩石（普氏）分类表》进行划分。

（2）地下水位标高及排（降）水方法。

（3）土方、沟槽、基坑挖（填）起止标高，施工方式及运距。

（4）岩石开凿、爆破方法，石碴清运方法及运距。

（5）其他有关资料。

（五）桩间挖土方工程量

桩间挖土方工程量不扣除桩所占体积。

（六）管沟土（石）方工程量

应按设计图示尺寸以长度计算，有管沟设计时，平均深度以沟垫层底表面标高至交付施工场地标高计算；无管沟设计时，直埋管深度应按管底外表面标高至交付施工场地标高的平均高度计算。采用多管同一管沟时，管间距必须符合有关规范的要求。

学习单元2　计算桩与地基基础工程工程量

知识目标

（1）了解地基处理和桩基础工程的主要内容。

（2）熟悉工程量清单项目设置及工程量计算规则。

（3）掌握工程量计算应注意的问题。

技能目标

（1）通过本单元的学习，能够清楚地基处理和桩基础工程的主要内容。

（2）能够明确工程量计算的注意事项。

基础知识

一、桩与地基基础工程的主要内容

桩与地基基础工程适用于地基与边坡的处理、加固，包括混凝土桩、其他桩和地基与边坡的处理等项目。

（一）预制钢筋混凝土桩

预制钢筋混凝土桩项目适用于预制混凝土方桩、管桩和板桩等。

1. 工程量计算

预制钢筋混凝土桩工程量按设计图示尺寸以桩长（包括桩尖）或根数计算。

2. 项目特征

项目特征描述土壤级别，单桩长度、根数，桩截面，板桩面积，管桩填充材料种类，桩倾斜度，混凝土强度等级，以及防护材料种类。

3. 工程内容

工程内容包含桩制作、运输，打桩、试验桩、斜桩，送桩，管桩填充材料、刷防护材料，清理、运输。

小技巧

（1）试桩应按预制钢筋混凝土桩项目编码单独列项。

（2）试桩与打桩之间的间歇时间机械在现场的停滞，应包括在打试桩项目价格内。

（3）打钢筋混凝土预制板桩是指留滞原位（即不拔出）的板桩，板桩应在工程量清单中描述其单桩垂直投影面积。

（4）预制桩刷防护材料应包含在该项目价格内。

（二）接桩

接桩项目适用于预制钢筋混凝土方桩、管桩和板桩的接桩。

1．工程量计算

方桩、管桩的接桩工程量按设计图示规定以接头数量的个数计算，板桩接桩工程量按设计图示规定以接头的长度计算。

2．项目特征

项目特征描述桩截面、接头长度、接桩材料。

3．工程内容

工程内容包含桩制作、运输，接桩、材料运输。

（三）混凝土灌注桩

混凝土灌注桩项目适用于人工挖孔灌注桩、钻孔灌注桩、爆扩灌注桩、打管灌注桩、振动管灌注桩等。

1．工程量计算。

混凝土灌注桩工程量计算同预制钢筋混凝土桩。

2．项目特征

项目特征描述土壤级别，单桩长度、根数，桩截面，成孔方法，以及混凝土强度等。

3．工程内容

工程内容包含成孔、固壁，混凝土制作、运输、灌注、振捣、养护，泥浆池及沟槽砌筑、拆除，泥浆制作、运输，清理、运输。

小技巧

（1）人工挖孔时采用的护壁（如渣砌护壁、预制钢筋混凝土护壁、钢筋混凝土护壁、钢模周转护壁、竹笼护壁等）应包含在该项目价格内。

（2）钻孔固壁泥浆的搅拌运输，应包含在该项目价格内。

（3）桩钢筋的制作、安装，应按钢筋工程项目编码列项。

（四）其他桩

1．适用范围

（1）砂石灌注桩项目适用于各种成孔方式（振动沉管、锤击沉管）的砂石灌注桩。

（2）灰土挤密桩项目适用于各种成孔方式的灰土、石灰、水泥粉、煤灰等挤密桩。

（3）旋喷桩项目适用于水泥浆旋喷桩。

（4）粉喷桩项目适用于水泥、生石灰粉等粉喷桩。

2．工程量计算

各种桩均按设计图示尺寸以桩长（包括桩尖）计算。

3．项目特征

（1）砂石灌注桩描述土壤级别、桩长、桩截面、成孔方法、砂石级配。

（2）灰土挤密桩描述土壤级别、桩长、桩截面、成孔方法、灰土级配。

（3）旋喷桩描述桩长、桩截面、水泥强度等级。

（4）粉喷桩描述桩长、桩截面、粉体种类、水泥强度等级、石灰粉要求。

4. 工程内容

（1）砂石灌注桩包含成孔、砂石运输、填充、振实。

（2）灰土挤密桩包含成孔，灰土拌和、运输，填充，夯实。

（3）旋喷桩包含成孔，水泥浆制作、运输，水泥浆旋喷。

（4）粉喷桩包含成孔、粉体运输、喷粉固化。

（五）地基与边坡处理

1. 适用范围

（1）地下连续墙项目适用于各种导墙施工的复合型地下连续墙工程。

（2）振冲灌注碎石项目适用于振冲法成孔，灌注填料加以振密所形成的桩体。

（3）地基强夯项目适用于各种夯击能量的地基夯击工程。

（4）锚杆支护项目是指在需要加固的土体中设置锚杆（钢管或粗钢管、钢丝束、钢绞线）并灌浆，然后进行锚杆张拉并固定所形成的支护。

（5）土钉支护项目是指在需要加固的土体中设置一排土钉（变形钢筋或钢管、角钢等）并灌浆，在加固的土体面层上固定钢丝网后，喷射混凝土面层后所形成的支护。

2. 工程量计算

（1）地下连续墙按设计图示墙中心线长乘以厚度乘以槽深，以体积计算。

（2）振冲灌注碎石按设计图示孔深乘以孔截面面积，以体积计算。

（3）地基强夯按设计图示尺寸以面积计算。

（4）锚杆支护按设计图示尺寸以支护面积计算。

（5）土钉支护同锚杆支护。

3. 项目特征

（1）地下连续墙描述墙体厚度、成槽深度、混凝土强度等级。

（2）振冲灌注碎石描述振冲深度、成孔直径、碎石级配。

（3）地基强夯描述夯击能量、夯击遍数、地耐力要求、夯填材料种类。

（4）锚杆支护描述锚孔直径，锚孔平均深度，锚固方法、浆液种类，支护厚度、材料种类。

（5）土钉支护描述支护厚度、材料种类，混凝土强度等级，砂浆强度等级。

4. 工程内容

（1）地下连续墙包含挖土成槽、余土运输，导墙制作、安装，锁口管吊拔，浇筑混凝土连续墙、材料运输。

（2）振冲灌注碎石包含成孔，碎石运输，灌注、振实。

（3）地基强夯包含铺夯填材料、强夯、夯填材料运输。

（4）锚杆支护包含钻孔，浆液制作、运输、压浆，张拉锚固，混凝土制作、运输、喷射、养护，砂浆制作、运输、喷射、养护。

（5）土钉支护包含钉土钉，挂网，混凝土制作、运输、喷射、养护，砂浆制作、运输、喷射、养护。

小技巧

（1）本节各项目适用于工程实体，如地下连续墙适用于建筑物、构筑物地下结构的永久性复合型地下连续墙（亦即复合型地下连续墙应列在分部分项工程量清单项目中）。作为深基础支护结构，应列入措施项目清单费内，在分部分项工程量清单中则不反映其项目。

（2）锚杆、土钉支护项目中的钻孔、布筋、锚杆安装、灌浆、张拉等需要搭设的脚手架，应列入措施项目清单费内。

（3）地下连续墙、锚杆支护及土钉支护的钢筋网制作、安装，应按钢筋工程项目编码列项。

二、工程量清单项目设置及工程量计算规则

（一）地基处理（编码：010201）

地基处理工程量清单项目设置及工程量计算规则见表6-5。

表6-5　地基处理（编码：010201）

项目编码	项目名称	项目特征	计量单位	工程量计算规则	工程内容
010201001	换填垫层	1.材料种类及配比 2.压实系数 3.掺加剂品种	m^3	按设计图示尺寸以体积计算	1.分层铺填 2.碾压、振密或夯实 3.材料运输
010201002	铺设土工合成材料	1.部位 2.品种 3.规格	m^2	按设计图示尺寸以体积计算	1.挖填锚固沟 2.铺设 3.固定 4.运输
010201003	预压地基	1.排水竖井种类、断面尺寸、排列方式、间距、深度 2.预压方法 3.预压荷载、时间 4.砂垫层厚度		按设计图示处理范围以面积计算	1.设置排水竖井、盲沟、滤水管 2.铺设砂垫层、密封膜 3.堆载、卸载或抽气设备安拆、抽真空 4.材料运输
010201004	强夯地基	1.夯击能量 2.夯击遍数 3.夯击点布置形式、间距 4.地耐力要求 5.夯填材料种类			1.铺设夯填材料 2.强夯 3.夯填材料运输
010201005	振冲密实（不填料）	1.地层情况 2.振密深度 3.孔距			1.振冲加密 2.泥浆运输

续表

项目编码	项目名称	项目特征	计量单位	工程量计算规则	工程内容
010201006	振冲桩（填料）	1.地层情况 2.空桩长度、桩长 3.桩径 4.填充材料种类	1.m 2.m³	1.以米计量，按设计图示尺寸以桩长计算 2.以三次方米计量，按设计桩截面乘以桩长以体积计算	1.振冲成孔、填料、振实 2.材料运输 3.泥浆运输
010201007	砂石桩	1.地层情况 2.空桩长度、桩长 3.桩径 4.成孔方法 5.材料种类、级配		1.以米计量，按设计图示尺寸以桩长（包括桩尖）计算 2.以三次方米计量，按设计桩截面乘以桩长（包括桩尖）以体积计算	1.成孔 2.填充、振实 3.材料运输
010201008	水泥粉煤灰碎石桩	1.地层情况 2.空桩长度、桩长 3.桩径 4.成孔方法 5.混合料强度等级	m	按设计图示尺寸以桩长（包括桩尖）计算	1.成孔 2.混合料制作、灌注、养护 3.材料运输
010201009	深层搅拌桩	1.地层情况 2.空桩长度、桩长 3.桩截面尺寸 4.水泥强度等级、掺量		按设计图示尺寸以桩长计算	1.预搅下钻、水泥浆制作、喷浆搅拌提升成桩 2.材料运输
010201010	粉喷桩	1.地层情况 2.空桩长度、桩长 3.桩径 4.粉体种类、掺量 5.水泥强度等级、石灰粉要求			1.预搅下钻、喷粉搅拌提升成桩 2.材料运输
010201011	夯实水泥土桩	1.地层情况 2.空桩长度、桩长 3.桩径 4.成孔方法 5.水泥强度等级 6.混合料配比		按设计图示尺寸以桩长（包括桩尖）计算	1.成孔、夯底 2.水泥土拌和、填料、夯实 3.材料运输
010201012	高压喷射注浆桩	1.地层情况 2.空桩长度、桩长 3.桩截面 4.注浆类型、方法 5.水泥强度等级		按设计图示尺寸以桩长计算	1.成孔 2.水泥浆制作、高压喷射注浆 3.材料运输

续表

项目编码	项目名称	项目特征	计量单位	工程量计算规则	工程内容
010201013	石灰桩	1.地层情况 2.空桩长度、桩长 3.桩径 4.成孔方法 5.掺和料种类、配合比	m	按设计图示尺寸以桩长（包括桩尖）计算	1.成孔 2.混合料制作、运输、夯填
010201014	灰土（土）挤密桩	1.地层情况 2.空桩长度、桩长 3.桩径 4.成孔方法 5.灰土级配			1.成孔 2.灰土拌和、运输、填充、夯实
010201015	柱锤冲扩桩	1.地层情况 2.空桩长度、桩长 3.桩径 4.成孔方法 5.桩体材料种类、配合比		按设计图示尺寸以桩长计算	1.安、拔套管 2.冲孔、填料、夯实 3.桩体材料制作、运输
010201016	注浆地基	1.地层情况 2.空钻深度、注浆深度 3.注浆间距 4.浆液种类及配比 5.注浆方法 6.水泥强度等级	1.m 2.m^3	1.以米计量，按设计图示尺寸以钻孔深度计算 2.以三次方米计量，按设计图示尺寸以加固体积计算	1.成孔 2.注浆导管制作、安装 3.浆液制作、压浆 4.材料运输
010201017	褥垫层	1.厚度 2.材料品种及比例	1.m^2 2.m^3	1.以平方米计量，按设计图示尺寸以铺设面积计算 2.以三次方米计量，按设计图示尺寸以体积计算	材料拌和、运输、铺设、压实

小提示

桩长应包括桩尖，空桩长度＝孔深－桩长，孔深为自然地面至设计桩底的深度。

（二）基坑与边坡支护（编码：010202）

基坑与边坡支护工程量清单项目设置及工程量计算规则见表6-6。

表6-6 基坑与边坡支护（编码：010202）

项目编码	项目名称	项目特征	计量单位	工程量计算规则	工程内容
010202001	地下连续墙	1.地层情况 2.导墙类型、截面 3.墙体厚度 4.成槽深度 5.混凝土种类、强度等级 6.接头形式	m^3	按设计图示墙中心线长乘以厚度乘以槽深的体积计算	1.导墙挖填、制作、安装、拆除 2.挖土成槽、固壁、清底置换 3.混凝土制作、运输、灌注、养护 4.接头处理 5.土方、废泥浆外运 6.打桩场地硬化及泥浆池、泥浆沟
010202002	咬合灌注桩	1.地层情况 2.桩长 3.桩径 4.混凝土种类、强度等级 5.部位		1.以米计量，按设计图示尺寸以桩长计算 2.以根计量，按设计图示数量计算	1.成孔、固壁 2.混凝土制作、运输、灌注、养护 3.套管压拔 4.土方、废泥浆外运 5.打桩场地硬化及泥浆池、泥浆沟
010202003	圆木桩	1.地层情况 2.桩长 3.材质 4.尾径 5.桩倾斜度	1.m 2.根	1.以米计量，按设计图示尺寸以桩长（包括桩尖）计算 2.以根计量，按设计图示数量计算	1.工作平台搭拆 2.桩机移位 3.桩靴安装 4.沉桩
010202004	预制钢筋混凝土板桩	1.地层情况 2.送桩深度、桩长 3.桩截面 4.沉桩方法 5.连接方式 6.混凝土强度等级			1.工作平台搭拆 2.桩机移位 3.沉桩 4.板桩连接
010202005	型钢桩	1.地层情况或部位 2.送桩深度、桩长 3.规格型号 4.桩倾斜度 5.防护材料种类 6.是否拔出	1.t 2.根	1.以吨计量，按设计图示尺寸以质量计算 2.以根计量，按设计图示数量计算	1.工作平台搭拆 2.桩机移位 3.打（拔）桩 4.接桩 5.刷防护材料
010202006	钢板桩	1.地层情况 2.桩长 3.板桩厚度	1.t $2.m^2$	1.以吨计量，按设计图示尺寸以质量计算 2.以平方米计量，按设计图示墙中心线长乘以桩长以面积计算	1.工作平台搭拆 2.桩机移位 3.打拔钢板桩

续表

项目编码	项目名称	项目特征	计量单位	工程量计算规则	工程内容
010202007	锚杆（锚索）	1.地层情况 2.锚杆（索）类型、部位 3.钻孔深度 4.钻孔直径 5.杆体材料品种、规格、数量 6.预应力 7.浆液种类、强度等级	1.m 2.根	1.以米计量，按设计图示尺寸以钻孔深度计算 2.以根计量，按设计图示数量计算	1.钻孔、浆液制作、运输、压浆 2.锚杆（锚索）制作、安装 3.张拉锚固 4.锚杆（锚索）施工平台搭设、拆除
010202008	土钉	1.地层情况 2.钻孔深度 3.钻孔直径 4.置入方法 5.杆体材料品种、规格、数量 6.浆液种类、强度等级			1.钻孔、浆液制作、运输、压浆 2.土钉制作、安装 3.土钉施工平台搭设、拆除
010202009	喷射混凝土、水泥砂浆	1.部位 2.厚度 3.材料种类 4.混凝土（砂浆）类别、强度等级	m^2	按设计图示尺寸以面积计算	1.修整边坡 2.混凝土（砂浆）制作、运输、喷射、养护 3.钻排水孔、安装排水管 4.喷射施工平台搭设、拆除
010202010	钢筋混凝土支撑	1.部位 2.混凝土种类 3.混凝土强度等级	m^3	按设计图示尺寸以体积计算	1.模板（支架或支撑）制作、安装、拆除、堆放、运输及清理模内杂物、刷隔离剂等 2.混凝土制作、运输、浇筑、振捣、养护
010202011	钢支撑	1.部位 2.钢材品种、规格 3.探伤要求	t	按设计图示尺寸以质量计算。不扣除孔眼质量，焊条、铆钉、螺栓等不另增加质量	1.支撑、铁件制作（摊销、租赁） 2.支撑、铁件安装 3.探伤 4.刷漆 5.拆除 6.运输

（三）打桩（编码：010301）

打桩工程量清单项目设置及工程量计算规则见表6-7。

表6-7 打桩（编码：010301）

项目编码	项目名称	项目特征	计量单位	工程量计算规则	工程内容
010301001	预制钢筋混凝土方桩	1.地层情况 2.送桩深度、桩长 3.桩截面 4.桩倾斜度 5.沉桩方法 6.接桩方式 7.混凝土强度等级	1.m 2.m³ 3.根	1.以米计量，按设计图示尺寸以桩长（包括桩尖）计算 2.以三次方米计量，按设计图示截面积乘以桩长（包括桩尖）以实体积计算 3.以根计量，按设计图示数量计算	1.工作平台搭拆 2.桩机竖拆、移位 3.沉桩 4.接桩 5.送桩
010301002	预制钢筋混凝土管桩	1.地层情况 2.送桩深度、桩长 3.桩外径、壁厚 4.桩倾斜度 5.沉桩方法 6.桩尖类型 7.混凝土强度等级 8.填充材料种类 9.防护材料种类			1.工作平台搭拆 2.桩机竖拆、移位 3.沉桩 4.接桩 5.送桩 6.桩尖制作安装 7.填充材料、刷防护材料
010301003	钢管桩	1.地层情况 2.送桩深度、桩长 3.材质 4.管径、壁厚 5.桩倾斜度 6.沉桩方法 7.填充材料种类 8.防护材料种类	1.t 2.根	1.以吨计量，按设计图示尺寸以质量计算 2.以根计量，按设计图示数量计算	1.工作平台搭拆 2.桩机竖拆、移位 3.沉桩 4.接桩 5.送桩 6.切割钢管、精割盖帽 7.管内取土 8.填充材料、刷防护材料
010301004	截（凿）桩头	1.桩类型 2.桩头截面、高度 3.混凝土强度等级 4.有无钢筋	1.m³ 2.根	1.以三次方米计算，按设计桩截面乘以桩头长度以体积计算 2.以根计量，按设计图示数量计算	1.截（切割）桩头 2.凿平 3.废料外运

（四）灌注桩（编码：010302）

灌注桩工程量清单项目设置及工程量计算规则见表6-8。

表6–8　灌注桩（编码：010302）

项目编码	项目名称	项目特征	计量单位	工程量计算规则	工程内容
010302001	泥浆护壁成孔灌注桩	1.地层情况 2.空桩长度、桩长 3.桩径 4.成孔方法 5.护筒类型、长度 6.混凝土种类、强度等级	1.m $2.m^3$ 3.根	1.以米计量，按设计图示尺寸以桩长（包括桩尖）计算 2.以三次方米计量，按不同截面在桩上范围内以体积计算 3.以根计量，按设计图示数量计算	1.护筒埋设 2.成孔、固壁 3.混凝土制作、运输、灌注、养护 4.土方、废泥浆外运 5.打桩场地硬化及泥浆池、泥浆沟
010302002	沉管灌注桩	1.地层情况 2.空桩长度、桩长 3.复打长度 4.桩径 5.沉管方法 6.桩尖类型 7.混凝土种类、强度等级			1.打（沉）拔钢管 2.桩尖制作、安装 3.混凝土制作、运输、灌注、养护
010302003	干作业成孔灌注桩	1.地层情况 2.空桩长度、桩长 3.桩径 4.扩孔直径、高度 5.成孔方法 6.混凝土种类、强度等级			1.成孔、护孔 2.混凝土制作、运输、灌注、振捣、养护
010302004	挖孔桩土（石）方	1.地层情况 2.挖孔深度 3.弃土（石）运距	m^3	按设计图示尺寸（含护壁）截面积乘以挖孔深度以三次方米计算	1.排地表水 2.挖土、凿石 3.基底钎探 4.运输
010302005	人工挖孔灌注桩	1.桩芯长度 2.桩芯直径、扩底直径、扩底高度 3.护壁厚度、高度 4.护壁混凝土种类、强度等级 5.桩芯混凝土种类、强度等级	$1.m^3$ 2.根	1.以三次方米计量，按桩芯混凝土体积计算 2.以根计量，按设计图示数量计算	1.护壁制作 2.混凝土制作、运输、灌注、振捣、养护
010302006	钻孔压浆桩	1.地层情况 2.空钻长度、桩长 3.钻孔直径 4.水泥强度等级	1.m 2.根	1.以米计量，按设计图示尺寸以桩长计算 2.以根计量，按设计图示数量计算	钻孔、下注浆管、投放骨料、浆液制作、运输、压浆
010302007	灌注桩后压浆	1.注浆导管材料、规格 2.注浆导管长度 3.单孔注浆量 4.水泥强度等级	孔	按设计图示以注浆孔数量计算	1.注浆导管制作、安装 2.浆液制作、运输、压浆

知识链接

（1）泥浆护壁成孔灌注桩是指在泥浆护壁条件下成孔，采用水下灌注混凝土的桩。其成孔方法包括冲击钻成孔、冲抓锥成孔、回旋钻成孔、潜水钻成孔、泥浆护壁的旋挖成孔等。

（2）沉管灌注桩的沉管方法包括锤击沉管法、振动沉管法、振动冲击沉管法、内夯沉管法等。

（3）干作业成孔灌注桩是指不用泥浆护壁和套管护壁的情况下，用钻机成孔后，下钢筋笼，灌注混凝土的桩，适用于地下水位以上的土层使用。其成孔方法包括螺旋钻成孔、螺旋钻成孔扩底、干作业的旋挖成孔等。

课堂案例

某工程为人工挖孔灌注混凝土桩，混凝土强度等级为C20，数量为60根，设计桩长8m，桩径1.2m。

问题：

已知土壤类别为四类土，求该工程混凝土灌注桩的工程数量。

分析：

混凝土灌注桩的工程数量计算如下。

计算规则为，按设计图示尺寸以桩长（包括桩尖）或根数计算。土壤类别为四类土，混凝土强度等级为=C20，数量为60根，设计桩长8m，桩径1.2m，所以人工挖孔灌注混凝土桩的工程数量为8×60=480（m）（或60根）。

如果是施工企业编制投标报价，应按建设主管部门规定方法计算工程量。

$$单根桩工程量为V_{桩}=\pi\times\left(\frac{1.2}{2}\right)^2\times 8=9.048\ (m^3)$$

$$总工程量=9.048\times 60=542.88\ (m^3)$$

三、工程量计算应注意的问题

（1）土壤级别按表6-9确定。

（2）混凝土灌注桩的钢筋笼和地下连续墙的钢筋网制作、安装，应按表6-8中的相关项目编码列项。

（3）锚杆和土钉支护所搭设的脚手架应列入措施项目中。

（4）桩与地基基础工程各项目适用于工程实体，如地下连续墙适用于构成建筑物、构筑物地下结构部分永久性的复合型地下连续墙。如果作为深基础支护结构时，应列在措施项目清单中。

小技巧

一级土是桩经外力作用较易沉入的土，土壤中夹有较薄的砂层。二级土则是桩经外力作用较难沉入的土，土壤中夹有不超过3m的连续厚度砂层。

表6-9 土质鉴别表

内 容		土壤级别	
		一 级 土	二 级 土
砂夹层	砂层连续厚度 砂层中卵石含量	＜1m —	＞1m ＜15%
物理性能	压缩系数 孔隙比	＞0.02 ＞0.7	＜0.02 ＜0.7
力学性能	静力触探值 动力触探系数	＜50 ＜12	＞50 ＞12
每米纯沉桩时间平均值		＜2min	＞2min

（5）混凝土灌注桩工程内容中的成孔与土石方工程中的人工挖孔桩土方属于相同的工作内容，但在列项时，应以不重复为原则，如将人工挖孔作为混凝土灌注桩项目的工程内容在清单中描述，则不再列到挖基础土方项目中。

学习单元3 计算砌筑工程工程量

知识目标

（1）了解砌筑工程的主要内容。

（2）熟悉工程量清单项目设置及工程量计算规则。

技能目标

（1）通过本单元的学习，能够清楚砌筑工程的主要内容。

（2）能够清楚工程量清单项目的设置及工程量计算规则。

基础知识

一、砌筑工程的主要内容

砌筑工程用于建筑物和构筑物的砌筑工程，包含砖基础、砖砌体、砖构筑物、砌块砌体、石砌体、砖散水、地坪、地沟等项目。

（一）基础与墙身的划分

（1）砖基础与墙（柱）身使用同一种材料时，以设计室内地面为界（有地下室者，以地下室室内设计地面为界），以下为基础，以上为墙（柱）身。

（2）砖基础与墙（柱）身使用不同材料时，位于设计室内地面（或地下室室内地面）±300mm以内的，以不同材料为分界线；超过±300mm的，以设计室内地面（或地下室室内地面）为分界线。

（3）如果室内地坪有坡度差（如影剧院、礼堂等），则以最低处设计室内地面标高为分界线，以下为基础，以上为墙身。

（4）如果设计室内地坪标高不同（如厕所间、车库等地坪标高低于设计室内地坪标高），均按设计室内地坪最大面积的标高为分界线，以下为基础，以上为墙身。

（5）砖、石围墙，以设计室外地坪为分界线，以下为基础，以上为墙身。

（二）砖基础

砖基础项目适用于各种类型砖基础，包括柱基础、墙基础、烟囱基础、水塔基础、管道基础。

1. 工程量计算

砖基础工程量按设计图示尺寸以体积计算，计算式如下：

$$V=基础长度\times基础断面面积+应增加体积-应扣除体积 \tag{6.6}$$

式中，基础长度外墙按中心线长计算，内墙按净长线计算。

2. 项目特征

项目特征描述砖品种、规格、强度等级，基础类型，基础深度，以及砂浆强度等级。

3. 工程内容

工程内容包含砂浆制作、运输，砌砖，防潮层铺设，以及材料运输。

（三）实心砖墙

实心砖墙项目适用于各种类型的实心砖墙，包括外墙、内墙、围墙、弧形墙等。

1. 工程量计算

实心砖墙工程量按设计图示尺寸以体积计算，计算式如下：

$$V=墙长\times墙厚\times墙厚-应扣除的体积+应增加的体积 \tag{6.7}$$

式中，墙长外墙按外墙中心线、内墙按内墙净长线、女儿墙按女儿墙中心线计算。

墙体厚度，标准砖以240mm×115mm×53mm尺寸为准，其砌体计算厚度按表6-10计算；使用非标准砖时，其砌体厚度应按砖实际规格和设计厚度计算。

表6-10　标准砖墙体厚度表

墙厚/砖	0.25	0.5	0.75	1	1.5	2	2.5	3
计算厚度/mm	53	115	180	240	365	490	615	740

墙身高度，外墙墙身以设计室内地坪为计算起点，内墙首层以室内地坪、二层及二层以上以楼板面为起点。不同类型的内、外墙和山墙按下列规定计算。

（1）外墙墙身高度：斜（坡）屋面无檐口天棚者算至屋面板底；有屋架，且室内外均有天棚者，算至屋架下弦底面另加200mm；无天棚者算至屋架下弦底加300mm，出檐宽度超过600mm时，应按实砌高度计算；平屋面有挑檐者算至挑檐板底，平屋面有女儿墙无檐口者算至钢筋混凝土板顶。

（2）内墙墙身高度：位于屋架下弦者，其高度算至屋架底；无屋架者算至天棚底另加100mm；有钢筋混凝土楼板隔层者算至板底；有框架梁时算至梁底面。

（3）内、外山墙墙身高度：按其平均高度计算。

2. 项目特征

项目特征描述砖品种、规格、强度等级、墙体类型、厚度、高度、勾缝要求，砂浆强度等级，以及配合比要求。

3. 工程内容

工程内容包含砂浆制作、运输、砌砖、勾缝，砖压顶砌筑，以及材料运输。

小技巧

当实心砖墙类型不同时，其价格就不同，因而清单编制人在描述项目特征时必须详细，以便投标人准确报价。例如，应描述它是外墙还是内墙、砌筑砂浆的种类及强度等级等。

（四）空斗墙

空斗墙项目适用于各种砌法（如一斗一眠、无眠空斗等）的空斗墙。其工程量按设计图示尺寸以空斗墙外形体积计算，包括墙脚、内外墙交接处、门窗洞口立边、窗台砖、屋檐处的石砌部分体积。窗间墙、窗台下、楼板下等实砌部分另行计算，按零星砌砖项目编码列项。

（五）空花墙

空花墙项目适用于各种类型的空花墙。其工程量按设计图示尺寸以空花部分外形体积（包括空花的外框）计算。使用混凝土花格砌筑的空花墙，应分实砌墙体和混凝土花格计算工程量，混凝土花格按混凝土及钢筋混凝土预制零星构建编码列项。

（六）填充墙

填充墙项目适用于以实心砖砌筑、墙体中形成空腔，填充轻质材料的墙体。其工程量按设计图示尺寸以填充墙外形体积计算。

（七）零星砌砖

零星砌砖项目适用于砖砌的台阶、台阶挡墙、梯带、锅台、炉灶、蹲台、花台、花池、屋面隔热板下的砖墩等。

1. 工程量计算

（1）台阶按水平投影面积计算（不包括梯带或台阶挡墙）。

（2）小型池槽、锅台、炉灶按数量以个计算，并以“长 × 宽 × 高”的顺序标明其外形尺寸。

（3）小便槽、地垄墙按长度计算。

（4）其他零星项目按图示尺寸以体积计算，如梯带、台阶挡墙。

2. 项目特征

项目特征描述零星砌砖名称、部位，勾缝要求，砂浆强度等级、配合比。

3. 工程内容

工程内容包含砂浆制作、运输、砌砖、勾缝、材料运输等。

（八）空心砖墙、砌块墙

空心砖墙、砌块墙项目适用于以各种规格的空心砖和砌块砌筑而成的各种类型的墙体。其工程量按设计图示尺寸以体积计算。计算式如下：

$$V=\text{墙长}\times\text{墙厚}\times\text{墙高}-\text{应扣除的体积}+\text{应增加的体积} \tag{6.8}$$

式中，墙厚按设计尺寸计算，墙长、墙高及墙体中应扣除的体积或增加的体积的规定同实心砖墙，嵌入空心砖墙、砌块墙中的实心砖不扣除。

空心砖墙、砌块墙的项目特征及工程内容同实心砖墙项目。

（九）石基础

石基础项目适用于各种规格（条石、块石等）、各种材质（砂石、青石等）和各种类型（柱基、墙基、直形、弧形等）的基础。

1. 工程量计算

石基础工程量按设计图示尺寸以体积计算，包括附墙垛基础宽出部分的体积，不扣除基础砂浆防潮层和单个面积在0.3 ㎡以内的孔洞，靠墙暖气沟的挑檐不增加体积。

2. 项目特征

项目特征描述石料种类、规格，基础深度、类型，砂浆强度等级、配合比。

3. 工程内容

工程内容包含砂浆制作、运输、砌石，防潮层铺设，材料运输。

（十）石勒角、石墙

石勒角、石墙项目适用于各种规格（条石、块石等）、各种材质（砂石、青石、大理石、花岗石等）和各种类型（直形、弧形等）的勒脚和墙体。

1. 工程量计算

（1）石勒脚按设计图示尺寸以体积计算，扣除单个面积超过0.3 ㎡的孔洞所占体积。

（2）石墙同实心砖墙。

2. 项目特征

项目特征描述石料种类、规格，墙厚，石表面加工要求，勾缝要求，砂浆强度等级，配合比。

3. 工程内容

工程内容包含砂浆制作、运输、砌石，石表面加工，勾缝，材料运输。

（十一）砖散水、地坪

1. 工程量计算

砖散水、地坪工程量按设计图示尺寸以面积计算。

2. 项目特征

项目特征描述垫层材料种类、厚度、散水，地坪厚度，面层种类、厚度，砂浆强度等级，配合比。

3. 工程内容

工程内容包含地基找平、夯实，铺设垫层，砌砖散水、地坪，抹砂浆面层。

小技巧

砖散水、地坪的工程量清单项目价格应包括垫层、结合层、面层等工序的费用。

（十二）砖地沟、明沟

1. 工程量计算

砖地沟、明沟工程量按图示设计以中心线长度计算。

2. 项目特征

项目特征描述沟截面尺寸，垫层材料种类、厚度，混凝土强度等级，砂浆强度等级、配合比。

3. 工程内容

工程内容包含挖运土方，铺设垫层，地板混凝土制作、运输、浇筑、振捣、养护、砌砖、勾缝、抹灰，材料运输。

二、工程量清单项目的设置及工程量计算规则

（一）砖砌体（编码：010401）

砖砌体工程量清单项目设置及工程量计算规则见表6–11。

表6–11　砖砌体（编码：010401）

项目编码	项目名称	项目特征	计量单位	工程量计算规则	工程内容
010401001	砖基础	1.砖品种、规格、强度等级 2.基础类型 3.砂浆强度等级 4.防潮层材料种类	m^3	按设计图示尺寸以体积计算。 包括附墙垛基础宽出部分体积，扣除地梁（圈梁）、构造柱所占体积，不扣除基础大放脚T形接头处的重叠部分及嵌入基础内的钢筋、铁件、管道、基础砂浆防潮层和单个面积≤$0.3m^2$的孔洞所占体积，靠墙暖气沟的挑檐不增加 基础长度：外墙按外墙中心线、内墙按内墙净长线计算	1.砂浆制作、运输 2.砌砖 3.防潮层铺设 4.材料运输
010401002	砖砌挖孔桩护壁	1.砖品种、规格、强度等级 2.砂浆强度等级		按设计图示尺寸以三次方米计算	1.砂浆制作、运输 2.砌砖 3.材料运输
010401003	实心砖墙	1.砖品种、规格、强度等级 2.墙体类型 3.砂浆强度等级、配合比		按设计图示尺寸以体积计算 扣除门窗、洞口、嵌入墙内的钢筋混凝土柱、梁、圈梁、挑梁、过梁及凹进墙内的壁龛、管槽、暖气槽、消火栓箱所占体积，不扣除梁头、板头、檩头、垫木、木楞头、沿缘木、木砖、门窗走头、砖墙内加固钢筋、木筋、铁件、钢管及单个面积≤$0.3m^2$的孔洞所占的体积。凸出墙面的腰线、挑檐、压顶、窗台线、虎头砖、门窗套的体积亦不增加。凸出墙面的砖垛并入墙体体积内计算	1.砂浆制作、运输 2.砌砖 3.刮缝 4.砖压顶砌筑 5.材料运输

续表

项目编码	项目名称	项目特征	计量单位	工程量计算规则	工程内容
010401003	实心砖墙	1.砖品种、规格、强度等级 2.墙体类型 3.砂浆强度等级、配合比	m^3	1．墙长度。外墙按中心线、内墙按净长计算 2．墙高度 （1）外墙。斜（坡）屋面无檐口天棚者算至屋面板底；有屋架且室内外均有天棚者算至屋架下弦底另加200mm；无天棚者算至屋架下弦底另加300mm，出檐宽度超过600mm时按实砌高度计算；有钢筋混凝土楼板隔层者算至板顶。平屋顶算至钢筋混凝土板底 （2）内墙。位于屋架下弦者,算至屋架下弦底；无屋架者算至天棚底另加100mm；有钢筋混凝土楼板隔层者算至楼板顶；有框架梁时算至梁底。 （3）女儿墙。从屋面板上表面算至女儿墙顶面（有混凝土压顶时算至压顶下表面） （4）内、外山墙。按其平均高度计算。 3.框架间墙。不分内外墙按墙体净尺寸以体积计算 4.围墙。高度算至压顶上表面（有混凝土压顶时算至压顶下表面），围墙柱并入围墙体积内	1.砂浆制作、运输 2.砌砖 3.刮缝 4.砖压顶砌筑 5.材料运输
010401006	空斗墙	1.砖品种、规格、强度等级 2.墙体类型 3.砂浆强度等级、配合比		按设计图示尺寸以空斗墙外形体积计算。墙角、内外墙交接处、门窗洞口立边、窗台砖、屋檐处的实砌部分体积并入空斗墙体积内	1.砂浆制作、运输 2. 砌砖 3.装填充料 4.刮缝 5.材料运输
010401007	空花墙			按设计图示尺寸以空花部分外形体积计算，不扣除空洞部分体积	
010401008	填充墙	1.砖品种、规格、强度等级 2.墙体类型 3.填充材料种类及厚度 4.砂浆强度等级、配合比		按设计图示尺寸以填充墙外形体积计算	
010401009	实心砖柱	1.砖品种、规格、强度等级 2.柱类型 3.砂浆强度等级、配合比		按设计图示尺寸以体积计算。扣除混凝土及钢筋混凝土梁垫、梁头、板头所占体积	1.砂浆制作、运输 2.砌砖 3.刮缝 4.材料运输
010401010	多孔砖柱				

续表

项目编码	项目名称	项目特征	计量单位	工程量计算规则	工程内容
010401011	砖检查井	1.井截面、深度 2.砖品种、规格、强度等级 3.垫层材料种类、厚度 4.底板厚度 5.井盖安装 6.混凝土强度等级 7.砂浆强度等级 8.防潮层材料种类	座	按设计图示数量计算	1.砂浆制作、运输 2.铺设垫层 3.底板混凝土制作、运输、浇筑、振捣、养护 4.砌砖 5.刮缝 6.井池底、壁抹灰 7.抹防潮层 8.材料运输
010401012	零星砌砖	1.零星砌砖名称、部位 2.砖品种、规格、强度等级 3.砂浆强度等级、配合比	1.m^3 2.m^2 3.m 4.个	1.以三次方米计量，按设计图示尺寸截面积乘以长度计算 2.以平方米计量，按设计图示尺寸水平投影面积计算 3.以米计量，按设计图示尺寸长度计算 4.以个计量，按设计图示数量计算	1.砂浆制作、运输 2.砌砖 3.刮缝 4.材料运输
010401013	砖散水、地坪	1.砖品种、规格、强度等级 2.垫层材料种类、厚度 3.散水、地坪厚度 4.面层种类、厚度 5.砂浆强度等级	m^2	按设计图示尺寸以面积计算	1.土方挖、运、填 2.地基找平、夯实 3.铺设垫层 4.砌砖散水、地坪 5.抹砂浆面层
010401014	砖地沟、明沟	1.砖品种、规格、强度等级 2.沟截面尺寸 3.垫层材料种类、厚度 4.混凝土强度等级 5.砂浆强度等级	m	以米计量，按设计图示以中心线长度计算	1.土方挖、运、填 2.铺设垫层 3.底板混凝土制作、运输、浇筑、振捣、养护 4.砌砖 5.刮缝、抹灰 6.材料运输

知识链接

台阶、台阶挡墙、梯带、锅台、炉灶、蹲台、池槽、池槽腿、砖胎模、花台、花池、楼梯栏板、阳台栏板、地垄墙、≤0.3m^2孔洞填塞等，应按零星砌砖项目编码列项。砖砌锅台与炉灶可按外形尺寸以个计算，砖砌台阶可按水平投影面积以平方米计算，小便槽、地垄墙可按长度计算，其他工程以三次方米计算。

课堂案例

某单层建筑物如图6-1、图6-2所示，墙身为M5.0混合砂浆砌筑MU7.5标准黏土砖，内外墙厚均为240mm，外墙瓷砖贴面，GZ从基础圈梁到女儿墙顶，门窗洞口上全部采用预制钢筋混凝土过梁。M1设计图示尺寸为1500mm×2700mm；M2设计图示尺寸为1000mm×2700mm；C1设计图示尺寸为1800mm×1800mm；C2设计图示尺寸为1500mm×1800mm。

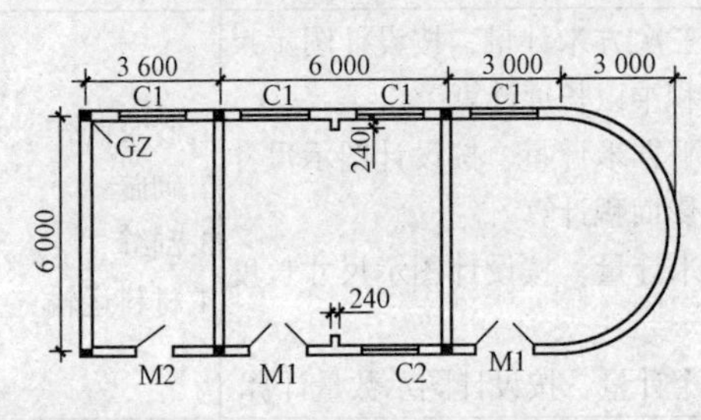

图6-1 某单层建筑物平面图

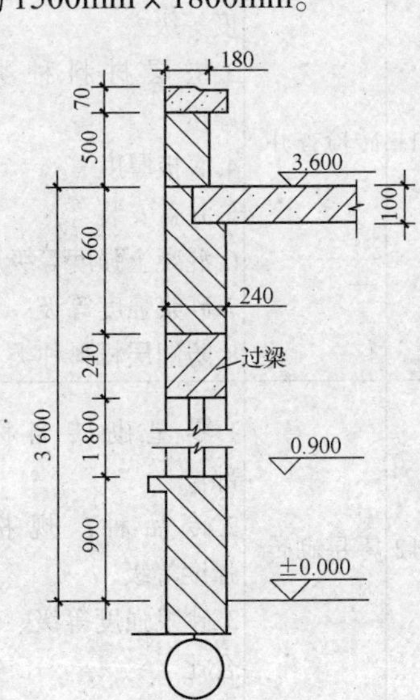

图6-2 某单层建筑物墙身节点详图

问题：

试计算该工程砖砌体的工程量。

分析：

实心砖墙的工程数量计算公式如下。

（1）外墙：$V_{外}=（H_{外}\times L_{中}-F_{洞}）\times b+V_{增减}$

（2）内墙：$V_{内}=（H_{内}\times L_{净}-F_{洞}）\times b+V_{增减}$

（3）女儿墙：$V_{女}=H_{女}\times L_{中}\times b+V_{增减}$

（4）砖围墙：高度算至压顶上表面（如有混凝土压顶则算至压顶下表面），围墙柱并入围墙体积内计算。

实心砖墙的工程数量计算如下。

（1）240mm厚，3.6m高，M5.0混合砂浆砌筑MU7.5标准黏土砖，原浆勾缝外墙工程数量计算如下。

$$H_{外}=3.6\text{m}$$

$$L_{中}=6+（3.6+9）\times 2+\pi\times 3-0.24\times 6+0.24\times 2=39.66（\text{m}）$$

应扣除门窗洞口工程数量：

$$F_{洞}=1.5\times 2.7\times 2+1\times 2.7\times 1+1.8\times 1.8\times 4+1.5\times 1.8\times 1=26.46（\text{m}^2）$$

应扣除钢筋混凝土过梁体积：

$$V=［（1.5+0.5）\times 2+（1.0+0.5）\times 1+（1.8+0.5）\times 4+（1.5+0.5）\times 1］\times 0.24\times 0.24=0.96（\text{m}^3）$$

工程量： $V=（3.6\times 39.66-26.46）\times 0.24-0.96=26.96（\text{m}^3）$

其中弧形墙工程量$=3.6\times\pi\times3\times0.24=8.14$（$m^3$）

（2）240mm厚，3.6m高，M5.0混合砂浆砌筑MU7.5标准黏土砖，原浆勾缝内墙工程数量计算如下。

$$H_{内}=3.6m，L_{净}=(6-0.24)\times2=11.52（m）$$

工程量：$V=3.6\times11.52\times0.24=9.95$（$m^3$）

（3）180mm厚，0.5m高，M5.0混合砂浆砌筑MU7.5标准黏土砖，原浆勾缝女儿墙工程数量计算如下。

$$H=0.5m$$

$$L_{中}=6.06+(3-63+9)\times2+\pi\times3.03-0.24\times6=39.40（m）$$

工程量：$V=0.5\times39.40\times0.18=3.55$（$m^3$）

（二）砌块砌体（编码：010402）

砌块砌体工程量清单项目设置及工程量计算规则见表6-12。

表6-12　砌块砌体（编码：010402）

项目编码	项目名称	项目特征	计量单位	工程量计算规则	工程内容
010402001	砌块墙	1.砌块品种、规格、强度等级 2.墙体类型 3.砂浆强度等级	m^3	按设计图示尺寸以体积计算 扣除门窗、洞口、嵌入墙内的钢筋混凝土柱、梁、圈梁、挑梁、过梁及凹进墙内的壁龛、管槽、暖气槽、消火栓箱所占体积，不扣除梁头、板头、檩头、垫木、木楞头、沿缘木、木砖、门窗走头、砌块墙内加固钢筋、木筋、铁件、钢管及单个面积≤0.3m^2的孔洞所占的体积。凸出墙面的腰线、挑檐、压顶、窗台线、虎头砖、门窗套的体积亦不增加。凸出墙面的砖垛并入墙体体积内计算 1.墙长度。外墙按中心线、内墙按净长计算 2.墙高度 （1）外墙。斜（坡）屋面无檐口天棚者算至屋面板底；有屋架且室内外均有天棚者算至屋架下弦底另加200mm；无天棚者算至屋架下弦底另加300mm，出檐宽度超过600mm时按实砌高度计算；有钢筋混凝土楼板隔层者算至板顶；平屋面算至钢筋混凝土板底	1.砂浆制作、运输 2.砌砖、砌块 3.勾缝 4.材料运输

续表

项目编码	项目名称	项目特征	计量单位	工程量计算规则	工程内容
010402001	砌块墙	1.砌块品种、规格、强度等级 2.墙体类型 3.砂浆强度等级	m^3	（2）内墙。位于屋架下弦者，算至屋架下弦底；无屋架者算至天棚底另加100mm；有钢筋混凝土楼板隔层者算至楼板顶；有框架梁时算至梁底 （3）女儿墙。从屋面板上表面算至女儿墙顶面（有混凝土压顶时算至压顶下表面） （4）内、外山墙。按其平均高度计算 3.框架间墙。不分内外墙按墙体净尺寸以体积计算。 4.围墙。高度算至压顶上表面（有混凝土压顶时算至压顶下表面），围墙柱并入围墙体积内	1.砂浆制作、运输 2.砌砖、砌块 3.勾缝 4.材料运输
010402002	砌块柱			按设计图示尺寸以体积计算。 扣除混凝土及钢筋混凝土梁垫、梁头、板头所占体积	

（三）石砌体（编码：010403）

石砌体工程量清单项目设置及工程量计算规则见表6-13。

表6-13 石砌体（编码：010403）

项目编码	项目名称	项目特征	计量单位	工程量计算规则	工程内容
010403001	石基础	1.石料种类、规格 2.基础类型 3.砂浆强度等级	m^3	按设计图示尺寸以体积计算 包括附墙垛基础宽出部分体积，不扣除基础砂浆防潮层及单个面积≤0.3m^{2}的孔洞所占体积，靠墙暖气沟的挑檐不增加体积。基础长度，外墙按中心线、内墙按净长计算	1.砂浆制作、运输 2.吊装 3.砌石 4.防潮层铺设 5.材料运输
010403002	石勒脚	1.石料种类、规格 2.石表面加工要求 3.勾缝要求 4.砂浆强度等级、配合比		按设计图示尺寸以体积计算。扣除单个面积>0.3m^{2}的孔洞所占的体积	1.砂浆制作、运输 2.吊装 3.砌石 4.石表面加工 5.勾缝 6.材料运输

续表

项目编码	项目名称	项目特征	计量单位	工程量计算规则	工程内容
010403003	石墙	1.石料种类、规格 2.石表面加工要求 3.勾缝要求 4.砂浆强度等级、配合比	m^3	按设计图示尺寸以体积计算 扣除门窗、洞口、嵌入墙内的钢筋混凝土柱、梁、圈梁、挑梁、过梁及凹进墙内的壁龛、管槽、暖气槽、消火栓箱所占体积，不扣除梁头、板头、檩头、垫木、木楞头、沿缘木、木砖、门窗走头、石墙内加固钢筋、木筋、铁件、钢管及单个面积≤$0.3m^2$的孔洞所占的体积。凸出墙面的腰线、挑檐、压顶、窗台线、虎头砖、门窗套的体积亦不增加。凸出墙面的砖垛并入墙体体积内计算 1.墙长度。外墙按中心线、内墙按净长计算 2.墙高度 （1）外墙。斜（坡）屋面无檐口天棚者算至屋面板底；有屋架且室内外均有天棚者算至屋架下弦底另加200mm；无天棚者算至屋架下弦底另加300mm，出檐宽度超过600mm时按实砌高度计算；有钢筋混凝土楼板隔层者算至板顶；平屋顶算至钢筋混凝土板底 （2）内墙。位于屋架下弦者，算至屋架下弦底；无屋架者算至天棚底另加100mm；有钢筋混凝土楼板隔层者算至楼板顶；有框架梁时算至梁底 （3）女儿墙。从屋面板上表面算至女儿墙顶面（有混凝土压顶时算至压顶下表面） （4）内、外山墙。按其平均高度计算 3.围墙。高度算至压顶上表面（有混凝土压顶时算至压顶下表面），围墙柱并入围墙体积内	1.砂浆制作、运输 2.吊装 3.砌石 4.石表面加工 5.勾缝 6.材料运输

续表

项目编码	项目名称	项目特征	计量单位	工程量计算规则	工程内容
010403004	石挡土墙	1.石料种类、规格 2.石表面加工要求 3.勾缝要求 4.砂浆强度等级、配合比	m^3	按设计图示尺寸以体积计算	1.砂浆制作、运输 2.吊装 3.砌石 4.变形缝、泄水孔、压顶抹灰 5.滤水层 6.勾缝 7.材料运输
010403005	石柱				1.砂浆制作、运输 2.吊装 3.砌石 4.石表面加工 5.勾缝 6.材料运输
010403006	石栏杆		m	按设计图示以长度计算	
010403007	石护坡	1.垫层材料种类、厚度 2.石料种类、规格 3.护坡厚度、高度 4.石表面加工要求 5.勾缝要求 6.砂浆强度等级、配合比	m^3	按设计图示尺寸以体积计算	
010403008	石台阶				1.铺设垫层 2.石料加工 3.砂浆制作、运输 4.砌石 5.石表面加工 6.勾缝 7.材料运输
010403009	石坡道		m^2	按设计图示以水平投影面积计算	
010403010	石地沟、明沟	1.沟截面尺寸 2.土壤类别、运距 3.垫层材料种类、厚度 4.石料种类、规格 5.石表面加工要求 6.勾缝要求 7.砂浆强度等级、配合比	m	按设计图示以中心线长度计算	1.土方挖、运 2.砂浆制作、运输 3.铺设垫层 4.砌石 5.石表面加工 6.勾缝 7.回填 8.材料运输

小技巧

（1）“石基础”项目适用于各种规格（粗料石、细料石等）、各种材质（砂石、青石等）和各种类型（柱基、墙基、直形、弧形等）基础。

（2）“石勒脚”“石墙”项目适用于各种规格（粗料石、细料石等）、各种材质（砂石、青石、大理石、花岗石等）和各种类型（直形、弧形等）勒脚和墙体。

（3）“石挡土墙”项目适用于各种规格（粗料石、细料石、块石、毛石、卵石等）、各种材质（砂石、青石、石灰石等）和各种类型（直形、弧形、台阶形等）挡土墙。

（4）“石柱”项目适用于各种规格、各种石质、各种类型的石柱。

（5）“石栏杆”项目适用于无雕饰的一般石栏杆。

（6）“石护坡”项目适用于各种石质和各种石料（粗料石、细料石、片石、块石、毛石、卵石等）。

（7）“石台阶”项目包括石梯带（垂带），不包括石梯膀，石梯膀按石挡土墙项目编码列项。

（四）垫层（编码：010404）

垫层工程量清单项目设置及工程量计算规则见表6-14。

表6-14 垫层（编码：010404）

项目编码	项目名称	项目特征	计量单位	工程量计算规则	工程内容
010404001	垫层	垫层材料种类、配合比、厚度	m^3	按设计图示尺寸以三次方米计算	1.垫层材料的拌制 2.垫层铺设 3.材料运输

学习单元4 计算混凝土及钢筋混凝土工程工程量

知识目标

（1）了解混凝土及钢筋混凝土工程的主要内容。

（2）熟悉工程量清单项目设置及工程量计算规则。

技能目标

（1）通过本单元的学习，能够清楚混凝土及钢筋混凝土工程的主要内容。

（2）能够清楚工程量清单项目的设置及工程量计算规则。

基础知识

一、混凝土及钢筋混凝土工程的主要内容

混凝土及钢筋混凝土工程工程量清单项目共16节76个项目，包括现浇混凝土、预制混凝土、钢筋三大部分。混凝土及钢筋混凝土工程适用于建筑物和构筑物的混凝土工程，包括各种

现浇混凝土构件、预制混凝土构件及钢筋工程、螺栓铁件等项目，即均是以实体来命名的项目。而钢筋混凝土构件在施工中所需的模板，因为是非实体项目，所以应在措施项目清单中列出。

（一）现浇混凝土基础

现浇混凝土基础分为带形基础、独立基础、满堂基础、设备基础、桩承台基础、垫层。其中，带形基础项目适用于有肋式、无肋式及浇筑在一字排桩上面的带形基础；独立基础项目适用于块体柱基、杯基、壳体基础、电梯井基础等；满堂基础项目适用于箱式基础、筏片基础等；设备基础项目适用于设备的块体基础、框架式基础等；桩承台基础项目适用于浇筑在组桩（如梅花桩）上的承台；垫层项目适用于各种基础下的混凝土垫层。

1. 工程量计算

各种基础按设计图示尺寸以体积计算。不扣除构件内钢筋、预埋铁件和伸入承台基础的桩头所占体积。

垫层位于基础之下，其工程量按设计图示尺寸以体积计算。当为带形基础时，其中外墙基础下垫层长取外墙中心线长，内墙基础下垫层长取内墙基础垫层下净长。

2. 项目特征

项目特征描述混凝土强度等级、混凝土拌和料要求（商品混凝土、现场搅拌混凝土等），以及砂浆强度等级。

3. 工程内容

工程内容包含混凝土制作、运输、浇筑、振捣、养护，地脚螺栓二次灌浆。

小 提 示

（1）有肋带形基础、无肋带形基础应分别编码列项，并注明肋高。

（2）箱式满堂基础可按满堂基础、柱、梁、墙、板分别编码列项，计算其工程量。

（3）框架式设备基础可按设备基础、柱、梁、墙、板分别编码列项，计算其工程量。

（二）现浇混凝土柱

现浇混凝土柱分为矩形柱、异形柱，该项目适用于各种结构形式下的柱。

1. 工程量计算

现浇混凝土柱工程量按设计图示尺寸以体积计算，不扣除构件内的钢筋、预埋铁件所占的体积。其工程量计算式如下：

$$V=柱断面面积\times 柱高 \tag{6.9}$$

式中，柱高的计算规则如下。

（1）有梁板的柱高，应自柱基上表面（或楼板上表面）至上一层楼板上表面之间的高度计算。

（2）无梁板的柱高，应自柱基上表面（或楼板上表面）至柱帽下表面高度计算。

（3）框架柱的柱高，应自柱基上表面至柱顶高度计算。

（4）构造柱按全高计算，嵌接墙体部分并入柱身体积。

知识链接

有梁板，是指现浇密肋板、井字梁板（即由同一平面内相互正交或斜交的梁与板所组成的结构构件）。

无梁板，是指没有梁、直接支撑在柱上的板。柱帽体积计入板工程量内。

2. 项目特征

项目特征描述柱高度、柱截面尺寸、混凝土强度等级、混凝土拌和料要求。

3. 工程内容

工程内容包含混凝土制作、运输、浇筑、振捣、养护。

小提示

（1）构造柱按矩形柱项目编码列项。

（2）薄壁柱也称隐壁柱，指在框剪结构中，隐藏在墙体中的钢筋混凝土柱。单独的薄壁柱根据其截面形状，确定以矩形柱或异形柱编码列项。

（3）依附柱上的牛腿和升板的柱帽，并入柱身体积内计算。其中，升板建筑是指利用房屋自身网状排列的承重柱作为导杆，将就地叠层生产的大面积楼板由下而上逐层提升、就位固定的一种方法。升板的柱帽是指升板建筑中联结板与柱之间的构件。

（4）混凝土柱上的钢牛腿按金属结构工程中的零星钢构件编码列项。

（三）现浇混凝土梁

现浇混凝土梁分基础梁、矩形梁、异形梁、圈梁、过梁及弧形梁、拱形梁。其中，基础梁项目适用于独立基础架设的、承受上部墙传来荷载的梁；圈梁项目适用于为了加强结构整体性，构造上要求设置的封闭型的水平梁；过梁项目适用于建筑物门窗洞口上所设置的梁；矩形梁、异形梁、弧形梁及拱形梁项目，适用于除了以上三种梁外的截面为矩形、异形及形状为弧形、拱形的梁。

1. 工程量计算

现浇混凝土梁工程量按设计图示尺寸以体积计算。不扣除构件内的钢筋、预埋铁件等所占的体积，伸入墙内（砌筑墙）的梁头、梁垫并入梁体积内。其工程量计算式为

$$V=\text{梁断面面积}\times\text{梁长} \tag{6.10}$$

式中，梁长按如下规定计算。

（1）梁与柱连接：算至柱侧面。

（2）主梁与次梁连接：次梁算至主梁侧面（即截面小的梁长算至截面大的梁侧面）。

（3）圈梁：外墙圈梁长取外墙中心线长（当圈梁截面宽同外墙宽时），内墙圈梁长取内墙净长线。

2. 项目特征

项目特征描述梁底标高、梁截面、混凝土强度等级、混凝土拌和料要求。

3. 工程内容

工程内容包含混凝土制作、运输、浇筑、振捣、养护。

（四）现浇混凝土墙

现浇混凝土墙分为直形墙和弧形墙。直形墙、弧形墙两个项目除了适用墙项目外，也适用于电梯井。

1. 工程量计算

现浇混凝土墙工程量按设计图示尺寸以体积计算。不扣除构件内的钢筋、预埋铁件等所占的体积，扣除门窗洞口及单个面积超过0.3 m^2孔洞所占的体积，墙垛及突出墙面部分并入墙体体积内计算。

2. 项目特征

项目特征描述墙类型、墙厚度、混凝土强度等级、混凝土拌和料要求。

3. 工程内容

工程内容包含混凝土制作、运输、浇筑、振捣、养护。

小 提 示

与墙相连的薄壁柱按墙项目编码列项。

（五）现浇混凝土板

现浇混凝土板分有梁板、无梁板、平板、拱板、薄壳板、栏板、挑檐板、阳台板等。其中，有梁板项目适用于密肋板、井字梁板；无梁板项目适用于直接支撑在柱上的板；平板项目适用于直接支撑在墙上（或圈梁上）的板；栏板项目适用于楼梯或阳台上所设的安全防护板；其他板项目适用于除了以上各种板外的其他板。

1. 工程量计算

现浇混凝土板工程量按设计图示尺寸以体积计算。不扣除构件内的钢筋、预埋铁件及单个面积在0.3 m^2以内的孔洞所占的体积。

（1）有梁板按梁、板体积之和计算。

（2）无梁板按板和柱帽体积之和计算，其公式为

$$V=\text{板体积}+\text{柱帽体积} \tag{6.11}$$

因柱帽形状为倒置的四棱台，所以其体积计算方法同独立基础计算方法。

（3）薄壳板按板、肋和基梁体积之和计算。

（4）各类板伸入墙内的板称为平板，其板头并入板体积计算，其公式为

$$V=\text{板长}\times\text{板宽}\times\text{板厚} \tag{6.12}$$

式中，板长取全长，板宽取全宽。

（5）天沟、挑檐板按设计图示尺寸以体积计算。当天沟、挑檐板与板（屋面板）连接时，以外墙的外边线为界，与圈梁（包括其他梁）连接时，以梁的外边线为界，外边线以外为天沟、挑檐。

（6）雨篷和阳台板按设计图示尺寸以体积计算（包括伸出墙外的牛腿和雨篷反挑檐的体积）。雨篷、阳台与板（楼板、屋面板）连接时，以外墙的外边线为界，与圈梁（包括其他梁）连接时，以梁的外边线为界，外边线以外为雨篷、阳台。

（7）其他板按设计图示尺寸以体积计算。

小 提 示

混凝土板采用浇筑复合高强薄型空心管，其工程量应扣除管所占体积，复合高强薄型空心管应包括在混凝土板内。采用轻质材料浇筑在有梁板内时，轻质材料应包括在内。

2. 项目特征

项目特征描述板底标高、板底厚、混凝土强度等级、混凝土拌和料要求。

3. 工程内容

工程内容包含混凝土制作、运输、浇筑、振捣、养护。

（六）现浇混凝土楼梯

现浇混凝土楼梯分直行楼梯和弧形楼梯。

1. 工程量计算

现浇混凝土楼梯工程量按设计图示尺寸以水平投影面积计算，不扣除宽度小于500mm的楼梯井，伸入墙内部分不计算。

小 提 示

楼梯水平投影面积包括休息平台、平台梁、斜梁以及楼梯与楼板连接的梁。当整体楼梯与现浇楼板无梯梁连接时，以楼梯的最后一个踏步边缘加300mm为界。

2. 项目特征

项目特征描述混凝土强度等级、混凝土拌和料要求。

3. 工程内容

工程内容包含混凝土制作、运输、浇筑、振捣、养护。

（七）现浇混凝土其他构件

现浇混凝土其他构件包括其他构件，散水、坡道，电缆沟、地沟。其中，其他构件项目适用于小型池槽、压顶（加强稳定封顶的构件，较宽）、扶手（依附之用的扶握构件，较窄）、垫块、台阶、门框等；散水、坡道项目适用于结构层为混凝土的散水、坡道；电缆沟、地沟项目适用于沟壁为混凝土的地沟项目。

1. 工程量计算

（1）扶手、压顶工程量按长度（包括伸入墙内的长度）计算工程量。

（2）台阶按水平投影面积计算工程量，但台阶与平台连接时，其分界线以最上层踏步外沿加300mm计算。

（3）小型池槽、门框等按设计图示尺寸以体积计算工程量，不扣除构件内钢筋、预埋铁件等所占体积。

（4）散水、坡道按设计图示尺寸以面积计算工程量。不扣除单个面积0.3m^{2}以内孔洞所占的体积。

（5）电缆沟、地沟按设计图示尺寸以中心线长度计算工程量。

2. 项目特征

（1）其他构件描述构件的类型、构件规格、混凝土强度等级、混凝土拌和料要求。

（2）散水、坡道描述垫层材料种类、厚度，面层厚度，混凝土强度等级，混凝土拌和料要求，填塞材料种类。

（3）电缆沟、地沟描述沟截面，垫层材料种类、厚度，混凝土强度等级，混凝土拌和料要求，防护材料种类。

3. 工程内容

（1）其他构件包含混凝土制作、运输、浇筑、振捣、养护。

（2）散水、坡道包含地基夯实，铺设垫层，混凝土制作、运输、浇筑、振捣、养护，变形缝填塞。

（3）电缆沟、地沟包含挖运土方，铺设垫层，混凝土制作、运输、浇筑、振捣、养护，刷防护材料。

小 提 示

（1）散水、坡道项目内包含垫层、结构层、面层及变形缝的填塞等内容。

（2）电缆沟、地沟项目内包含挖运土石方、铺设垫层、混凝土浇筑等内容。若电缆沟、地沟的挖运土石方按管沟土方编码列项，则此项目不再考虑挖运土石方。

（3）散水、坡道、电缆沟、地沟需抹灰时，其费用应包含在报价内。

（八）后浇带

后浇带是一种刚性变形缝，适用于不允许留设柔性变形缝的部位。后浇带的浇筑应待两侧结构的主体混凝土干缩变形稳定后进行，一般宽在700 mm~1 000 mm。后浇带项目适用于基础（满堂式）、梁、墙、板的后浇带。

1. 工程量计算

后浇带工程量按设计图示尺寸以体积计算。

2. 项目特征

项目特征描述混凝土强度等级、混凝土拌和料要求。

3. 工程内容

工程内容包含混凝土制作、运输、浇筑、振捣、养护。

（九）预制混凝土柱

预制混凝土柱分为矩形柱和异形柱。

1. 工程量计算

预制混凝土柱工程量按设计图示尺寸以体积计算，不扣除构件内钢筋、预埋铁件等所占体积；或按设计图示尺寸以数量计算。

2. 项目特征

项目特征描述柱类型、单件体积、安装高度、混凝土等级强度、砂浆强度等级。

3. 工程内容

工程内容包含混凝土制作、运输、浇筑、振捣、养护，构件制作、运输，构件安装，砂浆制作、运输，接头灌缝、养护。

小提示

预制构件的制作、运输、安装、接头灌缝等工序都应包括在相应项目内，不需分别编码列项。但其吊装机械（如履带式起重机、塔式起重机等）不应包含在内，应列入措施项目费中。

（十）预制混凝土梁

预制混凝土梁分为矩形梁、异形梁、拱形梁等6个清单项目。

1. 工程量计算

预制混凝土梁工程量按设计图示尺寸以体积计算，不扣除构件内钢筋、预埋铁件等所占体积。相同截面、长度的预制混凝土梁，其工程量可按"根数"计算。

2. 项目特征

项目特征描述单件体积、安装高度、混凝土强度等级、砂浆强度等级。

3. 工程内容

预制混凝土梁工程内容同预制混凝土柱。

（十一）预制混凝土屋架

预制混凝土屋架分折线型屋架、组合式屋架、薄腹型屋架等。

1. 工程量计算

预制混凝土屋架工程量按设计图示尺寸以体积计算，不扣除构件内钢筋、预埋铁件等所占体积。相同类型、相同跨度的预制混凝土屋架，其工程量可按"榀数"计算。

小提示

组合屋架中钢杆件应按金属结构工程中相应项目编码列项，工程量按质量以"吨"计算。

2. 项目特征

项目特征描述屋架的类型、跨度，单件体积，安装高度，混凝土强度等级，砂浆强度等级。

3. 工程内容

预制混凝土屋架工程内容同预制混凝土柱。

（十二）预制混凝土板

预制混凝土板分平板、空心板、网架板、沟盖板、井圈等项目。

1. 工程量计算

预制混凝土板工程量按设计图示尺寸以体积计算，不扣除构件内钢筋、预埋铁件及楼板（屋面板）中单个尺寸300mm×300mm以内孔洞所占的体积，但空心板中空洞体积要扣除。同类型同规格的预制混凝土板、沟盖板的工程量可按"块数"计算，混凝土井圈、井盖板的工程量可按"套数"计算。

2. 项目特征

项目特征描述构件尺寸、安装高度、混凝土强度等级、砂浆强度等级。

3. 工程内容

预制混凝土板工程内容同预制混凝土柱。升板建筑要考虑升板提升。

（十三）预制混凝土楼梯

1. 工程量计算

预制混凝土楼梯工程量按设计图示尺寸以体积计算，不扣除构件内钢筋、预埋铁件等所占体积，扣除空心踏步板空洞体积。

2. 项目特征

项目特征描述楼梯类型、单件体积、混凝土强度等级、砂浆强度等级。

3. 工程内容

预制混凝土楼梯工程内容同预制混凝土柱。

（十四）其他预制构件

其他预制构件分烟道、垃圾道、通风道，其他构件及水磨石构件3个项目。其中其他构件指的是预制小型池槽、压顶、扶手、垫块、隔热板、花格等构件。

1. 工程量计算

其他预制构件工程量按设计图示尺寸以体积计算，不扣除构件内钢筋、预埋铁件及单个尺寸300mm × 300mm以内孔洞所占的体积，扣除烟道、垃圾道、通风道的孔洞所占的体积。

2. 项目特征

（1）烟道、垃圾道、通风道描述构件类型、单件体积、安装高度、混凝土强度等级、砂浆强度等级。

（2）其他构件、水磨石构件描述构件类型，单件体积，水磨石面层厚度，安装高度，混凝土强度等级，水泥石子浆配合比，石子品种、规格、颜色，酸洗、打蜡要求。

3. 工程内容

工程内容包含混凝土制作、运输、浇筑、振捣、养护、构件制作、运输、构件安装，砂浆制作运输，接头灌缝、养护，酸洗、打蜡。

（十五）钢筋工程

钢筋工程分现浇构件钢筋、预制构件钢筋、预应力钢筋、钢丝、钢绞线等8个项目。

1. 现浇及预制构件钢筋

（1）工程量计算。

钢筋工程工程量按设计图示尺寸钢筋（网）长度（面积）乘以单位理论质量以吨计算，计算式如下：

$$钢筋工程量=钢筋长度 \times 钢筋每米长质量 \tag{6.13}$$

小提示

现浇构件中固定位置的支撑钢筋、双层钢筋用的“铁马”、伸出构件的锚固钢筋、钢筋连接时的搭接长度、预制构件的吊钩等，应并入钢筋工程量内。

（2）项目特征。

项目特征描述钢筋种类、规格。

（3）工程内容。

工程内容包含钢筋制作、运输、安装。

2. 先张法预应力钢筋

（1）工程量计算。

先张法预应力钢筋工程量按设计图示尺寸钢筋长度乘以单位理论质量以吨计算。

（2）项目特征。

项目特征描述钢筋种类、规格、锚具种类。

（3）工程内容。

工程内容包含钢筋制作、运输、张拉。

3. 后张法预应力钢筋、钢丝、钢绞线

（1）工程量计算。

后张法预应力钢筋工程量按设计图示尺寸以钢筋（钢丝束、钢绞线）长度乘以单位理论质量以吨计算。

① 低合金钢筋两端均采用螺杆锚具时，钢筋长度按孔道长度减0.35m计算，螺杆另行计算。

② 低合金钢筋一端采用墩头插片，另一端采用螺杆锚具时，钢筋长度按孔道长度计算，螺杆另行计算。

③ 低合金钢筋一端采用墩头插片，另一端采用帮条锚具时，钢筋长度按孔道长度增加0.15m计算；两端均采用帮条锚具时，钢筋长度按孔道长度增加0.3m计算。

④ 低合金钢筋（钢绞线）采用JM、XM、QM型锚具，孔道长度在20m以内时，钢筋长度按孔道长度增加1m计算；孔道长度在20m以上时，钢筋（钢绞线）长度按孔道长度增加1.8m计算。

⑤ 低合金钢筋采用后张混凝土自锚时，钢筋长度按孔道长度增加0.35m计算。

⑥ 碳素钢丝采用锥形锚具，孔道长度在20m以内时，钢丝束长度按孔道长度增加1m计算；孔道长度在20m以上时，钢丝束长度按孔道长度增加1.8m计算。

⑦ 碳素钢丝束采用墩头锚具时，钢丝束长度按孔道长度增加0.35m计算。

（2）项目特征。

项目特征描述钢筋种类、规格，钢丝束种类、规格，钢绞线种类、规格，锚具种类，砂浆强度等级。

（3）工程内容。

工程内容包含钢筋、钢丝束、钢绞线制作、运输，钢筋、钢丝束、钢绞线安装，预埋管孔道铺设，锚具安装，砂浆制作、运输，孔道压浆、养护。

（十六）螺栓、铁件

1. 工程量计算

螺检、铁件工程量按设计图示尺寸以质量（吨）计算。

2. 项目特征

项目特征描述钢材种类、规格，螺栓长度，铁件尺寸。

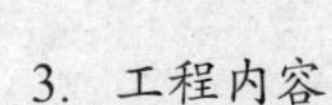

3. 工程内容

工程内容包含螺栓（铁件）制作、运输，螺栓（铁件）安装。

二、工程量清单项目的设置及工程量计算规则

（一）现浇混凝土基础（编码：010501）

现浇混凝土基础工程量清单项目设置及工程量计算规则见表6–15。

表6–15　现浇混凝土基础（编码：010501）

项目编码	项目名称	项目特征	计量单位	工程量计算规则	工程内容
010501001	垫层	1.混凝土种类 2.混凝土强度等级	m^3	按设计图示尺寸以体积计算。不扣除伸入承台基础的桩头所占体积	1.模板及支撑制作、安装、拆除、堆放、运输及清理模内杂物、刷隔离剂等 2.混凝土制作、运输、浇筑、振捣、养护
010501002	带形基础				
010501003	独立基础				
010501004	满堂基础				
010501005	桩承台基础				
010501006	设备基础	1.混凝土种类 2.混凝土强度等级 3.灌浆材料及其强度等级			

（二）现浇混凝土柱（编码：010502）

现浇混凝土柱工程量清单项目设置及工程量计算规则见表6–16。

表6–16　现浇混凝土柱（编码：010502）

项目编码	项目名称	项目特征	计量单位	工程量计算规则	工程内容
010502001	矩形柱	1.混凝土种类 2.混凝土强度等级	m^3	按设计图示尺寸以体积计算 柱高 1．有梁板的柱高，应自柱基上表面（或楼板上表面）至上一层楼板上表面之间的高度计算 2.无梁板的柱高，应自柱基上表面（或楼板上表面）至柱帽下表面之间的高度计算 3.框架柱的柱高，应自柱基上表面至柱顶高度计算 4.构造柱按全高计算，嵌接墙体部分（马牙槎）并入柱身体积 5.依附柱上的牛腿和升板的柱帽，并入柱身体积计算	1.模板及支架（撑）制作、安装、拆除、堆放、运输及清理模内杂物、刷隔离剂等 2.混凝土制作、运输、浇筑、振捣、养护
010502002	构造柱				
010502003	异形柱	1.柱形状 2.混凝土种类 3.混凝土强度等级			

（三）现浇混凝土梁（编码：010503）

现浇混凝土梁工程量清单项目设置及工程量计算规则见表6–17。

表6–17 现浇混凝土梁（编码：010503）

项目编码	项目名称	项目特征	计量单位	工程量计算规则	工程内容
010503001	基础梁	1.混凝土种类 2.混凝土强度等级	m^3	按设计图示尺寸以体积计算。伸入墙内的梁头、梁垫并入梁体积内。 梁长计算规则如下。 1.梁与柱连接时，梁长算至柱侧面 2.主梁与次梁连接时，次梁长算至主梁侧面	1.模板及支架（撑）制作、安装、拆除、堆放、运输及清理模内杂物、刷隔离剂等 2.混凝土制作、运输、浇筑、振捣、养护
010503002	矩形梁				
010503003	异形梁				
010503004	圈梁				
010503005	过梁				
010503006	弧形、拱形梁				

（四）现浇混凝土墙（编码：010504）

现浇混凝土墙工程量清单项目设置及工程量计算规则见表6–18。

表6–18 现浇混凝土墙（编码：010504）

项目编码	项目名称	项目特征	计量单位	工程量计算规则	工程内容
010504001	直形墙	1.混凝土种类 2.混凝土强度等级	m^3	按设计图示尺寸以体积计算。 扣除门窗洞口及单个面积 $>0.3m^2$ 的孔洞所占体积，墙垛及突出墙面部分并入墙体体积计算	1.模板及支架（撑）制作、安装、拆除、堆放、运输及清理模内杂物、刷隔离剂等 2.混凝土制作、运输、浇筑、振捣、养护
010504002	弧形墙				
010504003	短肢剪力墙				
010504004	挡土墙				

小提示

短肢剪力墙是指截面厚度不大于300mm、各肢截面高度与厚度之比的最大值大于4但不大于8的剪力墙；各肢截面高度与厚度之比的最大值不大于4的剪力墙按柱项目编码列项。

（五）现浇混凝土板（编码：010505）

现浇混凝土板工程量清单项目设置及工程量计算规则见表6–19。

表6-19 现浇混凝土板（编码：010505）

项目编码	项目名称	项目特征	计量单位	工程量计算规则	工程内容
010505001	有梁板	1.混凝土种类 2.混凝土强度等级	m^3	按设计图示尺寸以体积计算，不扣除单个面积≤$0.3m^2$的柱、垛以及孔洞所占体积。压形钢板混凝土楼板扣除构件内压形钢板所占体积。 有梁板（包括主、次梁与板）按梁、板体积之和计算。无梁板按板和柱帽体积之和计算。各类板伸入墙内的板头并入板体积内。薄壳板的肋、基梁并入薄壳体积内计算	1.模板及支架（撑）制作、安装、拆除、堆放、运输及清理模内杂物、刷隔离剂等 2.混凝土制作、运输、浇筑、振捣、养护
010505002	无梁板				
010505003	平板				
010505004	拱板				
010505005	薄壳板				
010505006	栏板				
010505007	天沟（檐沟）、挑檐板			按设计图示尺寸以体积计算	
010505008	雨篷、悬挑板、阳台板			按设计图示尺寸以墙外部分体积计算，包括伸出墙外的牛腿和雨篷反挑檐的体积	
010505009	空心板			按设计图示尺寸以体积计算。空心板（GBF高强薄壁蜂巢芯板等）应扣除空心部分体积	
010505010	其他板			按设计图示尺寸以体积计算	

小技巧

现浇挑檐、天沟板、雨篷、阳台与板(包括屋面板、楼板)连接时,以外墙外边线为分界线；与圈梁(包括其他梁)连接时,以梁外边线为分界线。外边线以外为挑檐、天沟、雨篷或阳台。

（六）现浇混凝土楼梯（编码：010506）

现浇混凝土楼梯工程量清单项目设置及工程量计算规则见表6-20。

表6-20 现浇混凝土楼梯（编码：010506）

项目编码	项目名称	项目特征	计量单位	工程量计算规则	工程内容
010506001	直形楼梯	1.混凝土种类 2.混凝土强度等级	1.m^2 2.m^3	1.以平方米计量，按设计图示尺寸以水平投影面积计算。不扣除宽度≤500mm的楼梯井，伸入墙内部分不计算 2.以三次方米计量，按设计图示尺寸以体积计算	1.模板及支架（撑）制作、安装、拆除、堆放、运输及清理模内杂物、刷隔离剂等 2.混凝土制作、运输、浇筑、振捣、养护

小提示

整体楼梯（包括直形楼梯、弧形楼梯）水平投影面积包括休息平台、平台梁、斜梁和楼梯的连接梁。当整体楼梯与现浇楼板无梯梁连接时，以楼梯的最后一个踏步边缘加300mm为界。

（七）现浇混凝土其他构件（编码：010507）

现浇混凝土其他构件工程量清单项目设置及工程量计算规则见表6-21。

表6-21　现浇混凝土其他构件（编码：010507）

项目编码	项目名称	项目特征	计量单位	工程量计算规则	工程内容
010507001	散水、坡道	1.垫层材料种类、厚度 2.面层厚度 3.混凝土种类 4.混凝土强度等级 5.变形缝填塞材料种类	m^2	按设计图示尺寸以水平投影面积计算。不扣除单个面积≤$0.3m^2$的孔洞所占面积	1.地基夯实 2.铺设垫层 3.模板及支撑制作、安装、拆除、堆放、运输及清理模内杂物、刷隔离剂等 4.混凝土制作、运输、浇筑、振捣、养护 5.变形缝填塞
010507002	室外地坪	1.地坪厚度 2.混凝土强度等级			
010507003	电缆沟、地沟	1.土壤类别 2.沟截面净空尺寸 3.垫层材料种类、厚度 4.混凝土种类 5.混凝土强度等级 6.防护材料种类	m	按设计图示以中心线长度计算	1.挖填、运土石方 2.铺设垫层 3.模板及支撑制作、安装、拆除、堆放、运输及清理模内杂物、刷隔离剂等 4.混凝土制作、运输、浇筑、振捣、养护 5.刷防护材料
010507004	台阶	1.踏步高、宽 2.混凝土种类 3.混凝土强度等级	1.m^2 2.m^3	1.以平方米计量，按设计图示尺寸水平投影面积计算 2.以三次方米计量，按设计图示尺寸以体积计算	1.模板及支撑制作、安装、拆除、堆放、运输及清理模内杂物、刷隔离剂等 2.混凝土制作、运输、浇筑、振捣、养护
010507005	扶手、压顶	1.断面尺寸 2.混凝土种类 3.混凝土强度等级	1.m 2.m^3	1.以米计量，按设计图示的中心线延长米计算 2.以三次方方米计量，按设计图示尺寸以体积计算	1.模板及支架（撑）制作、安装、拆除、堆放、运输及清理模内杂物、刷隔离剂等 2.混凝土制作、运输、浇筑、振捣、养护

续表

项目编码	项目名称	项目特征	计量单位	工程量计算规则	工程内容
010507006	化粪池、检查井	1.部位 2.混凝土强度等级 3.防水、抗渗要求	1.m^3 2.座	1.按设计图示尺寸以体积计算 2.以座计量，按设计图示数量计算	1.模板及支架（撑）制作、安装、拆除、堆放、运输及清理模内杂物、刷隔离剂等 2.混凝土制作、运输、浇筑、振捣、养护
010507007	其他构件	1.构件的类型 2.构件规格 3.部位 4.混凝土种类 5.混凝土强度等级	m^3		

（八）后浇带（编码：010508）

后浇带工程量清单项目设置及工程量计算规则见表6-22。

表6-22　后浇带（编码：010508）

项目编码	项目名称	项目特征	计量单位	工程量计算规则	工程内容
010508001	后浇带	1.混凝土种类 2.混凝土强度等级	m^3	按设计图示尺寸以体积计算	1.模板及支架（撑）制作、安装、拆除、堆放、运输及清理模内杂物、刷隔离剂等 2.混凝土制作、运输、浇筑、振捣、养护及混凝土交接面、钢筋等的清理

（九）预制混凝土柱（编码：010509）

预制混凝土柱工程量清单项目设置及工程量计算规则见表6-23。

表6-23　预制混凝土柱（编码：010509）

项目编码	项目名称	项目特征	计量单位	工程量计算规则	工程内容
010509001	矩形柱	1.图代号 2.单件体积 3.安装高度 4.混凝土强度等级 5.砂浆（细石混凝土）强度等级、配合比	1.m^3 2.根	1.以三次方米计量，按设计图示尺寸以体积计算 2.以根计量，按设计图示尺寸以数量计算	1.模板及支架（撑）制作、安装、拆除、堆放、运输及清理模内杂物、刷隔离剂等 2.混凝土制作、运输、浇筑、振捣、养护 3.构件运输、安装 4.砂浆制作、运输 5.接头灌缝、养护

（十）预制混凝土梁（编码：0105010）

预制混凝土梁工程量清单项目设置及工程量计算规则见表6-24。

表6-24　预制混凝土梁（编码：010510）

项目编码	项目名称	项目特征	计量单位	工程量计算规则	工程内容
010510001	矩形梁	1.图代号 2.单件体积 3.安装高度 4.混凝土强度等级 5.砂浆（细石混凝土）强度等级、配合比	1.m^3 2.根	1.以三次方米计量，按设计图示尺寸以体积计算 2.以根计量，按设计图示尺寸以数量计算	1.模板制作、安装、拆除、堆放、运输及清理模内杂物、刷隔离剂等 2.混凝土制作、运输、浇筑、振捣、养护 3.构件运输、安装 4.砂浆制作、运输 5.接头灌缝、养护
010510002	异形梁				
010510003	过梁				
010510004	拱形梁				
010510005	鱼腹式吊车梁				
010510006	其他梁				

（十一）预制混凝土屋架（编码：0105011）

预制混凝土屋架工程量清单项目设置及工程量计算规则见表6-25。

表6-25　预制混凝土屋架（编码：010511）

项目编码	项目名称	项目特征	计量单位	工程量计算规则	工程内容
010511001	折线型	1.图代号 2.单件体积 3.安装高度 4.混凝土强度等级 5.砂浆（细石混凝土）强度等级、配合比	1.m^3 2.榀	1.以三次方米计量，按设计图示尺寸以体积计算 2.以榀计量，按设计图示尺寸以数量计算	1.模板制作、安装、拆除、堆放、运输及清理模内杂物、刷隔离剂等 2.混凝土制作、运输、浇筑、振捣、养护 3.构件运输、安装 4.砂浆制作、运输 5.接头灌缝、养护
010511002	组合				
010511003	薄腹				
010511004	门式刚架				
010511005	天窗架				

（十二）预制混凝土板（编码：0105012）

预制混凝土板工程量清单项目设置及工程量计算规则见表6-26。

表6-26　预制混凝土板（编码：0105012）

项目编码	项目名称	项目特征	计量单位	工程量计算规则	工程内容
010512001	平板	1.图代号 2.单件体积 3.安装高度 4.混凝土强度等级 5.砂浆（细石混凝土）强度等级、配合比	1.m^3 2.块	1.以三次方米计量，按设计图示尺寸以体积计算。不扣除单个面积≤300mm×300mm的孔洞所占体积，扣除空心板空洞体积 2.以块计量，按设计图示尺寸以数量计算	1.模板制作、安装、拆除、堆放、运输及清理模内杂物、刷隔离剂等 2.混凝土制作、运输、浇筑、振捣、养护 3.构件运输、安装 4.砂浆制作、运输 5.接头灌缝、养护
010512002	空心板				
010512003	槽形板				
010512004	网架板				
010512005	折线板				
010512006	带肋板				
010512007	大型板				
010512008	沟盖板、井盖板、井圈	1.单件体积 2.安装高度 3.混凝土强度等级 4.砂浆强度等级、配合比	1.m^3 2.块（套）	1.以三次方米计量，按设计图示尺寸以体积计算 2.以块计量，按设计图示尺寸以数量计算	

（十三）预制混凝土楼梯（编码：0105013）

预制混凝土楼梯工程量清单项目设置及工程量计算规则见表6-27。

表6-27　预制混凝土楼梯（编码：0105013）

项目编码	项目名称	项目特征	计量单位	工程量计算规则	工程内容
010513001	楼梯	1.楼梯类型 2.单件体积 3.混凝土强度等级 4.砂浆（细石混凝土）强度等级	1.m^3 2.段	1.以三次方米计量，按设计图示尺寸以体积计算。扣除空心踏步板空洞体积 2.以段计量，按设计图示数量计算	1.模板制作、安装、拆除、堆放、运输及清理模内杂物、刷隔离剂等 2.混凝土制作、运输、浇筑、振捣、养护 3.构件运输、安装 4.砂浆制作、运输 5.接头灌缝、养护

（十四）其他预制构件（编码：0105014）

其他预制构件工程量清单项目设置及工程量计算规则见表6-28。

表6-28　其他预制构件（编码：0105014）

项目编码	项目名称	项目特征	计量单位	工程量计算规则	工程内容
010514001	垃圾道、通风道、烟道	1.单件体积 2.混凝土强度等级 3.砂浆强度等级	1.m^3 2.m^2 3.根（块、套）	1.以三次方米计量，按设计图示尺寸以体积计算。不扣除单个面积≤300mm×300mm的孔洞所占体积，扣除烟道、垃圾道、通风道的孔洞所占体积 2.以平方米计量，按设计图示尺寸以面积计算。不扣除单个面积≤300mm×300mm的孔洞所占面积 3.以根计量，按设计图示尺寸以数量计算	1.模板制作、安装、拆除、堆放、运输及清理模内杂物、刷隔离剂等 2.混凝土制作、运输、浇筑、振捣、养护 3.构件运输、安装 4.砂浆制作、运输 5.接头灌缝、养护
010514002	其他构件	1.单件体积 2.构件的类型 3.混凝土强度等级 4.砂浆强度等级			

（十五）钢筋工程（编码：0105015）

钢筋工程工程量清单项目设置及工程量计算规则见表6-29。

表6-29　钢筋工程（编码：0105015）

项目编码	项目名称	项目特征	计量单位	工程量计算规则	工程内容
010515001	现浇构件钢筋	钢筋种类、规格	t	按设计图示钢筋（网）长度（面积）乘单位理论质量计算	1.钢筋制作、运输 2.钢筋安装 3.焊接（绑扎）
010515002	预制构件钢筋				1.钢筋网制作、运输 2.钢筋网安装 3.焊接（绑扎）

续表

项目编码	项目名称	项目特征	计量单位	工程量计算规则	工程内容
010515003	钢筋网片	钢筋种类、规格	t	按设计图示钢筋（网）长度（面积）乘单位理论质量计算	1.钢筋网制作、运输 2.钢筋网安装 3.焊接（绑扎）
010515004	钢筋笼				1.钢筋笼制作、运输 2.钢筋笼安装 3.焊接（绑扎）
010515005	先张法预应力钢筋	1.钢筋种类、规格 2.锚具种类		按设计图示钢筋长度乘单位理论质量计算	1.钢筋制作、运输 2.钢筋张拉
010515006	后张法预应力钢筋	1.钢筋种类、规格 2.钢丝种类、规格 3.钢绞线种类、规格 4.锚具种类 5.砂浆强度等级		按设计图示钢筋（丝束、绞线）长度乘单位理论质量计算 1.低合金钢筋两端均采用螺杆锚具时，钢筋长度按孔道长度减0.35m计算，螺杆另行计算 2.低合金钢筋一端采用镦头插片，另一端采用螺杆锚具时，钢筋长度按孔道长度计算，螺杆另行计算 3.低合金钢筋一端采用镦头插片，另一端采用帮条锚具时，钢筋增加0.15m计算；两端均采用帮条锚具时，钢筋长度按孔道长度增加0.3m计算 4.低合金钢筋采用后张混凝土自锚时，钢筋长度按孔道长度增加0.35m计算 5.低合金钢筋（钢绞线）采用JM、XM、QM型锚具，孔道长度≤20m时，钢筋长度增加1m计算，孔道长度>20m时，钢筋长度增加1.8m计算 6.碳素钢丝采用锥形锚具，孔道长度≤20m时，钢丝束长度按孔道长度增加1m计算，孔道长度>20m时，钢丝束长度按孔道长度增加1.8m计算 7.碳素钢丝采用镦头锚具时，钢丝束长度按孔道长度增加0.35m计算	1.钢筋、钢丝、钢绞线制作、运输 2.钢筋、钢丝、钢绞线安装 3.预埋管孔道铺设 4.锚具安装 5.砂浆制作、运输 6.孔道压浆、养护
010515007	预应力钢丝				
010515008	预应力钢绞线				

续表

项目编码	项目名称	项目特征	计量单位	工程量计算规则	工程内容
010515009	支撑钢筋（铁马）	1.钢筋种类 2.规格		按钢筋长度乘单位理论质量计算	钢筋制作、焊接、安装
010515010	声测管	1.材质 2.规格型号		按设计图示尺寸以质量计算	1.检测管截断、封头 2.套管制作、焊接 3.定位、固定

小提示

现浇构件中固定位置的支撑钢筋、双层钢筋用的“铁马”在编制工程量清单时，如果设计未明确，其工程数量可为暂估量，结算时按现场签证数量计算。

（十六）螺栓、铁件（编码：0105016）

螺栓、铁件工程量清单项目设置及工程量计算规则见表6-30。

表6-30 螺栓、铁件（编码：0105016）

项目编码	项目名称	项目特征	计量单位	工程量计算规则	工程内容
010516001	螺栓	1.螺栓种类 2.规格	t	按设计图示尺寸以质量计算	1.螺栓、铁件制作、运输 2.螺栓、铁件安装
010516002	预埋铁件	1.钢材种类 2.规格 3.铁件尺寸			
010516003	机械连接	1.连接方式 2.螺纹套筒种类 3.规格	个	按数量计算	1.钢筋套丝 2.套筒连接

学习单元5 计算金属结构工程工程量

知识目标

（1）了解金属结构工程的主要内容。

（2）熟悉工程量清单项目设置及工程量计算规则。

技能目标

（1）通过本单元的学习，能够清楚金属结构工程的主要内容。

（2）能够清楚工程量清单项目的设置及工程量计算规则。

基础知识

一、金属结构工程的主要内容

金属结构工程工程量清单共分为7个项目，31个子项，包括钢网架，钢屋架、钢托架、钢桁架、钢架桥，钢柱，钢梁，钢板楼板、墙板，钢构件和金属制品工程的工程量清单项目设置及工程量计算规则，并列出了前9位全国统一编码，适用于建筑物、构筑物的钢结构工程。

（一）钢屋架、钢网架

1. 适用范围

（1）钢屋架项目适用于一般钢屋架和轻钢屋架及冷弯薄壁型钢屋架。其中，轻钢屋架是指采用圆钢筋、小角钢和薄钢板（其厚度一般不大于4mm）等材料组成的轻型钢屋架；冷弯薄壁型钢屋架是指厚度为2~6mm的钢板或带钢，经冷弯或冷拔等方式弯曲而成的型钢组成的屋架。

（2）钢网架项目适用于一般钢网架和不锈钢钢架。不论节点形式（球形节点、板式节点等）和节点连接方式（焊接、螺栓连接）等均适用该项目。

2. 工程量计算

钢屋架、钢网架工程量按设计图示尺寸以质量计算。不扣除孔眼、切边、切肢的质量，焊条、铆钉、螺栓等不另增加质量，不规则或多边形钢板以其外接矩形面积乘以厚度乘以单位理论质量计算。

3. 项目特征

钢屋架项目描述钢材品种、规格，单榀屋架的质量，屋架跨度、安装高度，探伤要求，油漆品种、刷漆遍数。钢网架项目描述钢材品种、规格，网架节点形式、连接方式，网架跨度、安装高度，探伤要求，油漆品种、刷漆遍数。

4. 工程内容

工程内容包含制作、运输、拼装、安装、探伤、刷油漆。

小提示

（1）钢构件的除锈刷漆费用应包含在钢构件项目内。

（2）钢构件拼装台的搭拆费用和材料摊销费用应列入措施项目费。

（3）钢构件需探伤（射线探伤、超声波探伤、磁粉探伤、着色探伤、荧光探伤等）的费用应包含在钢构件项目内。

（二）钢柱

钢柱包含实腹柱、空腹柱及钢管柱项目。实腹柱是具有实腹式断面的柱，实腹柱项目适用于实腹式钢柱和实腹式型钢混凝土柱；空腹柱是具有格构式断面的柱，空腹式项目适用于空腹式钢柱和空腹式型钢混凝土柱。钢管柱项目适用于钢管柱和钢管混凝土柱。

1. 工程量计算

钢柱工程量按设计图示尺寸以质量计算。不扣除孔眼、切边、切肢的质量，焊条、铆钉、螺栓等不另行增加质量，不规则或多边形钢板以其外接矩形面积乘以厚度乘以单位理论质量计算。依附在钢柱上的牛腿及悬臂等并入钢柱工程量内，钢管柱上的节点板、加强环、内衬管、牛腿等并入钢管柱工程量内。

2. 项目特征

项目特征描述钢材品种、规格，单根柱质量，探伤要求，油漆品种、刷漆遍数。

3. 工程内容

工程内容包含制作、运输、安装、探伤、刷油漆，实腹柱、空腹柱还包含拼装。

（三）钢梁

钢梁包含钢梁、钢吊车梁项目。钢梁项目适用于钢梁和实腹式型钢混凝土梁、空腹式型钢混凝土梁。钢吊车梁项目适用于钢吊车梁及吊车梁的制动梁、制动板、制动桁架。

1. 工程量计算

钢梁工程量按设计图示尺寸以质量计算。不扣除孔眼、切边、切肢的质量，焊条、铆钉、螺栓等不另行增加质量，不规则或多边形钢板以其外接矩形面积乘以厚度乘以单位理论质量计算。制动梁、制动板、制动桁架、车档并入钢吊车梁工程量内。

2. 项目特征

项目特征描述钢材品种、规格，单根质量，安装高度，探伤要求，油漆品种，刷漆遍数。

3. 工程内容

工程内容包含制作、运输、安装、探伤、刷油漆。

（四）压型钢板楼板、墙板

1. 压型钢板楼板

压型钢板是指采用镀锌或经防腐处理的薄钢板。压型钢板楼板项目适用于现浇混凝土楼板使用压型钢板做永久性模板，并与混凝土叠合后组成共同受力的构件。

（1）工程量计算。

压型钢板楼板工程量按设计图示尺寸以铺设水平投影面积计算，不扣除柱、垛及单个面积在 $0.3m^2$ 以内的孔洞。

（2）项目特征。

项目特征描述钢材品种、规格，压型钢板厚度，油漆品种、刷油漆遍数。

(3）工程内容。

工程内容包含制作、运输、安装、刷油漆。

2. 压型钢板墙板

（1）工程量计算。

压型钢板墙板工程量按设计图示尺寸以铺挂面积计算，不扣除单个面积在 $0.3m^2$ 以内的孔洞，包角、包边、窗台泛水等不另增加面积。

（2）项目特征。

项目特征描述钢材品种、规格，压型钢板厚度、复合板厚度，复合板夹心材料、种类、层数、型号、规格。

（3）工程内容。

工程内容同压型钢板楼板。

（五）钢构件

钢构件中包含钢支撑、钢檩条、钢天窗架、钢梯、钢栏杆等项目。其工程量计算方法同钢屋架。

二、工程量清单项目设置及工程量计算规则

（一）钢网架（编码：010601）

钢网架工程量清单项目设置及工程量计算规则见表6-31。

表6-31　钢网架工程（编码：010601）

项目编码	项目名称	项目特征	计量单位	工程量计算规则	工程内容
010601001	钢网架	1.钢材品种、规格 2.网架节点形式、连接方式 3.网架跨度、安装高度 4.探伤要求 5.防火要求	t	按设计图示尺寸以质量计算。不扣除孔眼的质量，焊条、铆钉等不另增加质量	1.拼装 2.安装 3.探伤 4.补刷油漆

（二）钢屋架、钢托架、钢桁架、钢架桥（编码：010602）

钢屋架、钢托架、钢桁架、钢架桥工程量清单项目设置及工程量计算规则见表6-32。

表6-32　钢屋架、钢托架、钢桁架、钢架桥工程（编码：010602）

项目编码	项目名称	项目特征	计量单位	工程量计算规则	工程内容
010602001	钢屋架	1.钢材品种、规格 2.单榀质量 3.屋架跨度、安装高度 4.螺栓种类 5.探伤要求 6.防火要求	1.榀 2.t	1.以榀计量，按设计图示数量计算 2.以吨计量，按设计图示尺寸以质量计算。不扣除孔眼的质量，焊条、铆钉、螺栓等不另增加质量	1.拼装 2.安装 3.探伤 4.补刷油漆
010602002	钢托架	1.钢材品种、规格 2.单榀质量 3.安装高度 4.螺栓种类 5.探伤要求 6.防火要求	t	按设计图示尺寸以质量计算。不扣除孔眼的质量，焊条、铆钉、螺栓等不另增加质量	
010602003	钢桁架				
010602004	钢架桥	1.桥类型 2.钢材品种、规格 3.单榀质量 4.螺栓种类 5.探伤要求		按设计图示尺寸以质量计算。不扣除孔眼的质量，焊条、铆钉、螺栓等不另增加质量	

（三）钢柱（编码：010603）

钢柱工程量清单项目设置及工程量计算规则见表6-33。

表6-33 钢柱工程（编码：010603）

项目编码	项目名称	项目特征	计量单位	工程量计算规则	工程内容
010603001	实腹钢柱	1.柱类型 2.钢材品种、规格 3.单根柱质量 4.螺栓种类 5.探伤要求 6.防火要求	t	按设计图示尺寸以质量计算。不扣除孔眼的质量，焊条、铆钉、螺栓等不另增加质量，依附在钢柱上的牛腿及悬臂梁等并入钢柱工程量内	1.拼装 2.安装 3.探伤 4.补刷油漆
010603002	空腹钢柱				
010603003	钢管柱	1.钢材品种、规格 2.单根柱质量 3.螺栓种类 4.探伤要求 5.防火要求		按设计图示尺寸以质量计算。不扣除孔眼的质量，焊条、铆钉、螺栓等不另增加质量，钢管柱上的节点板、加强环、内衬管、牛腿等并入钢管柱工程量内	

小提示

（1）实腹钢柱类型指十字、T、L、H形等。

（2）空腹钢柱类型指箱形、格构等。

课堂案例

某厂房上柱间支撑尺寸如图6-3所示，共4组，∟63×6的线密度为5.72kg/m，—8钢板的面密度为62.8kg/m²。

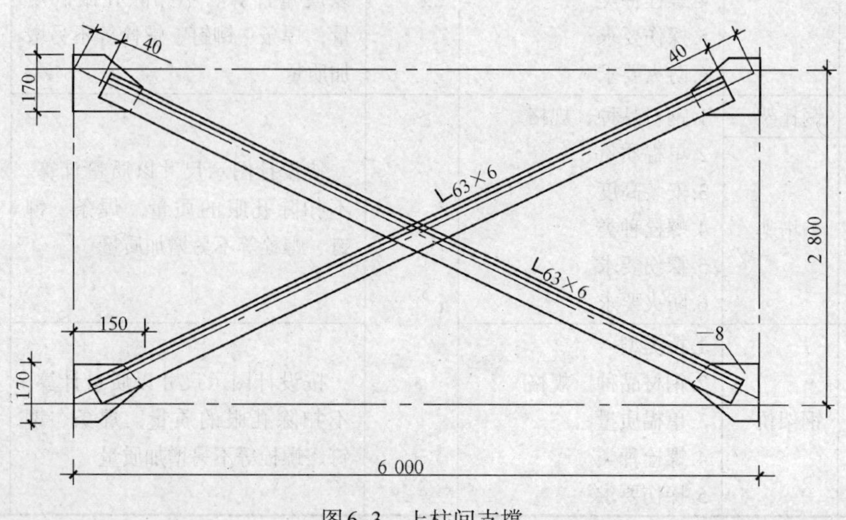

图6-3 上柱间支撑

问题：

计算柱间支撑工程量。

分析：

柱间支撑工程量计算如下。

计算公式为杆件质量=杆件设计图示长度 × 单位理论质量

多边形钢板质量=最大对角线长度 × 最大宽度 × 面密度

∟63 × 6角钢质量=$(\sqrt{6^2+2.8^2}-0.04\times 2)\times 5.72=74.83$（kg）

—8钢板质量=0.17 × 0.15 × 62.8 × 4=6.41（kg）

柱间支撑工程量=（74.83+6.41）× 4=324.96（kg）=0.325t

（四）钢梁（编码：010604）

钢梁工程量清单项目设置及工程量计算规则见表6–34。

表6–34　钢梁工程（编码：010604）

项目编码	项目名称	项目特征	计量单位	工程量计算规则	工程内容
010604001	钢梁	1.梁类型 2.钢材品种、规格 3.单根质量 4.螺栓种类 5.安装高度 6.探伤要求 7.防火要求	t	按设计图示尺寸以质量计算。不扣除孔眼的质量，焊条、铆钉、螺栓等不另增加质量，制动梁、制动板、制动桁架、车档并入钢吊车梁工程量内	1.拼装 2.安装 3.探伤 4.补刷油漆
010604002	钢吊车梁	1.钢材品种、规格 2.单根质量 3.螺栓种类 4.安装高度 5.探伤要求 6.防火要求			

（五）钢板楼板、墙板（编码：010605）

钢板楼板、墙板工程量清单项目设置及工程量计算规则见表6–35。

表6–35　钢板楼板、墙板工程（编码：010605）

项目编码	项目名称	项目特征	计量单位	工程量计算规则	工程内容
010605001	钢板楼板	1.钢材品种、规格 2.钢板厚度 3.螺栓种类 4.防火要求	m^2	按设计图示尺寸以铺设水平投影面积计算。不扣除单个面积≤0.3m^2的柱、垛及孔洞所占面积	1.拼装 2.安装 3.探伤 4.补刷油漆
010605002	钢板墙板	1.钢材品种、规格 2.钢板厚度、复合板厚度 3.螺栓种类 4.复合板夹芯材料种类、层数、型号、规格 5.防火要求		按设计图示尺寸以铺挂展开面积计算。不扣除单个面积≤0.3m^2的梁、孔洞所占面积，包角、包边、窗台泛水等不另加面积	

（六）钢构件（编码：010606）

钢构件工程量清单项目设置及工程量计算规则见表6-36。

表6-36　钢构件工程（编码：010606）

项目编码	项目名称	项目特征	计量单位	工程量计算规则	工程内容
010606001	钢支撑、钢拉条	1.钢材品种、规格 2.构件类型 3.安装高度 4.螺栓种类 5.探伤要求 6.防火要求	t	按设计图示尺寸以质量计算，不扣除孔眼的质量，焊条、铆钉、螺栓等不另增加质量	1.拼装 2.安装 3.探伤 4.补刷油漆
010606002	钢檩条	1.钢材品种、规格 2.构件类型 3.单根质量 4.安装高度 5.螺栓种类 6.探伤要求 7.防火要求			
010606003	钢天窗架	1.钢材品种、规格 2.单榀质量 3.安装高度 4.螺栓种类 5.探伤要求 6.防火要求			
010606004	钢挡风架	1.钢材品种、规格 2.单榀质量 3.螺栓种类 4.探伤要求 5.防火要求			
010606005	钢墙架				
010606006	钢平台	1.钢材品种、规格 2.螺栓种类 3.防火要求			
010606007	钢走道				
010606008	钢梯	1.钢材品种、规格 2.钢梯形式 3.螺栓种类 4.防火要求			
010606009	钢护栏	1.钢材品种、规格 2.防火要求			
010606010	钢漏斗	1.钢材品种、规格 2.漏斗、天沟形式 3.安装高度 4.探伤要求		按设计图示尺寸以质量计算，不扣除孔眼的质量，焊条、铆钉、螺栓等不另增加质量，依附漏斗或天沟的型钢并入漏斗或天沟工程量内	
010606011	钢板天沟				

续表

项目编码	项目名称	项目特征	计量单位	工程量计算规则	工程内容
010606012	钢支架	1.钢材品种、规格 2.安装高度 3.防火要求	t	按设计图示尺寸以质量计算，不扣除孔眼的质量，焊条、铆钉、螺栓等不另增加质量	1.拼装 2.安装 3.探伤 4.补刷油漆
010606013	零星钢构件	1.构件名称 2.钢材品种、规格			

小提示

钢支撑、钢拉条类型指单式、复式；钢檩条类型指型钢式、格构式；钢漏斗形式指方形、圆形；天沟形式指矩形沟或半圆形沟。

（七）金属制品（编码：010607）

金属制品工程量清单项目设置及工程量计算规则见表6-37。

表6-37　金属制品工程（编码：010607）

项目编码	项目名称	项目特征	计量单位	工程量计算规则	工程内容
010607001	成品空调金属百叶护栏	1.材料品种、规格 2.边框材质	m^2	按设计图示尺寸以框外围展开面积计算	1.安装 2.校正 3.预埋铁件及安螺栓
010607002	成品栅栏	1.材料品种、规格 2.边框及立柱型钢品种、规格			1.安装 2.校正 3.预埋铁件 4.安螺栓及金属立柱
010607003	成品雨篷	1.材料品种、规格 2.雨篷宽度 3.晾衣杆品种、规格	1.m 2.m^2	1.以米计量，按设计图示接触边以米计算 2.以平方米计量，按设计图示尺寸以展开面积计算	1.安装 2.校正 3.预埋铁件及安螺栓
010607004	金属网栏	1.材料品种、规格 2.边框及立柱型钢品种、规格	m^2	按设计图示尺寸以框外围展开面积计算	1.安装 2.校正 3.安螺栓及金属立柱
010607005	砌块墙钢丝网加固	1.材料品种、规格 2.加固方式		按设计图示尺寸以面积计算	1.铺贴 2.铆固
010607006	后浇带金属网				

学习单元6　计算木结构工程和门窗工程工程量

知识目标

（1）了解木结构和门窗工程的主要内容。

（2）熟悉工程量清单项目设置及工程量计算规则。

技能目标

（1）通过本单元的学习，能够清楚木结构和门窗工程的主要内容。

（2）能够清楚工程量清单项目的设置及工程量计算规则。

基础知识

一、木结构和门窗工程的主要内容

木结构工程共计3个项目，包括木屋架、木构件和屋面木基层，主要适用于建筑物、构筑物的木结构工程。门窗工程包括木门，金属门，金属卷帘（闸）门，厂库房大门、特种门，其他门，木窗，金属窗，门窗套，窗台板，以及窗帘、窗帘盒、轨10个项目，共55个子项，适用于建筑物和构筑物的门窗工程。

二、工程量清单项目设置及工程量计算规则

（一）木屋架（编码：010701）

木屋架工程量清单项目设置及工程量计算规则见表6-38。

表6-38　木屋架工程（编码：010701）

项目编码	项目名称	项目特征	计量单位	工程量计算规则	工程内容
010701001	木屋架	1.跨度 2.材料品种、规格 3.刨光要求 4.拉杆及夹板种类 5.防护材料种类	1.榀 2.m^3	1.以榀计量，按设计图示数量计算 2.以三次方米计量，按设计图示的规格尺寸以体积计算	1.制作 2.运输 3.安装 4.刷防护材料
010701002	钢木屋架	1.跨度 2.木材品种、规格 3.刨光要求 4.钢材品种、规格 5.防护材料种类	榀	以榀计量，按设计图示数量计算	

小 提 示

在计算木结构工程屋架跨度时，屋架的跨度应以上、下弦中心线两交点之间的距离计算。

（二）木构件（编码：010702）

木构件工程量清单项目设置及工程量计算规则见表6-39。

表6-39　木构件工程（编码：010702）

项目编码	项目名称	项目特征	计量单位	工程量计算规则	工程内容
010702001	木柱	1.构件规格尺寸 2.木材种类 3.刨光要求 4.防护材料种类	m^3	按设计图示尺寸以体积计算	1.制作 2.运输 3.安装 4.刷防护材料
010702002	木梁		1.m^3 2.m	1.以三次方米计量，按设计图示尺寸以体积计算 2.以米计量，按设计图示尺寸以长度计算	
010702003	木檩				
010702004	木楼梯	1.楼梯形式 2.木材种类 3.刨光要求 4.防护材料种类	m^2	按设计图示尺寸以水平投影面积计算。不扣除宽度≤300mm的楼梯井，伸入墙内部分不计算	
010702005	其他木构件	1.构件名称 2.构件规格尺寸 3.木材种类 4.刨光要求 5.防护材料种类	1.m^3 2.m	1.以三次方米计量，按设计图示尺寸以体积计算 2.以米计量，按设计图示尺寸以长度计算	

（三）屋面木基层（编码：010703）

屋面木基层工程量清单项目设置及工程量计算规则见表6-40。

表6-40　屋面木基层工程（编码：010703）

项目编码	项目名称	项目特征	计量单位	工程量计算规则	工程内容
010703001	屋面木基层	1.椽子断面尺寸及椽距 2.望板材料种类、厚度 3.防护材料种类	m^2	按设计图示尺寸以斜面积计算。 不扣除房上烟囱、风帽底座、风道、小气窗、斜沟等所占面积。小气窗的出檐部分不增加面积	1.椽子制作、安装 2.望板制作、安装 3.顺水条和挂瓦条制作、安装 4.刷防护材料

（四）木门（编码：010801）

木门工程量清单项目设置及工程量计算规则见表6-41。

表6-41　木门工程（编码：010801）

项目编码	项目名称	项目特征	计量单位	工程量计算规则	工程内容
010801001	木质门	1.门代号及洞口尺寸 2.镶嵌玻璃品种、厚度	1.樘 2.m^2	1.以樘计量，按设计图示数量计算 2.以平方米计量，按设计图示洞口尺寸以面积计算	1.门安装 2.玻璃安装 3.五金安装
010801002	木质门带套				
010801003	木质窗门				
010801004	木质防火门				

续表

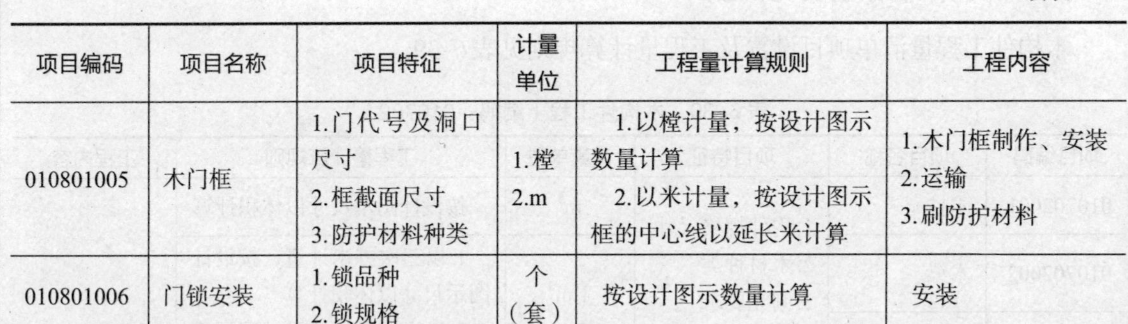

项目编码	项目名称	项目特征	计量单位	工程量计算规则	工程内容
010801005	木门框	1.门代号及洞口尺寸 2.框截面尺寸 3.防护材料种类	1.樘 2.m	1.以樘计量，按设计图示数量计算 2.以米计量，按设计图示框的中心线以延长米计算	1.木门框制作、安装 2.运输 3.刷防护材料
010801006	门锁安装	1.锁品种 2.锁规格	个（套）	按设计图示数量计算	安装

小提示

木质门应区分镶板木门、企口木板门、实木装饰门、胶合板门、夹板装饰门、木纱门、全玻门(带木质扇框)、木质半玻门(带木质扇框)等项目,分别编码列项。

木门五金应包括折页、插销、门碰珠、弓背拉手、搭机、木螺丝、弹簧折页(自动门)、管子拉手(自由门、地弹门)、地弹簧(地弹门)、角铁、门轧头(地弹门、自由门)等。

（五）金属门（编码：010802）

金属门工程量清单项目设置及工程量计算规则见表6-42。

表6-42　金属门工程（编码：010802）

项目编码	项目名称	项目特征	计量单位	工程量计算规则	工程内容
010802001	金属（塑钢）门	1.门代号及洞口尺寸 2.门框或扇外围尺寸 3.门框、扇材质 4.玻璃品种、厚度	1.樘 2.m^2	1.以樘计量，按设计图示数量计算 2.以平方米计量，按设计图示洞口尺寸以面积计算	1.门安装 2.五金安装 3.玻璃安装
010802002	彩板门	1.门代号及洞口尺寸 2.门框或扇外围尺寸			
010802003	钢质防火门	1.门代号及洞口尺寸 2.门框或扇外围尺寸 3.门框、扇材质			
010802004	防盗门				1.门安装 2.五金安装

小提示

金属门应区分金属平开门、金属推拉门、金属地弹门、全玻门（带金属扇框）、金属半玻门（带扇框）等项目,分别编码列项。

知识链接

（1）铝合金门五金包括地弹簧、门锁、拉手、门插、门铰、螺丝等。

（2）金属门五金包括L型执手插锁（双舌）、执手锁（单舌）、门轨头、地锁、防盗门扣、门眼（猫眼）、门碰珠、电子锁（磁卡锁）、闭门器、装饰拉手等。

（六）金属卷帘（闸）门（编码：010803）

金属卷帘（闸）门工程量清单项目设置及工程量计算规则见表6-43。

表6-43　金属卷帘（闸）门工程（编码：010803）

项目编码	项目名称	项目特征	计量单位	工程量计算规则	工程内容
010803001	金属卷帘（闸）门	1.门代号及洞口尺寸 2.门材质 3.启动装置品种、规格	1.樘 2.m^2	1.以樘计量，按设计图示数量计算 2.以平方米计量，按设计图示洞口尺寸以面积计算	1.门运输、安装 2.启动装置、活动小门、五金安装

（七）厂库房大门、特种门（编码：010804）

厂库房大门、特种门工程量清单项目设置及工程量计算规则见表6-44。

表6-44　厂库房大门、特种门工程（编码：010804）

项目编码	项目名称	项目特征	计量单位	工程量计算规则	工程内容
010804001	木板大门	1.门代号及洞口尺寸 2.门框或扇外围尺寸 3.门框、扇材质 4.五金种类、规格 5.防护材料种类	1.樘 2.m^2	1.以樘计量，按设计图示数量计算 2.以平方米计量，按设计图示洞口尺寸以面积计算	1.门骨架制作、运输 2.门、五金配件安装 3.刷防护材料
010804002	钢木大门				
010804003	全钢板大门				
010804004	防护铁丝门			1.以樘计量，按设计图示数量计算 2.以平方米计量，按设计图示门框或扇以面积计算	
010804005	金属格栅门	1.门代号及洞口尺寸 2.门框或扇外围尺寸 3.门框、扇材质 4.启动装置的品种、规格		1.以樘计量，按设计图示数量计算 2.以平方米计量，按设计图示洞口尺寸以面积计算	1.门安装 2.启动装置、五金配件安装
010804006	钢板花饰大门	1.门代号及洞口尺寸 2.门框或扇外围尺寸 3.门框、扇材质		1.以樘计量，按设计图示数量计算 2.以平方米计量，按设计图示门框或扇以面积计算	1.门安装 2.五金配件安装
010804007	特种门			1.以樘计量，按设计图示数量计算 2.以平方米计量，按设计图示洞口尺寸以面积计算	

小提示

特种门应区分冷藏门、冷冻间门、保温门、变电室门、隔音门、防射线门、人防门、金库门等项目，分别编码列项。

（八）其他门（编码：010805）

其他门工程量清单项目设置及工程量计算规则见表6–45。

表6–45　其他门工程（编码：010805）

项目编码	项目名称	项目特征	计量单位	工程量计算规则	工程内容
010805001	电子感应门	1.门代号及洞口尺寸 2.门框或扇外围尺寸 3.门框、扇材质 4.玻璃品种、厚度 5.启动装置的品种、规格 6.电子配件品种、规格	1.樘 2.m^2	1.以樘计量，按设计图示数量计算 2.以平方米计量，按设计图示洞口尺寸以面积计算	1.门安装 2.启动装置、五金、电子配件安装
010805002	旋转门				
010805003	电子对讲门	1.门代号及洞口尺寸 2.门框或扇外围尺寸 3.门材质 4.玻璃品种、厚度 5.启动装置的品种、规格 6.电子配件品种、规格			
010805004	电动伸缩门				
010805005	全玻自由门	1.门代号及洞口尺寸 2.门框或扇外围尺寸 3.框材质 4.玻璃品种、厚度			1.门安装 2.五金安装
010805006	镜面不锈钢饰面门	1.门代号及洞口尺寸 2.门框或扇外围尺寸 3.框、扇材质 4.玻璃品种、厚度			
010805007	复合材料门				

（九）木窗（编码：010806）

木窗工程量清单项目设置及工程量计算规则见表6–46。

表6–46　木窗工程（编码：010806）

项目编码	项目名称	项目特征	计量单位	工程量计算规则	工程内容
010806001	木质窗	1.窗代号及洞口尺寸 2.玻璃品种、厚度	1.樘 2.m^2	1.以樘计量，按设计图示数量计算 2.以平方米计量，按设计图示洞口尺寸以面积计算	1.窗安装 2.五金、玻璃安装
010806002	木飘（凸）窗				

续表

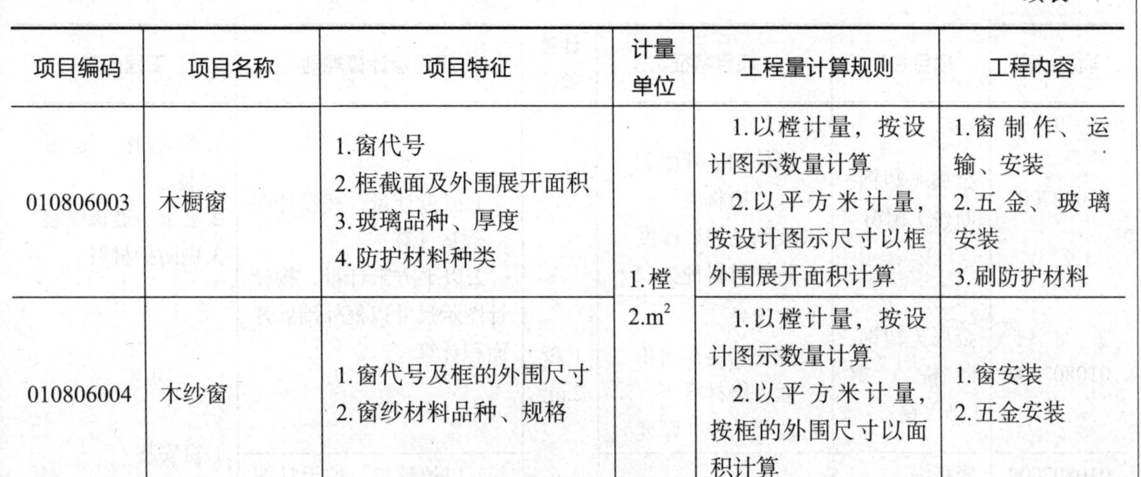

项目编码	项目名称	项目特征	计量单位	工程量计算规则	工程内容
010806003	木橱窗	1.窗代号 2.框截面及外围展开面积 3.玻璃品种、厚度 4.防护材料种类	1.樘 2.m^2	1.以樘计量，按设计图示数量计算 2.以平方米计量，按设计图示尺寸以框外围展开面积计算	1.窗制作、运输、安装 2.五金、玻璃安装 3.刷防护材料
010806004	木纱窗	1.窗代号及框的外围尺寸 2.窗纱材料品种、规格		1.以樘计量，按设计图示数量计算 2.以平方米计量，按框的外围尺寸以面积计算	1.窗安装 2.五金安装

小提示

木质窗应区分木百叶窗、木组合窗、木天窗、木固定窗、木装饰空花窗等项目，分别编码列项。

木窗五金包括折页、插销、风钩、木螺丝、滑轮滑轨（推拉窗）等。

（十）金属窗（编码：010807）

金属窗工程量清单项目设置及工程量计算规则见表6–47。

表6–47　金属窗工程（编码：010807）

项目编码	项目名称	项目特征	计量单位	工程量计算规则	工程内容
010807001	金属（塑钢、断桥）窗	1.窗代号及洞口尺寸 2.框、扇材质 3.玻璃品种、厚度	1.樘 2.m^2	1.以樘计量，按设计图示数量计算 2.以平方米计量，按设计图示洞口尺寸以面积计算	1.窗安装 2.五金、玻璃安装
010807002	金属防火窗				
010807003	金属百叶窗	1.窗代号及框的外围尺寸 2.框材质 3.窗纱材料品种、规格		1.以樘计量，按设计图示数量计算 2.以平方米计量，按框的外围尺寸以面积计算	1.窗安装 2.五金安装
010807004	金属纱窗				
010807005	金属格栅窗	1.窗代号及洞口尺寸 2.框外围尺寸 3.框、扇材质		1.以樘计量，按设计图示数量计算 2.以平方米计量，按设计图示洞口尺寸以面积计算	

续表

项目编码	项目名称	项目特征	计量单位	工程量计算规则	工程内容
010807006	金属（塑钢、断桥）橱窗	1.窗代号 2.框外围展开面积 3.框、扇材质 4.玻璃品种、厚度 5.防护材料种类	1.樘 2.m^2	1.以樘计量，按设计图示数量计算 2.以平方米计量，按设计图示尺寸以框外围展开面积计算	1.窗制作、运输、安装 2.五金、玻璃安装 3.刷防护材料
010807007	金属（塑钢、断桥）飘（凸）窗	1.窗代号 2.框外围展开面积 3.框、扇材质 4.玻璃品种、厚度			1.窗安装 2.五金、玻璃安装
010807008	彩板窗	1.窗代号及洞口尺寸 2.框外围尺寸 3.框、扇材质 4.玻璃品种、厚度		1.以樘计量，按设计图示数量计算 2.以平方米计量，按设计图示洞口尺寸或框外围以面积计算	
010807009	复合材料窗				

小提示

金属窗应区分金属组合窗、防盗窗等项目，分别编码列项。金属窗五金包括折页、螺丝、执手、卡锁、铰拉、风撑、滑轮、滑轨、拉把、拉手、角码、牛角制等。

（十一）门窗套（编码：010808）

门窗套工程量清单项目设置及工程量计算规则见表6-48。

表6-48 门窗套工程（编码：010808）

项目编码	项目名称	项目特征	计量单位	工程量计算规则	工程内容
010808001	木门窗套	1.窗代号及洞口尺寸 2.门窗套展开宽度 3.基层材料种类 4.面层材料品种、规格 5.线条品种、规格 6.防护材料种类	1.樘 2.m^2 3.m	1.以樘计量，按设计图示数量计算 2.以平方米计量，按设计图示尺寸以展开面积计算 3.以米计量，按设计图示中心以延长米计算	1.清理基层 2.立筋制作、安装 3.基层板安装 4.面层铺贴 5.线条安装 6.刷防护材料
010808002	木筒子板	1.筒子板宽度 2.基层材料种类 3.面层材料品种、规格 4.线条品种、规格 5.防护材料种类			
010808003	饰面夹板筒子板				

续表

项目编码	项目名称	项目特征	计量单位	工程量计算规则	工程内容
010808004	金属门窗套	1.窗代号及洞口尺寸 2.门窗套展开宽度 3.基层材料种类 4.面层材料品种、规格 5.防护材料种类	1.樘 2.m^2 3.m	1.以樘计量，按设计图示数量计算 2.以平方米计量，按设计图示尺寸以展开面积计算 3.以米计量，按设计图示中心以延长米计算	1.清理基层 2.立筋制作、安装 3.基层板安装 4.面层铺贴 5.刷防护材料
010808005	石材门窗套	1.窗代号及洞口尺寸 2.门窗套展开宽度 3.粘结层厚度、砂浆配合比 4.面层材料品种、规格 5.线条品种、规格			1.清理基层 2.立筋制作、安装 3.基层抹灰 4.面层铺贴 5.线条安装
010808006	门窗木贴脸	1.门窗代号及洞口尺寸 2.贴脸板宽度 3.防护材料种类	1.樘 2.m	1.以樘计量，按设计图示数量计算 2.以米计量，按设计图示尺寸以延长米计算	安装
010808007	成品木门窗套	1.门窗代号及洞口尺寸 2.门窗套展开宽度 3.门窗套材料品种、规格	1.樘 2.m^2 3.m	1.以樘计量，按设计图示数量计算 2.以平方米计量，按设计图示尺寸以展开面积计算 3.以米计量，按设计图示中心以延长米计算	1.清理基层 2.立筋制作、安装 3.板安装

（十二）窗台板（编码：010809）

窗台板工程量清单项目设置及工程量计算规则见表6-49。

表6-49 窗台板工程（编码：010809）

项目编码	项目名称	项目特征	计量单位	工程量计算规则	工程内容
010809001	木窗台板	1.基层材料种类 2.窗台面板材质、规格、颜色 3.防护材料种类	m^2	按设计图示尺寸以展开面积计算	1.基层清理 2.基层制作、安装 3.窗台板制作、安装 4.刷防护材料
010809002	铝塑窗台板				
010809003	金属窗台板				
010809004	石材窗台板	1.粘结层厚度、砂浆配合比 2.窗台板材质、规格、颜色			1.基层清理 2.抹找平层 3.窗台板制作、安装

（十三）窗帘、窗帘盒、轨（编码：010810）

窗帘、窗帘盒、轨工程量清单项目设置及工程量计算规则见表6–50。

表6–50　窗帘、窗帘盒、轨工程（编码：010810）

项目编码	项目名称	项目特征	计量单位	工程量计算规则	工程内容
010810001	窗帘	1. 窗帘材质 2. 窗帘高度、宽度 3. 窗帘层数 4. 带幔要求	1.m 2.m^2	1. 以米计量，按设计图示尺寸以成活后长度计算 2. 以平方米计量，按图示尺寸以成活后展开面积计算	1. 制作、运输 2. 安装
010810002	木窗帘盒	1. 窗帘盒材质、规格 2. 防护材料种类	m	按设计图示尺寸以长度计算	1. 制作、运输、安装 2. 刷防护材料
010810003	饰面夹板、塑料窗帘盒				
010810004	铝合金窗帘盒				
010810005	窗帘轨	1. 窗帘轨材质、规格 2. 轨的数量 3. 防护材料种类			

三、檩木工程量计算常用公式

檩木工程量按竣工木料以体积（m^3）计算。简支檩长度按设计规定计算，设计无规定者，按屋架或山墙中距增加200mm计算，如两端出山，檩条长度算至博风板。连续檩条的长度按设计长度计算，其接头长度按全部连续檩木总体积的5%计算。

檩木工程量的计算公式可表示如下。

（一）方木檩条

$$V_L = \sum_{i=1}^{n} a_i \times b_i \times l_i \tag{6.14}$$

式中，V_L——方木檩条的体积（m^3）；

a_i,b_i——第i根檩木断面的双向尺寸（m）；

l_i——第i根檩木的计算长度（m）；

n——檩木的根数。

（二）圆木檩条

$$V_L = \sum_{i=1}^{n} V_i \tag{6.15}$$

式中，V_i——单根圆檩木的体积（m^3）。

（1）设计规定圆木小头直径时，可按小头直径、檩木长度由下列公式计算。

① 杉原木材积计算公式为

$$V=7.854\times10^{-5}\times[(0.026L+1)]D^2+(0.37L+1)D+10(L-3)\times L \tag{6.16}$$

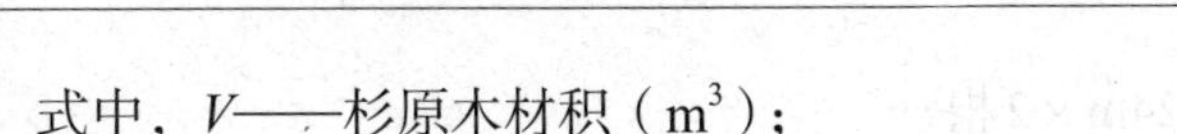

式中，V——杉原木材积（m^3）；

L——杉原木材长（m）；

D——杉原木小头直径（cm）。

② 除杉原木外，其他原木材积计算公式为

$$V_i=L\times10^{-4}[(0.003\,895L+0.898\,2)D^2+(0.39L-1.219)D+(0.5796L+3.067)] \quad (6.17)$$

式中，V_i——单根圆木（除杉原木）材积（m^3）；

L——圆木长度（m）；

D——圆木小头直径（cm）。

（2）设计规定大、小头直径时，取平均断面积乘以计算长度，即

$$V_i=\frac{\pi}{4}D^2\times L=7.854\times10^{-5}\times D^2L \quad (6.18)$$

式中，V_i——单根原木材积（m^3）；

L——圆木长度（m）；

D——圆木平均直径（cm）。

课堂案例

某原料仓库，采用圆木木屋架，共计8榀，如图6-4所示，屋架跨度为8m，坡度为$\frac{1}{2}$，四节间。

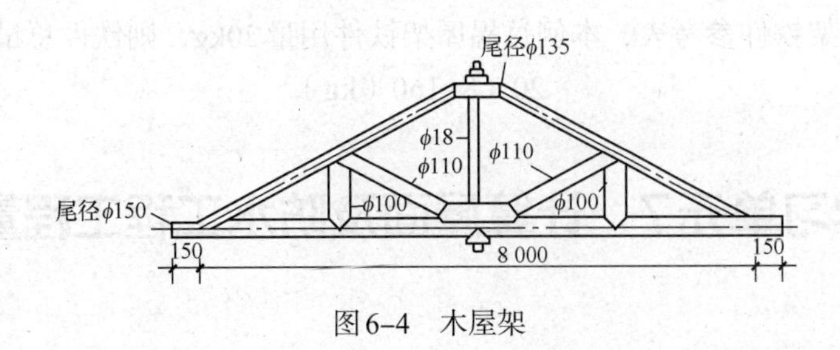

图6-4 木屋架

问题：

试计算该仓库屋架工程量。

分析：

木屋架工程量计算如下。

计算公式为木屋架工程量=设计图示数量。

故木屋架工程量=8榀。

以上为工程量清单数量。

如果是施工企业编制投标报价，应按当地建设主管部门规定方法计算工程量，现按基础定额的规定计算工程量如下。

（1）屋架杆件长度（m）=屋架跨度（m）×长度系数。

① 杆件1下弦杆工程量为8+0.15×2=8.3（m）；

② 杆件2上弦杆2根工程量为8×0.559×2=4.47m×2根；

③ 杆件4斜杆2根工程量为$8\times0.28\times2=2.24m\times2$根；

④ 杆件5竖杆2根工程量为$8\times0.125\times2=1m\times2$根。

（2）计算材积。

① 杆件1，下弦杆，以尾径A150，$L=8.3m$代入公式计算V_1，则杆件1材积为

$$V_1=7.854\times10^{-5}\times[(0.026\times8.3+1)\times15^2+(0.37\times8.3+1)\times15+10\times(8.3-3)]\times8.3=0.252\ 7\ (m^3)$$

② 杆件2，上弦杆，以尾径A135和$L=4.47m$代入，则杆件2材积为

$$V_2=7.854\times10^{-5}\times4.47\times[(0.026\times4.47+1)\times13.5^2+(0.37\times4.47+1)\times13.5+10\times(4.47-3)]\times2=0.178\ 3\ (m^3)$$

③ 杆件4，斜杆2根，以尾径A110和$L=2.24m$代入，则斜杆材积为

$$V_4=7.854\times10^{-5}\times2.24\times[(0.026\times2.24+1)\times11^2+(0.37\times0.24+1)\times11+10\times(2.24-3)]\times2=0.049\ 4\ (m^3)$$

④ 杆件5，竖杆2根，以尾径A100及$L=1m$代入，则竖杆材积为

$$V_5=7.854\times10^{-5}\times1[(0.026\times1+1)\times100+(0.37\times1+1)\times10+10\times(1-3)]\times2=0.015\ 1\ (m^3)$$

（3）一榀屋架的工程量为上述各杆件材积之和，即

$$V=V_1+V_2+V_4+V_5=0.252\ 7+0.178\ 3+0.049\ 4+0.015\ 1=0.495\ 5\ (m^3)$$

原料仓库屋架工程量为

① 竣工木料材积为$0.495\ 5\times8=3.96\ (m^3)$。

② 依据钢木屋架铁件参考表，本例每榀屋架铁件用量20kg，则铁件总量为

$$20\times8=160\ (kg)$$

学习单元7　计算屋面及防水工程工程量

知识目标

（1）了解屋面及防水工程的主要内容。

（2）熟悉工程量清单项目设置及工程量计算规则。

技能目标

（1）通过本单元的学习，能够清楚屋面及防水工程的主要内容。

（2）能够清楚工程量清单项目的设置及工程量计算规则。

基础知识

一、屋面及防水工程的主要内容

屋面及防水工程分为4个项目，21个子项，包括瓦、型材及其他屋面，屋面防水及其他，墙面防水、防潮，楼（地）面防水、防潮，适用于建筑物屋面工程。

（一）瓦屋面

瓦屋面项目适用于小青瓦、平瓦、筒瓦、石棉水泥瓦、玻璃钢波形瓦等材料做的屋面。

1. 工程量计算

瓦屋面工程量按设计图示尺寸以斜面积计算，不扣除房上烟囱、风帽底座、风道、小气窗、斜沟等所占面积，小气窗出檐部分也不增加面积。

2. 项目特征

项目特征描述瓦品种、规格、品牌、颜色，防水材料种类，基层材料种类，檩条种类、截面，防护材料种类。

3. 工程内容

工程内容包含檩条、椽子安装，基层铺设，铺防水层，安顺水条和挂瓦条，安瓦，刷防护材料。

小提示

（1）瓦屋面基层包括檩条、椽子、木屋面板、顺水条、挂瓦条等，其费用应包含在瓦屋面清单项目内。

（2）瓦屋面的木檩条、木椽子、木屋面板需刷防火涂料时，可按相关项目单独编码列项，也可包括在瓦屋面清单项目内。

（二）型材屋面

型材屋面项目适用于压型钢板、金属压型夹心板、阳光板、玻璃钢等屋面。其工程量计算同瓦屋面。

1. 项目特征

项目特征描述型材品种、规格、品牌、颜色，骨架材料品种、规格，接缝、嵌缝材料种类。

2. 工程内容

工程内容包含骨架制作、运输、安装，屋面型材安装，接缝、嵌缝。

小提示

1. 型材屋面的钢檩条或木檩条以及骨架、螺栓、挂钩等应包括在型材屋面项目内，即为完成型材屋面实体所需的一切人工、材料、机械费用都应包括在型材屋面项目内。

2. 其注意事项同瓦屋面。

（三）膜结构屋面

膜结构也称索膜结构，是一种以膜布与支撑（柱、网架等）和拉结结构（拉杆、钢丝绳等）组成的屋盖、篷顶结构。膜结构屋面项目适用于膜布屋面。

1. 工程量计算

膜结构屋面工程量按设计图示尺寸以需要覆盖的水平（投影）面积计算。

2. 项目特征

项目特征描述膜布品种、规格、验收，支柱（网架）钢材品种、规格，钢丝绳品种、规格，油漆品种、刷漆遍数。

3. 工程内容

工程内容包含膜布热压胶结，支柱（网架）制作、安装，膜布安装，穿钢丝绳、锚头锚固，刷油漆。

小 提 示

（1）索膜结构中支撑和拉结构件应包括在膜结构屋面项目内。

（2）支撑柱的钢筋混凝土柱基、锚固的钢筋混凝土柱基、锚固的钢筋混凝土基础以及地脚螺栓等按混凝土及钢筋混凝土相关项目编码列项。

（3）瓦屋面、型材屋面、膜结构屋面的钢檩条、钢支撑（柱、网架等）和拉结结构需刷防护材料时，可按相关项目单独编码列项，也可包括在瓦屋面、型材屋面、膜结构屋面项目内。

（四）屋面卷材防水

屋面卷材防水项目适用于利用胶结材料粘贴卷材进行防水的屋面，如高聚物改性沥青防水卷材屋面。

1. 工程量计算

屋面卷材防水工程量按设计图示尺寸以面积计算，其中斜屋顶（不包括平屋顶找坡）按斜面积计算，平屋顶按水平投影面积计算。不扣除房上烟囱、风帽底座、风道、屋面小气窗和斜沟所占面积。屋面的女儿墙、伸缩缝和天窗等处的弯起部分，并入屋面工程量。

2. 项目特征

项目特征描述卷材品种、规格，防水层做法，嵌缝材料种类，防护材料种类。

3. 工程内容

工程内容包含基层处理，抹找平层，刷底油，铺油毡卷材、接缝、嵌缝，铺保护层。

小 提 示

1.屋面找平层、基层处理（清理补修、刷基层处理剂），檐沟、天沟、水落口、泛水收头、变形缝等处的卷材附加层，浅色、反射涂料保护层、绿豆砂保护层、细砂、云母及蛭石保护层等费用应包括在屋面卷材防水项目内。

2.水泥砂浆保护层、细石混凝土保护层的费用可包含在屋面卷材防水项目内，也可按相关项目编码列项。

3.屋面找坡层（如1∶6水泥炉渣）的费用可包括在屋面防水项目内，也可包括在屋面保温项目内。清单编制人在项目特征描述中要注意描述找坡层的种类、厚度。

（五）屋面涂膜防水

涂膜防水是指在基层上涂刷防水涂料，经固化后形成具有防水效果的薄膜。屋面涂膜防水项目适用于厚质涂料、薄质涂料和有加增强材料的涂膜防水屋面。

1. 工程量计算

屋面涂膜防水工程量计算同屋面卷材防水项目。

2. 项目特征

项目特征描述防水膜品种，涂膜厚度、遍数、增强材料种类，嵌缝材料种类，防护材料种类。

3. 工程内容

工程内容包含基层处理、抹找平层、涂防水膜、铺保护层。

（六）屋面刚性防水

屋面刚性防水适用于细石混凝土、补偿收缩混凝土、块体混凝土、预应力混凝土和钢纤维混凝土等刚性防水屋面。

1. 工程量计算

屋面刚性防水工程量按设计图示尺寸以面积计算。不扣除房上烟囱、风帽底座、风道等所占面积。

2. 项目特征

项目特征描述防水层厚度、嵌缝材料种类、混凝土强度等级。

3. 工程内容

工程内容包含基层处理，混凝土制作、运输、铺筑、养护。

小提示

刚性防水屋面的分格缝、泛水、变形缝部位的防水卷材、密封材料、背衬材料、沥青麻丝等费用应包括在刚性防水屋面项目内。

（七）屋面排水管

屋面排水管项目适用于各种排水管材（PVC管、玻璃钢管、铸铁管等）项目。

1. 工程量计算

屋面排水管工程量按设计图示尺寸以长度计算。如设计未标注尺寸，以檐口至设计室外散水上表面的垂直距离计算。

2. 项目特征

项目特征描述排水管品种、规格、品牌、颜色，接缝、嵌缝材料种类，油漆品种、刷漆遍数。

3. 工程内容

工程内容包含排水管及配件安装、固定，雨水斗、雨水箅子安装，接缝、嵌缝。

注意，雨水口、水斗、箅子板、安装排水管的卡箍等都应包括在排水管项目内。

（八）墙、地面卷材防水、涂膜防水

墙、地面卷材防水、涂膜防水项目适用于基础、楼地面、墙面等部位的防水。

1. 工程量计算

墙、地面卷材防水、涂膜防水工程量按设计图示尺寸以面积计算。分别介绍如下。

（1）地面防水工程量按主墙间净空面积计算，扣除凸出地面的构筑物、设备基础等所占面积，不扣除间壁墙及单个0.3m^{2}以内的柱、垛、烟囱和孔洞所占面积。其计算式为

地面防水工程量=主墙间净空面积−凸出地面的构筑物、设备基础等所占面积　（6.19）

（2）墙基防水工程量计算式为

墙基防水工程量=防水层长 × 防水层宽 （6.20）

式中，外墙基防水层长度取外墙中心线长，内墙基防水层长度取内墙净长。

（3）墙身防水工程量计算式为

墙身防水工程量=防水层长 × 防水层高

式中，外墙面防水层长度取外墙外边线长，内墙防水层长度取内墙面净长。

2. 项目特征

项目特征描述卷材、涂膜品种，涂膜厚度、遍数、增强材料种类，防水部位，防水做法，接缝、嵌缝材料种类，防护材料种类。

3. 工程内容

工程内容包含基层处理，抹找平层，刷粘结剂，铺防水卷材（涂膜防水层），铺保护层，接缝、嵌缝。

小 提 示

（1）抹找平层、刷基层处理剂、刷胶粘剂、胶粘卷材防水、特殊处理部位的嵌缝材料、附加卷材垫衬的费用应包含在墙、地面卷材防水、涂膜防水项目内。

（2）永久性保护层（如砖墙）按相关项目编码列项。

（3）地面、墙基、墙身的防水应分别编码列项。

（九）墙、地面砂浆防水

墙、地面砂浆防水（潮）项目适用于地下、基础、楼地面、墙面等部位的防水防潮。

1. 工程量计算

墙、地面砂浆防水工程量计算同墙、地面卷材防水项目。

2. 项目特征

项目特征描述防水（潮）部位，防水（潮）厚度、层数，砂浆配合比，外加剂材料种类。

3. 工程内容

工程内容包含基层处理，挂钢丝网片，设置分格缝，砂浆制作、运输、摊铺、养护。

（十）变形缝

变形缝项目适用于基础、墙体、屋面等部位的抗震缝、伸缩缝、沉降缝的处理。

小 提 示

变形缝项目指的是建筑物和构筑物变形缝的填缝、盖缝和止水等，按变形缝部位和材料分项。

1. 工程量计算

变形缝工程量按设计图示以长度计算。

2. 项目特征

项目特征描述变形缝部位（基础、墙体、屋面），嵌缝材料种类，止水带材料种类、工程做法（预埋式、后埋式等），盖板材料，防护材料种类。

3. 工程内容

工程内容包含清缝，填塞防水材料，止水带安装，盖板制作、安装、刷防护材料。

二、工程量清单项目设置及工程量计算规则

（一）瓦、型材及其他屋面（编码：010901）

瓦、型材及其他屋面工程量清单项目设置及工程量计算规则见表6-51。

表6-51　瓦、型材及其他屋面工程（编码：010901）

项目编码	项目名称	项目特征	计量单位	工程量计算规则	工程内容
010901001	瓦屋面	1.瓦品种、规格 2.粘结层砂浆的配合比	m^2	按设计图示尺寸以斜面积计算 不扣除房上烟囱、风帽底座、风道、小气窗、斜沟等所占面积。小气窗的出檐部分不增加面积	1.砂浆制作、运输、摊铺、养护 2.安瓦、做瓦脊
010901002	型材屋面	1.型材品种、规格 2.金属檩条材料品种、规格 3.接缝、嵌缝材料种类			1.檩条制作、运输、安装 2.屋面型材安装 3.接缝、嵌缝
010901003	阳光板屋面	1.阳光板品种、规格 2.骨架材料品种、规格 3.接缝、嵌缝材料种类 4.油漆品种、刷漆遍数		按设计图示尺寸以斜面积计算 不扣除屋面面积≤0.3m^{2}孔洞所占面积	1.骨架制作、运输、安装，刷防护材料、油漆 2.阳光板安装 3.接缝、嵌缝
010901004	玻璃钢屋面	1.玻璃钢品种、规格 2.骨架材料品种、规格 3.玻璃钢固定方式 4.接缝、嵌缝材料种类 5.油漆品种、刷漆遍数			1.骨架制作、运输、安装，刷防护材料、油漆 2.玻璃钢制作、安装 3.接缝、嵌缝
010901005	膜结构屋面	1.膜布品种、规格 2.支柱（网架）钢材品种、规格 3.钢丝绳品种、规格 4.锚固基座做法 5.油漆品种、刷漆遍数		按设计图示尺寸以需要覆盖的水平投影面积计算	1.膜布热压胶接 2.支柱（网架）制作、安装 3.膜布安装 4.穿钢丝绳、锚头锚固 5.锚固基座、挖土、回填 6.刷防护材料、油漆

（二）屋面防水及其他（编码：010902）

屋面防水及其他工程量清单项目设置及工程量计算规则见表6-52。

表6-52 屋面防水及其他工程（编码：010902）

<table>
<tr><th>项目编码</th><th>项目名称</th><th>项目特征</th><th>计量单位</th><th>工程量计算规则</th><th>工程内容</th></tr>
<tr><td>010902001</td><td>屋面卷材防水</td><td>1.卷材品种、规格、厚度
2.防水层数
3.防水层做法</td><td rowspan="3">m^2</td><td rowspan="2">按设计图示尺寸以面积计算。
1.斜屋顶（不包括平屋顶找坡）按斜面积计算，平屋顶按水平投影面积计算
2.不扣除房上烟囱、风帽底座、风道、屋面小气窗和斜沟所占面积
3.屋面的女儿墙、伸缩缝和天窗等处的弯起部分，并入屋面工程量内</td><td>1.基层处理
2.刷底油
3.铺油毡卷材、接缝</td></tr>
<tr><td>010902002</td><td>屋面涂膜防水</td><td>1.防水膜品种
2.涂膜厚度、遍数
3.增强材料种类</td><td>1.基层处理
2.刷基层处理剂
3.铺布、喷涂防水层</td></tr>
<tr><td>010902003</td><td>屋面刚性层</td><td>1.刚性层厚度
2.混凝土种类
3.混凝土强度等级
4.嵌缝材料种类
5.钢筋规格、型号</td><td>按设计图示尺寸以面积计算。不扣除房上烟囱、风帽底座、风道等所占面积</td><td>1.基层处理
2.混凝土制作、运输、铺筑、养护
3.钢筋制作、安装</td></tr>
<tr><td>010902004</td><td>屋面排水管</td><td>1.排水管品种、规格
2.雨水斗、山墙出水口品种、规格
3.接缝、嵌缝材料种类
4.油漆品种、刷漆遍数</td><td rowspan="2">m</td><td>按设计图示尺寸以长度计算。如设计未标注尺寸，以檐口至设计室外散水上表面垂直距离计算</td><td>1.排水管及配件 安装、固定
2.雨水斗、山墙出水口、雨水箅子安装
3.接缝、嵌缝
4.刷漆</td></tr>
<tr><td>010902005</td><td>屋面排（透）气管</td><td>1.排（透）气管品种、规格
2.接缝、嵌缝材料种类
3.油漆品种、刷漆遍数</td><td>按设计图示尺寸以长度计算</td><td>1.排（透）气管及配件安装、固定
2.铁件制作、安装
3.接缝、嵌缝
4.刷漆</td></tr>
<tr><td>010902006</td><td>屋面（廊、阳台）泄（吐）水管</td><td>1.吐水管品种、规格
2.接缝、嵌缝材料种类
3.吐水管长度
4.油漆品种、刷漆遍数</td><td>根（个）</td><td>按设计图示数量计算</td><td>1.水管及配件安装、固定
2.接缝、嵌缝
3.刷漆</td></tr>
<tr><td>010902007</td><td>屋面天沟、檐沟</td><td>1.材料品种、规格
2.接缝、嵌缝材料种类</td><td>m^2</td><td>按设计图示尺寸以展开面积计算</td><td>1.天沟材料铺设
2.天沟配件安装
3.接缝、嵌缝
4.刷防护材料</td></tr>
<tr><td>010902008</td><td>屋面变形缝</td><td>1.嵌缝材料种类
2.止水带材料种类
3.盖缝材料
4.防护材料种类</td><td>m</td><td>按设计图示以长度计算</td><td>1.清缝
2.填塞防水材料
3.止水带安装
4.盖缝制作、安装
5.刷防护材料</td></tr>
</table>

（三）墙面防水、防潮（编码：010903）

墙面防水、防潮工程量清单项目设置及工程量计算规则见表6-53。

表6-53　墙面防水、防潮工程（编码：010903）

项目编码	项目名称	项目特征	计量单位	工程量计算规则	工程内容
010903001	墙面卷材防水	1.卷材品种、规格、厚度 2.防水层数 3.防水层做法	m^2	按设计图示尺寸以面积计算	1.基层处理 2.刷粘结剂 3.铺防水卷材 4.接缝、嵌缝
010903002	墙面涂膜防水	1.防水膜品种 2.涂膜厚度、遍数 3.增强材料种类			1.基层处理 2.刷基层处理剂 3.铺布、喷涂防水层
010903003	墙面砂浆防水（防潮）	1.防水层做法 2.砂浆厚度、配合比 3.钢丝网规格			1.基层处理 2.挂钢丝网片 3.设置分格缝 4.砂浆制作、运输、摊铺、养护
010903004	墙面变形缝	1.嵌缝材料种类 2.止水带材料种类 3.盖缝材料 4.防护材料种类	m	按设计图示以长度计算	1.清缝 2.填塞防水材料 3.止水带安装 4.盖缝制作、安装 5.刷防护材料

（四）楼（地）面防水、防潮（编码：010904）

楼（地）面防水、防潮工程量清单项目设置及工程量计算规则见表6-54。

表6-54　楼（地）面防水、防潮工程（编码：010904）

项目编码	项目名称	项目特征	计量单位	工程量计算规则	工程内容
010904001	楼（地）面卷材防水	1.卷材品种、规格、厚度 2.防水层数 3.防水层做法 4.反边高度	m^2	按设计图示尺寸以面积计算。 1.楼（地）面防水，按主墙间净空面积计算，扣除凸出地面的构筑物、设备基础等所占面积，不扣除间壁墙及单个面积≤$0.3m^2$的柱、垛、烟囱和孔洞所占面积 2.楼（地）面防水反边高度≤300mm算作地面防水，反边高度>300mm按墙面防水计算	1.基层处理 2.刷粘结剂 3.铺防水卷材 4.接缝、嵌缝
010904002	楼（地）面涂膜防水	1.防水膜品种 2.涂膜厚度、遍数 3.增强材料种类 4.反边高度			1.基层处理 2.刷基层处理剂 3.铺布、喷涂防水层
010904003	楼（地）面砂浆防水（防潮）	1.防水层做法 2.砂浆厚度、配合比 3.反边高度			1.基层处理 2.砂浆制作、运输、摊铺、养护
010904004	楼（地）面变形缝	1.嵌缝材料种类 2.止水带材料种类 3.盖缝材料 4.防护材料种类	m	按设计图示以长度计算	1.清缝 2.填塞防水材料 3.止水带安装 4.盖缝制作、安装 5.刷防护材料

学习单元8　计算保温、隔热、防腐工程工程量

知识目标

（1）了解保温、隔热、防腐工程的主要内容。

（2）熟悉工程量清单项目设置及工程量计算规则。

技能目标

（1）通过本单元的学习，能够清楚保温、隔热、防腐工程的主要内容。

（2）能够清楚工程量清单项目的设置及工程量计算规则。

基础知识

酸、碱、盐及有机溶液等介质的作用，使得各类建筑材料产生不同程度的物理和化学破坏，常称为腐蚀。腐蚀的过程往往比较缓慢，短期不显其后果，而一旦造成危害则相当严重。因此，对于有腐蚀介质的工程，防腐对工程正常使用和延长使用寿命具有十分重要的意义。

在建筑工程中，常见的防腐工程种类包括水玻璃类防腐工程、硫磺类防腐工程、沥青类防腐工程、树脂类防腐工程、聚合物砂浆防腐工程、块料防腐工程、聚氯乙烯塑料（PVC）防腐工程、涂料防腐工程等。

防腐工程一般适用于楼地面、平台、墙面/墙裙和地沟的防腐隔离层和面层。

保温隔热适用于中温、低温及恒温要求的工业厂（库）房和一般建筑物的保温隔热工程。按照不同部位，保温隔热划分为屋面、天棚、墙体、楼地面和其他部位的保温隔热工程。保温隔热使用的材料有珍珠岩、聚苯乙烯塑料板、沥青软木、加气混凝土块、玻璃棉、矿渣棉、松散稻草等。材料同样是区分各部位保温隔热预算分项的依据。不另计算的只包括保温隔热材料的铺贴，不包括隔气防潮、保护墙和墙砖等。

一、保温、隔热、防腐工程的主要内容

防腐、隔热、保温工程包括3个项目，16个子项，适用于工业与民用建筑的基础、地面、墙面防腐工程，楼地面、墙体、屋盖的保温隔热工程。

（一）防腐混凝土面层

防腐混凝土（砂浆、胶泥）面层项目适用于平面或立面的水玻璃混凝土（砂浆、胶泥）、沥青混凝土（砂浆、胶泥）、树脂混凝土以及聚合物水泥砂浆等防腐工程。

1. 工程量计算

防腐混凝土面层工程量按设计图示尺寸以面积计算。平面防腐时，应扣除凸出地面的构筑物、设备基础等所占面积；立面防腐时，砖垛等突出部分按展开面积并入墙面积内计算。

2. 项目特征

项目特征描述防腐部位，面层厚度，砂浆、混凝土、胶泥种类。

3. 工程内容

工程内容包含基层处理，基层刷稀胶泥，混凝土制作、运输、摊铺、养护，胶泥调制、摊铺。

小提示

（1）因防腐材料不同，相应的价格差异就会很大，因而清单项目中必须列出混凝土、砂浆、胶泥的材料种类，如水玻璃混凝土、沥青混凝土等。

（2）如遇池槽防腐，池底、池壁可合并列项，也可分别编码列项。

（3）防腐工程中需酸化处理、养护的费用应包含在清单项目中。

（二）保温隔热屋面

保温隔热屋面项目适用于各种保温隔热材料屋面。

1. 工程量计算

保温隔热屋面工程量按设计图示尺寸以面积计算，不扣除柱、垛所占面积。

2. 项目特征

项目特征描述保温隔热材料品种、规格，粘结材料种类，防护材料种类。

3. 工程内容

工程内容包含基层清理、铺设保温层、刷防护材料。

小提示

（1）屋面保温隔热层上的防水层应按屋面的防水项目单独编码列项。

（2）预制隔热板屋面的隔热板与砖墩分别按混凝土及钢筋混凝土工程和砌筑工程的相关项目编码列项。

（3）屋面保温隔热的找坡、找平层应包括在保温隔热项目内。如果屋面防水项目包括找坡、找平，屋面保温隔热不再计算，以免重复。

（三）保温隔热天棚

保温隔热天棚项目适用于各种材料的下贴式或吊顶上搁置的保温隔热天棚。

1. 工程量计算

保温隔热天棚工程量按设计图示尺寸以面积计算。

2. 项目特征

项目特征描述保温隔热方式、保温隔热面层材料品种、规格、性能，保温隔热材料品种、规格，粘结材料种类，防护材料种类。

3. 工程内容

工程内容包含基层清理、底层抹灰、填贴保温材料、粘贴面层、嵌缝、刷防护材料。

（四）保温隔热墙

保温隔热墙项目适用于工业与民用建筑物外墙、内墙保温隔热工程。

1. 工程量计算

保温隔热墙项目工程量按设计图示尺寸以面积计算，扣除门窗洞口所占面积。门窗洞口侧壁需做保温时，并入保温墙体工程量内。

2. 项目特征

项目特征描述保温隔热方式（内保温、外保温、夹心保温），踢脚线、勒脚线保温做法，保温隔热面层材料品种、规格、性能，保温隔热材料品种、规格，隔气层厚度、材料品种，粘结材料种类，防护材料种类。

3. 工程内容

工程内容包含基层清理、底层抹灰、粘贴龙骨、填贴保温材料、粘贴面层、嵌缝、刷防护材料。

小提示

（1）外墙外保温和内保温的面层应包括在保温隔热墙项目内，其装饰层应按装饰工程的有关项目编码列项。

（2）内保温的内墙保温踢脚线应包括在保温隔热墙项目内。

（3）外保温、内保温、内墙保温的基层抹灰或刮腻子应包括在该项目内。

（五）保温柱

保温柱项目适用于各种材料的柱保温。其工程量计算规则、项目特征及工程内容同墙保温。

注意，柱帽保温隔热应并入天棚保温隔热工程量内。

（六）隔热楼地面

隔热楼地面项目适用于各种材料的楼地面隔热保温。

1. 工程量计算

隔热楼地面工程量按设计图示尺寸以面积计算，不扣除柱、垛所占面积。

2. 项目特征

项目特征同屋面保温隔热项目。

3. 工程内容

工程内容包含基层清理、铺设粘贴材料、铺贴保温层、刷防护材料。

二、工程量清单项目设置及工程量计算规则

（一）保温、隔热（编码：011001）

保温、隔热工程量清单项目设置及工程量计算规则见表6-55。

表6-55 保温、隔热工程（编码：011001）

项目编码	项目名称	项目特征	计量单位	工程量计算规则	工程内容
011001001	保温隔热屋面	1.保温隔热材料品种、规格、厚度 2.隔气层材料品种、厚度 3.粘结材料种类、做法 4.防护材料种类、做法	m^2	按设计图示尺寸以面积计算。扣除面积＞$0.3m^2$的孔洞所占位面积	1.基层清理 2.刷粘结材料 3.铺粘保温层 4.铺、刷（喷）防护材料

续表

项目编码	项目名称	项目特征	计量单位	工程量计算规则	工程内容
011001002	保温隔热天棚	1.保温隔热面层材料品种、规格、性能 2.保温隔热材料品种、规格及厚度 3.粘结材料种类及做法 4.防护材料种类及做法	m^2	按设计图示尺寸以面积计算。扣除面积＞$0.3m^2$的柱、垛、孔洞所占面积，与天棚相连的梁按展开面积计算并入天棚工程量内	1.基层清理 2.刷粘结材料 3.铺粘保温层 4.铺、刷（喷）防护材料
011001003	保温隔热墙面	1.保温隔热部位 2.保温隔热方式 3.踢脚线、勒脚线保温做法 4.龙骨材料品种、规格 5.保温隔热面层材料品种、规格、性能 6.保温隔热材料品种、规格及厚度 7.增强网及抗裂防水砂浆种类 8.粘结材料种类及做法 9.防护材料种类及做法	m^2	按设计图示尺寸以面积计算。扣除门窗洞口以及面积＞$0.3m^2$的梁、孔洞所占面积；门窗洞口侧壁以及与墙相连的柱，并入保温墙体工程量内	1.基层清理 2.刷界面剂 3.安装龙骨 4.填贴保温材料 5.保温板安装 6.粘贴面层 7.铺设增强格网、抹抗裂、防水砂浆面层 8.嵌缝 9.铺、刷（喷）防护材料
011001004	保温柱、梁			按设计图示尺寸以面积计算。 1.柱按设计图示柱断面保温层中心线展开长度乘保温层高度以面积计算，扣除面积＞$0.3m^2$梁所占面积 2.梁按设计图示梁断面保温层中心线展开长度乘保温层长度以面积计算	
011001005	保温隔热楼地面	1.保温隔热部位 2.保温隔热材料品种、规格、厚度 3.隔气层材料品种、厚度 4.粘结材料种类、做法 5.防护材料种类、做法	m^2	按设计图示尺寸以面积计算。扣除面积＞$0.3m^2$柱、垛、孔洞等所占面积。门洞、空圈、暖气包槽、壁龛的开口部分不增加面积	1.基层清理 2.刷粘结材料 3.铺粘保温层 4.铺、刷（喷）防护材料
011001006	其他保温隔热	1.保温隔热部位 2.保温隔热方式 3.隔气层材料品种、厚度 4.保温隔热面层材料品种、规格、性能 5.保温隔热材料品种、规格及厚度 6.粘结材料种类及做法 7.增强网及抗裂防水砂浆种类 8.防护材料种类及做法	m^2	按设计图示尺寸以展开面积计算。扣除面积＞$0.3m^2$的孔洞所占面积	1.基层清理 2.刷界面剂 3.安装龙骨 4.填贴保温材料 5.保温板安装 6.粘贴面层 7.铺设增强格网、抹抗裂防水砂浆面层 8.嵌缝 9.铺、刷（喷）防护材料

小 提 示

保温、隔热、防腐工程在进行保温隔热时，应采取的方式应该是内保温、外保温、夹心保温。

（二）防腐面层（编码：011002）

防腐面层工程量清单项目设置及工程量计算规则见表6–56。

表6–56 防腐面层工程（编码：011002）

<table>
<tr><th>项目编码</th><th>项目名称</th><th>项目特征</th><th>计量单位</th><th>工程量计算规则</th><th>工程内容</th></tr>
<tr><td>011002001</td><td>防腐混凝土面层</td><td>1.防腐部位
2.面层厚度
3.混凝土种类
4.胶泥种类、配合比</td><td rowspan="7">m^2</td><td rowspan="6">按设计图示尺寸以面积计算
1.平面防腐：扣除凸出地面的构筑物、设备基础等以及面积＞$0.3m^2$孔洞、柱、垛等所占面积，门洞、空圈、暖气包槽、壁龛的开口部分不增加面积
2.立面防腐：扣除门、窗、洞口以及面积＞$0.3m^2$孔洞、梁所占面积，门、窗、洞口侧壁、垛突出部分按展开面积并入墙面积内</td><td>1.基层清理
2.基层刷稀胶泥
3.混凝土制作、运输、摊铺、养护</td></tr>
<tr><td>011002002</td><td>防腐砂浆面层</td><td>1.防腐部位
2.面层厚度
3.砂浆、胶泥种类、配合比</td><td>1.基层清理
2.基层刷稀胶泥
3.砂浆制作、运输、摊铺、养护</td></tr>
<tr><td>011002003</td><td>防腐胶泥面层</td><td>1.防腐部位
2.面层厚度
3.胶泥种类、配合比</td><td>1.基层清理
2.胶泥调制、摊铺</td></tr>
<tr><td>011002004</td><td>玻璃钢防腐面层</td><td>1.防腐部位
2.玻璃钢种类
3.贴布材料的种类、层数
4.面层材料品种</td><td>1.基层清理
2.刷底漆、刮腻子
3.胶浆配制、涂刷
4.粘布、涂刷面层</td></tr>
<tr><td>011002005</td><td>聚氯乙烯板面层</td><td>1.防腐部位
2.面层材料品种、厚度
3.粘结材料种类</td><td>1.基层清理
2.配料、涂胶
3.聚氯乙烯板铺设</td></tr>
<tr><td>011002006</td><td>块料防腐面层</td><td>1.防腐部位
2.块料品种、规格
3.粘结材料种类
4.勾缝材料种类</td><td rowspan="2">1.基层清理
2.铺贴块料
3.胶泥调制、勾缝</td></tr>
<tr><td>011002007</td><td>池、槽块料防腐面层</td><td>1.防腐池、槽名称代号
2.块料品种、规格
3.粘结材料种类
4.勾缝材料种类</td><td>按设计图示尺寸以展开面积计算</td></tr>
</table>

（三）其他防腐（编码：011003）

其他防腐工程量清单项目设置及工程量计算规则见表6–57。

表6–57　其他防腐工程（编码：011003）

项目编码	项目名称	项目特征	计量单位	工程量计算规则	工程内容
011003001	隔离层	1.隔离层部位 2.隔离层材料品种 3.隔离层做法 4.粘贴材料种类	m^2	按设计图示尺寸以面积计算 1.平面防腐：扣除凸出地面的构筑物、设备基础等以及面积＞$0.3m^2$孔洞、柱、垛等所占面积，门洞、空圈、暖气包槽、壁龛的开口部分不增加面积 2.立面防腐：扣除门、窗、洞口以及面积＞$0.3m^2$孔洞、梁所占面积，门、窗、洞口侧壁、垛突出部分按展开面积并入墙面积内	1.基层清理、刷油 2.煮沥青 3.胶泥调制 4.隔离层铺设
011003002	砌筑沥青浸渍砖	1.砌筑部位 2.浸渍砖规格 3.胶泥种类 4.浸渍砖砌法	m^3	按设计图示尺寸以体积计算	1.基层清理 2.胶泥调制 3.浸渍砖铺砌
011003003	防腐涂料	1.涂刷部位 2.基层材料类型 3.刮腻子的种类、遍数 4.涂料品种、刷涂遍数	m^2	按设计图示尺寸以面积计算。 1.平面防腐：扣除凸出地面的构筑物、设备基础等以及面积＞$0.3m^2$孔洞、柱、垛等所占面积，门洞、空圈、暖气包槽、壁龛的开口部分不增加面积 2.立面防腐：扣除门、窗、洞口以及面积＞$0.3m^2$孔洞、梁所占面积，门、窗、洞口侧壁、垛突出部分按展开面积并入墙面积内	1.基层清理 2.刮腻子 3.刷涂料

学习案例

某建筑场地的大型土方方格网如图6–5所示，图中方格网a=20m，括号内为设计标高，无括号为地面实测标高，单位为m。

想一想

试求施工标高、零线和土方工程量。

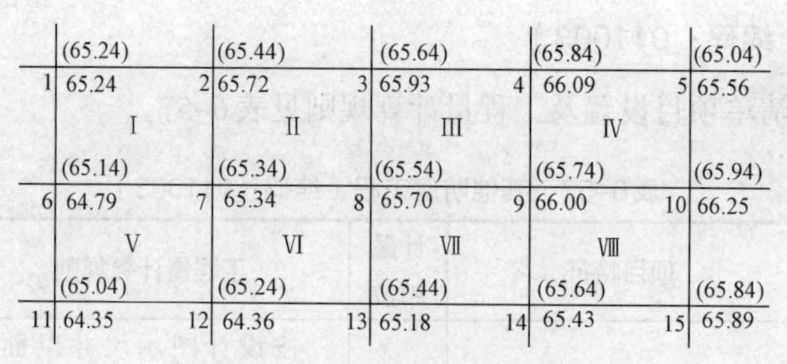

图6-5 某场地的土方方格网

案例分析

解:(1)求施工标高。施工标高=地面实测标高-设计标高(见图6-6)。

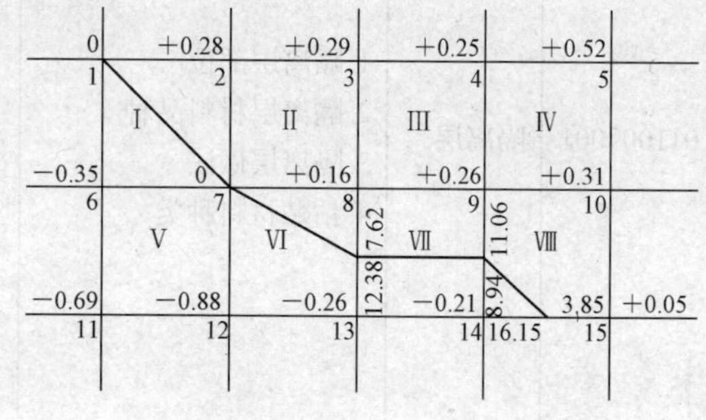

图6-6 土方方格网

(2)求零线。先求零点,从图6-6中可知1和7为零点,尚需求8 ~ 13,9 ~ 14,14 ~ 15线上的零点。如8 ~ 13线上的零点为

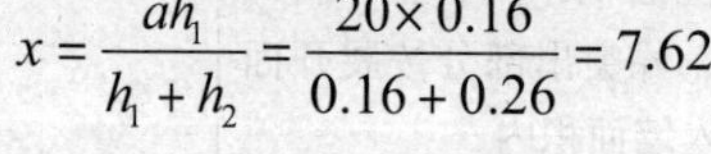

$$x=\frac{ah_1}{h_1+h_2}=\frac{20\times 0.16}{0.16+0.26}=7.62$$

另一段为$a-x$=20−7.62=12.38

求出零点后,连接各零点所得线即为零线,图上折线为零线,以上为挖方区,以下为填方区。

(3)求土方量。计算见表6-58。

表6-58 土方工程量计算表

方格编号	挖方(+)	填方(−)
1	$\frac{1}{2}\times 20\times 20\times\frac{0.28}{3}=18.67$	$\frac{1}{2}\times 20\times 20\times\frac{0.35}{3}=23.33$
2	$20\times 20\times\frac{0.29+0.16+0.28}{4}=7$	
3	$20\times 20\times\frac{0.25+0.26+0.16+0.29}{4}=96$	
4	$20\times 20\times\frac{0.52+0.31+0.26+0.25}{4}=134$	
5		$20\times 20\times\frac{0.88+0.69+0.35}{4}=192$
6	$\frac{1}{2}\times 20\times 11.4\times\frac{0.16}{3}=6.08$	$\frac{1}{2}\times(20+18.6)\times 20\times\frac{0.88+0.26}{4}=110.01$
7	$\frac{1}{2}\times(11.4+16.6)\times 20\times\frac{0.16+0.26}{4}=29.4$	$\frac{1}{2}\times(13.4+18.6)\times 20\times\frac{0.21+0.26}{4}=37.6$
8	$\left[20\times 20-\frac{(20-5.8)\times(20-16.6)}{2}\right]\times\frac{0.26+0.31+0.05}{5}=46.61$	$\frac{1}{2}\times 13.4+24.2\times\frac{0.21}{3}=11.35$
合计	403.76	374.29

知识拓展

保温材料

在建筑中，习惯上将用于控制室内热量外流的材料叫作保温材料，防止室外热量进入室内的材料叫作隔热材料。保温，隔热材料统称为绝热材料。常用的绝热材料按其成分可分为有机、无机两大类。按其形态又可分为纤维状、多孔状微孔、气泡、粒状、层状等多种。下面就一些比较常见的材料做简单介绍。

（一）无机纤维状保温材料

1. *矿物棉、岩棉及其制品*

矿物棉是以工业废料矿渣为主要原料，经熔化，用喷吹法或离心法而制成的棉状绝热材料。岩棉是以天然岩石为原料制成的矿物棉，常用岩石如玄武岩、辉绿岩、角闪岩等。

矿物棉特点：矿物棉及制品是一种优质的保温材料，已有100余年生产和应用的历史。其质轻、保温、隔热、吸声、化学稳定性好、不燃烧、耐腐蚀，并且原料来源丰富，成本较低。

矿物棉主要用途：其制品主要用于建筑物的墙壁、屋顶、天花板等处的保温绝热和吸声，还可制成防水毡和管道的套管。

2. *玻璃棉及制品*

玻璃棉是用玻璃原料或碎玻璃熔融后制成的一种纤维状材料，它包括短棉和超细棉两种。

玻璃棉特点：在高温、低温下能保持良好的保温性能；具有良好的弹性恢复力；具有良好的吸音性能，对各种声波、噪声均有良好的吸音效果；化学稳定性好，无老化现象，长期使用性能不变，产品厚度、密度和形状可按用户要求加工。

玻璃棉主要用途：短棉主要制成玻璃棉毡、卷毡，用于建筑物的隔热和隔声，通风、空调设备的保温、隔声等。超细棉主要制成玻璃棉板和玻璃棉管套，用于大型录音棚、冷库、仓库、船舶、航空、隧道以及房建工程的保温、隔音，还可用于供热、供水、动力等设备管道的保温。

3. *硅酸铝棉及制品*

硅酸铝棉即直径3~5μm 的硅酸铝纤维，又称耐火纤维，是以优质焦宝石、高纯氧化铝、二氧化硅、锆英沙等为原料，选择适当的工艺处理，经电阻炉熔融喷吹或甩丝，使化学组成与结构相同与不同的分散材料进行聚合纤维化制得的无机材料，是当前国内外公认的新型优质保温绝热材料。

硅酸铝棉特点：具有质轻、耐高温、低热容量，导热系数低、优良的热稳定性、优良的抗拉强度和优良的化学稳定性。

硅酸铝棉主要用途：广泛用于电力、石油、冶金、建材、机械、化工、陶瓷等工业部门工业窑炉的高温绝热封闭以及用作过滤、吸声材料。

4. *石棉及其制品*

石棉又称“石绵”，为商业性术语，指具有高抗张强度、高挠性，耐化学和热侵蚀，电绝缘和具有可纺性的硅酸盐类矿物产品。它是天然的纤维状的硅酸盐类类矿物质的总称。

石棉特点：具有高度耐火性、电绝缘性和绝热性，是重要的防火、绝缘和保温材料。

石棉主要用途：主要用于机械传动、制动以及保温、防火、隔热、防腐、隔音、绝缘等方面，其中较为重要的是汽车、化工、电气设备、建筑业等制造部门。

5. *无机微孔材料*

1）硅藻土。硅藻土由无定形的SiO_2组成，并含有少量Fe_2O_3、CaO、MgO、Al_2O_3及有机杂质。

硅藻土特点：硅藻土通常呈浅黄色或浅灰色，质软，多孔而轻，其空隙率为50%~80%，因此具有良好的保温绝热性能。硅藻土的化学成分为含水的非晶质SiO_2，其最高使用温度可达到900℃。

硅藻土主要用途：工业上常用来作为保温材料、过滤材料、填料、研磨材料、水玻璃原料、脱色剂及催化剂载体等。

（2）硅酸钙及其制品。

硅酸钙保温材料是以65%氧化硅（石英砂粉、硅藻土等）、35%免氧化钙（也有用消石灰、电石渣等）和5%增强纤维（如石棉、玻璃纤维等）为主要原料，经过搅拌、加热、凝胶、成型、蒸压硬化、干燥等工序制成的一种新型保温材料。

硅酸钙特点：表观密度小，抗折强度高，导热系数小，使用温度高，耐水性好，防火性强，无腐蚀，经久耐用，其制品易加工、易安装。

硅酸钙主要用途：广泛用于冶金、电力、化工等工业的热力管道、设备、窑炉的保温隔热材料，房屋建筑的内外墙、平顶的防火覆盖材料，各类舰船的仓室墙壁及过道的防火隔热材料。

6. 无机气泡状保温材料

（1）膨胀珍珠岩及其制品。

膨胀珍珠岩是天然珍珠岩煅烧而得，呈蜂窝泡沫状的白色或灰白色颗粒，是一种高效能的绝热材料。

膨胀珍珠岩特点：密度小，导热系数低，化学性稳定，使用温度范围宽，吸湿能力小，无毒无味，不腐蚀，不燃烧，吸音和施工方便。

膨胀珍珠岩主要用途：建筑工程中膨胀珍珠岩散料主要用作填充材料、现浇水泥珍珠岩保温、隔热层，粉刷材料以及耐火混凝土方面，其制品广泛用于较低温度的热管道、热设备及其他工业管道设备和工业建筑的保温绝热，以及工业与民用建筑维护结构的保温、隔热、吸声。

（2）加气混凝土。

加气混凝土是一种轻质多空的建筑材料，它是以水泥、石灰、矿渣、粉煤灰、砂、发气材料等为原料，经磨细，配料、浇注、切割、蒸压养护和铣磨等工序而制成的，因其经发气后制品内部含有大量均匀而细小的气孔，故名加气混凝土。

加气混凝土特点：重量轻，孔隙达70% ~ 80%，体积密度一般为400~700kg/m³，相当于实心粘土砖的1/3,普通混凝土的1/5，保温性能好，良好的耐火性能，不散发有害气体，具有可加工性，良好的吸声性能，原料来源广、生产效率高、生产能耗低。

加气混凝土主要用途：主要用于建筑工程中的轻质砖、轻质墙、隔音砖、隔热砖和节能砖。

（二）有机气泡状保温材料

1. 模塑聚苯乙烯泡沫塑料

模塑聚苯乙烯泡沫塑料（EPS）是采用可发性聚苯乙烯珠粒经加热预发泡后，在磨具中加热成型制得，具有闭孔结构的，使用温度不超过75℃的聚苯乙烯泡沫塑料板材。

EPS特点：具有优异持久的保温隔热性、独特的缓冲抗震性、抗老化性和防水性能。

EPS主要用途：在日常生活、农业、交通运输业、军事工业、航天工业等许多领域都得到了广泛的应用。特别是大型泡沫板材的市场需求量很大，作为彩钢夹芯板、钢丝（板）网架轻质复合板、墙体外贴板、屋面保温板以及地热用板等，它更广泛地被应用在房屋建筑领域，用作保温、隔热、防水和地面的防潮材料等。

2. 挤塑聚苯乙烯泡沫塑料

绝热用挤塑聚苯乙烯泡沫塑料（XPS），俗称挤塑板，它是以聚苯乙烯树脂为原料加上其他的原辅料与聚合物，通过加热混合同时注入催化剂，然后挤塑压出成型而制造的硬质泡沫塑料板。

XPS特点：具有完美的闭孔蜂窝结构，其结构的闭孔率达到了99%以上，这种结构让XPS板有极低的吸水性（几乎不吸水）、低热导系数、高抗压性、抗老化性（正常使用几乎无老化分解现象）。

XPS主要用途：广泛用于墙体保温、平面混凝土屋顶及钢结构屋顶的保温；用于低温储藏地面、泊车平台、机场跑道、高速公路等领域的防潮保温。

3. 聚氨酯硬质泡沫塑料

聚氨酯硬质泡沫塑料是异氰酸酯和羟基化合物经聚合发泡制成，按其硬度可分为软质和硬质两类，聚氨酯硬质泡沫塑料一般为室温发泡，成型工艺比较简单。按施工机械化程度可分为手工发泡及机械发泡；按发泡时的压力可分为高压发泡及低压发泡；按成型方式可分为浇注发泡及喷涂发泡。

聚氨酯硬质泡沫塑料特点：聚氨酯硬质泡沫多为闭孔结构，具有绝热效果好、重量轻、比强度大、施工方便等优良特性，同时还具有隔音、防震、电绝缘、耐热、耐寒、耐溶剂等特点。

聚氨酯硬质泡沫塑料主要用途：食品等行业冷冻冷藏设备的绝热材料；工业设备保温，如储罐、管道等；建筑保温材料；灌封材料等。

情境小结

工程量计算不仅是编制工程量清单的重要内容，而且是进行工程估价的重要依据。工程量计算是计算工程造价最核心的部分，应花大力气去理解掌握，以做到熟能生巧。本章依次对土石方工程、地基处理与边坡支护工程、桩基础工程、砌筑工程、混凝土及钢筋混凝土工程、金属结构工程、木结构工程、门窗工程、屋面及防水工程和保温隔热防腐工程的清单项目设置及计算规则、计算方法做了详细的解读，这一部分的内容应熟练掌握。

学习检测

填空题

1. 干湿土的划分应以地质资料提供的________为界。

2. 檩木工程量按竣工木料以________计算。

3. 变形缝项目指的是建筑物和构筑物变形缝的________、________和________等，按变形缝部位和材料分项。

4. 防腐工程一般适用于楼地面、平台、墙面/墙裙和地沟的________和________。

5. 按照不同部位，保温隔热划分为________、________、________、________和________的保温隔热工程。

选择题

1. 某屋面设计有铸铁管落水口8个，塑料水斗8个，配套的塑料落水管直径为100mm，每根长度为16m，塑料落水管工程量是（　　）。

A. 16m　　B. 100m　　C. 128m　　D. 72m

2. 某独立烟囱如图6–7所示，基础垫层采用C15混凝土，砖基础采用M5.0水泥砂浆砌筑，砖筒身采用M2.5混合砂浆砌筑，原浆勾缝，收口圈梁用C25混凝土浇筑，设计要求加工楔形整砖18 000块，标准半砖2 000块。砖基础工程量是（　　），砖烟囱工程量是（　　）。

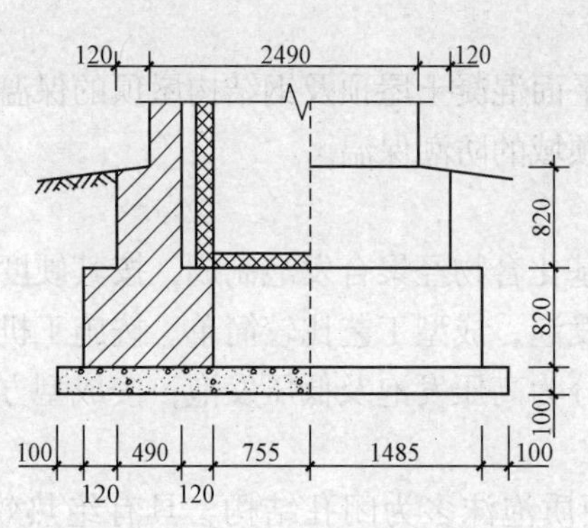

图6–7　独立烟囱

A. 7.04m³　　B. 37.04m³　　C. 37.33m³　　D. 92.83m³

3. 图6–8所示现浇独立桩承台的混凝土工程量是（　　）。

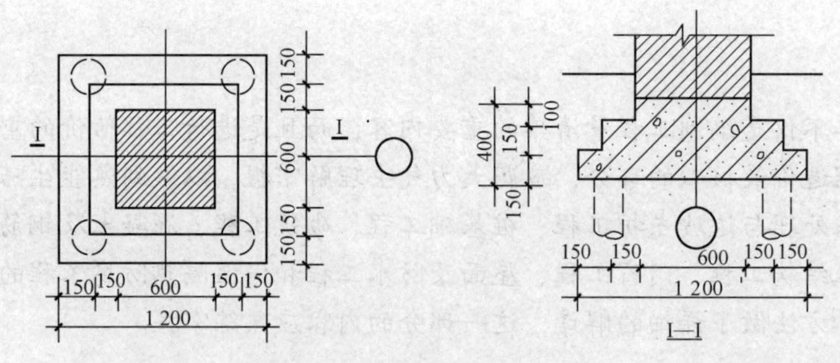

图6–8　现浇独立桩承台

A. 2.56m³　　B. 2.51m³　　C. 0.37m³　　D. 0.85m³

4. 在建筑工程中，常见的防腐工程种类包括（　　）。

A. 水玻璃类防腐工程　　B. 沥青类防腐工程

C. 块料防腐工程　　D. 涂料防腐工程

E. 食品防腐工程

学习情境 7

计算装饰工程工程量

情境导入

阳光大酒店装修改造项目采用工程量清单计价方式进行招投标。该项目装修合同工期为3个月，合同总价为400万元，合同约定实际完成工程量超过估计工程量15%以上时调整单价，调整后的综合单价为原综合单价的90%。合同约定客房地面铺地毯工程量为3 800m^2，单价为140元/m^2；墙面贴壁纸工程量为7 500m^2，单价为88元/m^2。施工过程中发生以下事件。

事件一，由于走廊设计变更等待新图纸造成承包方停工待料5d，造成窝工50工日（每工日工资20元）。

事件二，施工图纸中浴厕间毛巾环为不锈钢材质，但由发包人编制的工程量清单中无此项目，故承包人投标时未进行报价。施工过程中，承包人自行采购了不锈钢毛巾环并进行安装。工程结算时，承包人按毛巾环实际采购价要求发包人进行结算。

案例导航

上述案例事件一，由于走廊设计变更造成暂时停工的责任在于发包人，因此发包人应对承包人的损失予以补偿，并顺延工期。

事件二，承包人关于毛巾环的结算要求不合理。因为对于工程量清单漏项的项目，承包人应在施工前向发包人提出其综合单价，经发包人确认后作为结算的依据。

要了解装饰工程工程量清单计价方法，需要掌握的相关知识有：

（1）楼地面装饰工程工程量清单计量规则和方法；

（2）墙、柱面装饰与隔断、幕墙工程工程量清单计量规则和方法；

（3）天棚工程工程量清单计量规则和方法；

（4）油漆、涂料、裱糊工程工程量清单计量规则和方法。

学习单元1　计算楼地面工程工程量

知识目标

（1）了解楼地面工程的主要内容。

（2）熟悉工程量清单项目设置及工程量计算规则。

技能目标

（1）通过本单元的学习，能够清楚楼地面工程的主要内容。

（2）能够清楚工程量清单项目的设置及工程量计算规则。

基础知识

一、楼地面工程的主要内容

楼地面装饰工程共分8个项目43个子项，包括整体面层、块料面层、橡塑面层、其他材料面层、踢脚线、楼梯装饰、栏杆装饰、台阶装饰、零星装饰等项目，适用于楼地面、楼梯、台阶等装饰工程。

（一）整体面层

整体面层项目包括水泥砂浆、现浇水磨石、细石混凝土、菱苦土楼地面4个清单项目，适用于楼面、地面所做的整体面层工程。

1. 工程量计算

整体面层工程量按设计图示尺寸以面积计算。扣除凸出地面构筑物、设备基础、室内铁道、地沟等所占面积，不扣除间壁墙和0.3m^{2}以内的柱、垛、附墙烟囱及孔洞所占面积。门洞、空圈、暖气包槽、壁龛的开口部分不增加面积。

2. 项目特征

项目特征描述垫层材料种类、厚度、找平层厚度、砂浆配合比，防水层厚度、材料种类，面层厚度、砂浆配合比或混凝土强度等级。

对于现浇水磨石楼地面描述的项目特征还有，嵌缝材料种类、规格，石子种类、规格颜色，颜料种类、颜色、图案要求等。

嵌条材料，适用于水磨石的分格、做图案等的嵌条，如玻璃嵌条、铜嵌条、铝合金嵌条、不锈钢嵌条。

3. 工程内容

工程内容包含基层清理，垫层铺设，抹找平层，防水层铺设，抹面层，嵌缝条安装，磨光、酸洗、打蜡，材料运输等。

（二）块料面层

块料面层包括石材楼地面、块料楼地面2个清单项目，适用于楼面、地面所做的块料面层工程。

1. 工程量计算

块料面层工程量同整体面层。

2. 项目特征

项目特征描述垫层材料种类、厚度，找平层厚度、砂浆配合比，防水层、材料种类，填充材料种类、厚度，面层材料品种、规格、品牌、颜色，嵌缝材料种类，防护层材料种类，酸洗、打蜡要求。

防护材料是指耐酸、耐碱、耐臭氧、耐老化、防火、防油渗等材料。

酸洗、打蜡磨光、水磨石、菱苦土、陶瓷块料等，均可用酸洗清洗油渍、污渍，然后打蜡

和磨光。

3. 工程内容

工程内容包含基层清理、铺设垫层、抹找平层，防水层、填充层铺设，面层铺设，嵌缝，刷防护材料，酸洗、打蜡，材料运输。

（三）橡塑面层

橡塑面层包含橡胶板、橡胶卷材、塑料板、塑料卷材楼地面4个清单项目。

1. 工程量计算

橡塑面层工程量按设计图示尺寸以面积计算。门洞、空圈、暖气包槽、壁龛的开口部分并入相应的工程量内。

2. 项目特征

项目特征描述找平层厚度、砂浆配合比，填充材料种类、厚度，粘结层厚度、材料种类，面层材料品种、规格、品牌、颜色，压线条种类。

压线条是指地毯、橡胶板、橡胶卷材铺设的压线条，如铝合金、不锈钢、铜压线条等。

3. 工程内容

工程内容包含基层清理、抹找平层，铺设填充层，面层铺贴，压缝条装订，材料运输。

（四）其他材料面层

其他材料面层包括楼地面地毯、竹木地板、防静电活动地板、金属复合地板4个清单项目。

1. 工程量计算

其他材料面层工程量计算同橡塑面层。

2. 项目特征

项目特征描述找平层厚度、砂浆配合比，填充材料种类、厚度，面层材料品种、规格、品牌、颜色，防护材料种类。

3. 工程内容

工程内容包含清理基层、抹找平层，铺设填充层，铺贴面层，刷防护材料，材料运输。

（五）踢脚线

踢脚线包括水泥砂浆踢脚线、石材踢脚线、块料踢脚线、现浇水磨石踢脚线、塑料板踢脚线、木质踢脚线、金属踢脚线、防静电踢脚线8个清单项目。

1. 工程量计算

踢脚线工程量按设计图示长度乘以高度以面积计算。

2. 项目特征

项目特征描述踢脚线高度，底层厚度、砂浆配合比，面层厚度、砂浆配合比（或面层材料品种、规格、品牌、颜色）。

3. 工程内容

工程内容包含基层清理，底层抹灰，基层铺设，面层抹灰，勾缝，磨光酸洗打蜡、刷防护材料、刷油漆、材料运输。

（六）楼梯装饰

楼梯装饰包括石材楼梯面层、块料楼梯面层、水泥砂浆楼梯面、现浇水磨石楼梯面、地毯楼梯面、木板楼梯6个清单项目。

1. 工程量计算

楼梯装饰工程量按设计图示尺寸以楼梯（包括踏步、休息平台及500mm以内的楼梯井）水平投影面积计算。

（1）楼梯与楼地面相连时，算至梯口梁内侧边沿。

（2）无梯口梁者，算至最上一层踏步边沿加300mm。

注意，楼梯侧面装饰及0.5m^{2}以内少量分散的楼地面装修应按楼地面工程中零星装饰项目编码列项。楼梯地面抹灰按天棚工程相应项目编码列项。

2. 项目特征

项目特征描述找平层厚度、砂浆配合比，面层材料品种、规格、品牌、颜色。

3. 工程内容

工程内容包含基层清理、抹找平层、面层铺贴、材料运输。

（七）扶手、栏杆、栏板装饰

扶手、栏杆、栏板装饰包括金属、硬木、塑料扶手带栏杆栏板及金属、硬木、塑料靠墙扶手6个清单项目。

扶手、栏杆、栏板装饰项目适用于楼梯、阳台、走廊、回廊及其他装饰性扶手、栏杆、栏板。

1. 工程量计算

扶手、栏杆、栏板工程量按设计图示尺寸以扶手中心线长度（包括弯头长度）计算。

2. 项目特征

项目特征描述扶手材料种类、规格、品牌、颜色、固定配件种类，防护材料种类，油漆品种、刷漆遍数。

3. 工程内容

工程内容包含制作、运输、安装、刷防护材料、刷油漆。

（八）台阶装饰

台阶装饰包括石材、块料、水泥砂浆、现浇水磨石、剁假石台阶面5个清单项目。

1. 工程量计算

台阶装饰工程量按设计图示尺寸以台阶（包括最上一层踏步边沿加300mm）水平投影面积计算。

注意：

（1）台阶面层与平台面层是同一种材料时，平台面层与台阶面层不可重复计算。当台阶计算最上一层踏步加300mm时，则平台面层中必须扣除该面积。如果平台与台阶以平台外沿为分界线，在台阶报价时，最上一步台阶的踢面应考虑在台阶的报价内。

（2）台阶侧面装饰不包括在台阶面层项目内，应按零星装饰项目编码列项。

2. 项目特征

项目特征描述垫层材料种类、厚度，找平层厚度、砂浆配合比，面层材料品种、规格、品牌、颜色，防滑材料种类、规格。

3. 工程内容

工程内容包含基层清理、铺设垫层、抹找平层、面层铺贴、材料运输。

（九）零星装饰

零星装饰包括石材零星项目、碎拼石材零星项目、块料零星项目、水泥砂浆零星项目。

零星装饰适用于小面积（$0.5m^2$以内）少量分散的楼地面装饰项目。

1. 工程量计算

零星装饰工程量按设计图示尺寸以面积计算。

2. 项目特征

项目特征描述工程部位，找平层厚度、砂浆配合比，结合层厚度、材料种类，面层材料品种、规格、品牌、颜色，勾缝材料种类，防护材料种类，酸洗、打蜡要求。

3. 工程内容

工程内容包含基层清理，抹找平层，面层铺贴，勾缝，刷防护材料，酸洗、打蜡，材料运输。

二、工程量清单项目设置及工程量计算规则

（一）整体面层及找平层（编码：011101）

整体面层及找平层包括水泥砂浆楼地面、现浇水磨石楼地面、细石混凝土楼地面、菱苦土楼地面。其工程量均按设计图示尺寸以面积（m^2）计算。扣除凸出地面构筑物、设备基础、室内管道、地沟等所占面积，不扣除间壁墙和≤$0.3m^2$以内的柱、垛、附墙烟囱及孔洞所占面积，门洞、空圈、暖气包槽、壁龛的开口部分不增加面积。

（二）块料面层（编码：011102）

块料面层包括石材（指花岗石、大理石、青石板等石材）楼地面、碎石材楼地面、块料楼地面（指各种地砖、广场砖、水泥砖等块料）。

块料面层工程量按设计图示尺寸以面积（m^2）计算。门洞、空圈、暖气包槽、壁龛的开口部分并入相应的工程量内。

（三）橡塑面层（编码：011103）

橡塑面层包括橡胶板楼地面、橡胶板卷材楼地面、塑料板楼地面以及塑料卷材楼地面。

橡塑面层工程量按设计图示尺寸以面积（m^2）计算。门洞、空圈、暖气包槽、壁龛的开口部分并入相应的工程量内。

（四）其他材料面层（编码：011104）

其他材料面层包括楼地面地毯、竹木（复合）地板、金属复合地板、防静电活动地板。

工程量按设计图示尺寸以面积（m^2）计算。门洞、空圈、暖气包槽、壁龛的开口部分并入相应的工程量内。

（五）踢脚线（编码：011105）

踢脚线包括水泥砂浆踢脚线、石材踢脚线、块料踢脚线、塑料板踢脚线、木质踢脚线、金属踢脚线、防静电踢脚线等。

工程量按设计图示长度乘高度以面积（m^2）计算，或按延长米（m）计算。

（六）楼梯面层（编码：011106）

楼梯面层包括石材楼梯面层、块料楼梯面层、拼碎块料面层、水泥砂浆楼梯面层、现浇水

磨石楼梯面层、地毯楼梯面层、木板楼梯面层、橡胶板楼梯面层、塑料板楼梯面层。

工程量按设计图示尺寸以楼梯（包括踏步、休息平台及≤500mm的楼梯井）水平投影面积计算。楼梯与楼地面相连时，算至梯口梁内侧边沿；无梯口梁者，算至最上一层踏步边沿加300mm。

（七）台阶装饰（编码：011107）

台阶装饰包括石材台阶面、块料台阶面、拼碎块料台阶面、水泥砂浆台阶面、现浇水磨石台阶面、剁假石台阶面。

工程量按设计图示尺寸以台阶（包括最上层踏步边沿加300mm）水平投影面积计算。

（八）零星装饰项目（编码：011108）

零星装饰项目包括石材零星项目、拼碎石材零星项目、块料零星项目、水泥砂浆零星项目等内容。

零星装饰项目工程量按设计图示尺寸以面积（m^2）计算。

小提示

楼梯、台阶牵边和侧面镶贴块料面层，不大于$0.5m^2$的少量分散的楼地面镶贴块料面层，应按本表执行。

学习单元2 计算墙、柱面装饰与隔断、幕墙工程工程量

知识目标

（1）了解墙、柱面装饰与隔断、幕墙工程的主要内容。

（2）熟悉工程量清单项目设置及工程量计算规则。

技能目标

（1）通过本单元的学习，能够清楚墙、柱面装饰与隔断、幕墙工程的主要内容。

（2）能够清楚工程量清单项目的设置及工程量计算规则。

基础知识

一、墙、柱面装饰与隔断、幕墙工程的主要内容

墙、柱面装饰与隔断幕墙工程共10个项目35个清单子项，包括墙面抹灰、柱（梁）面抹灰、零星抹灰、墙面块料面层、柱（梁）面镶贴块料、镶贴零星块料、墙饰面、柱（梁）饰面、幕墙工程、隔断等项目，适用于一般抹灰、装饰抹灰工程。

（一）墙面抹灰

墙面抹灰包括墙面一般抹灰、墙面装饰抹灰、墙面勾缝3个项目。

一般抹灰包括石灰砂浆、水泥混合砂浆、水泥砂浆、聚合物水泥砂浆、膨胀珍珠岩水泥砂浆和麻刀灰、纸筋石灰、石膏灰等。

装饰抹灰包括水刷石、水磨石、斩假石、干粘石、假面石、拉条灰、拉毛灰、喷涂、喷砂、滚涂、弹涂等。

1．工程量计算

墙面抹灰工程量按设计图示尺寸以面积计算。扣除墙裙、门窗洞口及单个面积超过0.3 m^2的孔洞；不扣除踢脚线、挂镜线和墙与构件交接处（指墙与梁的交接处所占面积）的面积；门窗洞口和孔洞的侧壁及顶面不增加面积；附墙柱、梁、垛、烟囱侧壁并入相应的墙面面积内。具体说明如下。

（1）外墙抹灰面积按外墙垂直投影面积计算。

（2）外墙裙抹灰面积按其长度乘以高度计算。应扣除门洞、台阶不做墙裙部分所占的面积。

（3）内墙抹灰面积按主墙间的净长乘以高度计算，其高度确定如下：

无墙裙的，高度按室内楼地面至天棚底面计算；

有墙裙的，高度按墙裙顶至天棚底面计算。

（4）内墙裙抹灰面积按内墙净长乘以高度计算。

2．项目特征

（1）墙面一般抹灰、墙面装饰抹灰描述墙体类型，底层厚度、砂浆配合比，面层厚度、砂浆配合比，装饰面材料种类，分格缝宽度、材料种类。

（2）墙面勾缝描述墙体类型、勾缝类型、勾缝材料种类。

3．工程内容

（1）墙面一般抹灰、墙面装饰抹灰包含基层清理，砂浆制作、运输，底层抹灰，抹面层，抹装饰面，勾分格缝。

（2）墙面勾缝包含基层清理，砂浆制作、运输、勾缝。

（二）柱面抹灰

柱面抹灰包括柱面一般抹灰、柱面装饰抹灰、柱面勾缝3个项目。

1．工程量计算

柱面抹灰工程量按设计图示尺寸柱断面周长（指结构断面周长）乘以高度以面积计算。

2．项目特征

（1）柱面抹灰项目特征除了将墙体类型换成柱体类型外，其余同墙面抹灰。

（2）柱面勾缝项目特征同墙面勾缝项目特征。

3．工程内容

（1）柱面抹灰的工程内容同墙面抹灰的工程内容。

（2）柱面勾缝的工程内容同墙面勾缝的工程内容。

（三）零星抹灰

零星抹灰包括零星项目一般抹灰和零星项目装饰抹灰2个项目。

1．工程量计算

零星抹灰工程量按设计图示尺寸以面积计算。

2．项目特征

零星抹灰的项目特征同墙面抹灰。

3．工程内容

零星抹灰的工程内容同墙面抹灰。

（四）墙面镶贴块料

墙面镶贴块料包括石材墙面、碎拼石材墙面、块料墙面和干挂石材钢骨架4个项目。

1. 工程量计算

（1）墙面镶贴块料按设计图示尺寸以镶贴表面积计算。

（2）干挂石材钢骨架按设计图示尺寸以质量计算。

2. 项目特征

（1）墙面镶贴块料描述墙体类型，底层厚度、砂浆配合比，粘结层厚度、材料种类，挂贴方式，干挂方式，面层材料品种、规格、品牌、颜色，缝宽、嵌缝材料种类，防护材料种类，磨光、酸洗、打蜡要求。

（2）干挂石材钢骨架要描述骨架种类、规格，油漆品种、刷漆遍数。

3. 工作内容

（1）墙面镶贴块料包含基层清理，砂浆制作、运输，底层抹灰，结合层铺贴，面层铺贴，面层挂贴，面层干挂，嵌缝，刷防护材料，磨光、酸洗、打蜡。

（2）干挂石材钢骨架包含钢骨架制作、运输、安装，骨架油漆。

二、工程量清单项目设置及工程量计算规则

（一）墙面抹灰（编码：011201）

墙面抹灰包括墙面一般抹灰、墙面装饰抹灰、墙面勾缝和立面砂浆找平层。其工程量按设计图示尺寸以面积（m^2）计算。扣除墙裙、门窗洞口及单个面积＞$0.3m^2$的孔洞面积，不扣除踢脚线、挂镜线和墙与构件交接处的面积，门窗洞口和孔洞的侧壁及顶面不增加面积。附墙柱、梁、垛、烟囱侧壁并入相应的墙面面积内。

（1）外墙抹灰面积按外墙垂直投影面积计算（外墙抹灰计算高度如图7-1所示）。

（2）外墙裙抹灰面积按其长度乘以高度计算，长度是指外墙裙的长度。

（3）内墙抹灰面积按主墙的净长乘以高度计算。

① 无墙裙的，高度按室内楼地面至天棚底面计算。

② 有墙裙的，高度按墙裙顶至天棚底面计算。

③ 有吊顶天棚抹灰，高度算至天棚底。

（4）内墙裙抹灰面积按内墙净长乘以高度计算。

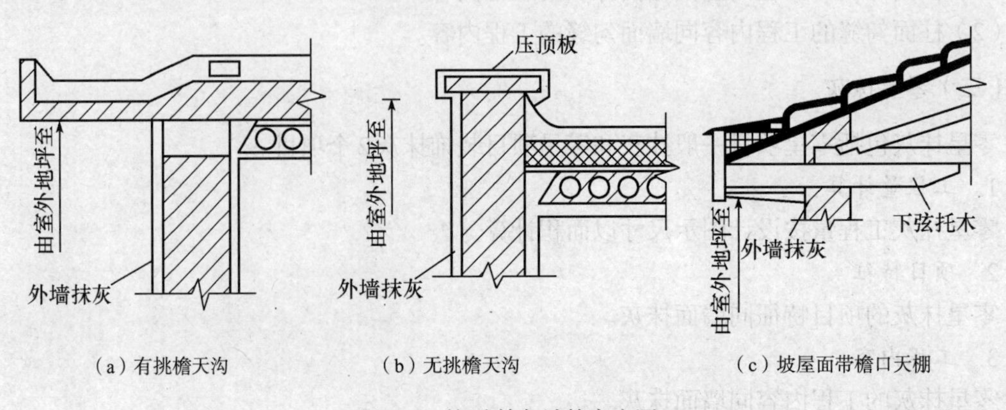

（a）有挑檐天沟　（b）无挑檐天沟　（c）坡屋面带檐口天棚

图7-1　外墙抹灰计算高度图

课堂案例

某工程如图7–2所示，室内墙面抹1 ∶ 2水泥砂浆底，1 ∶ 3石灰砂浆找平层，麻刀石灰浆面层，共20mm厚。室内墙裙采用1 ∶ 3水泥砂浆打底（19mm厚），1 ∶ 2.5水泥砂浆面层（6mm厚）。

M：1000mm × 2700mm　　共3个

C：1500mm × 1800mm　　共4个

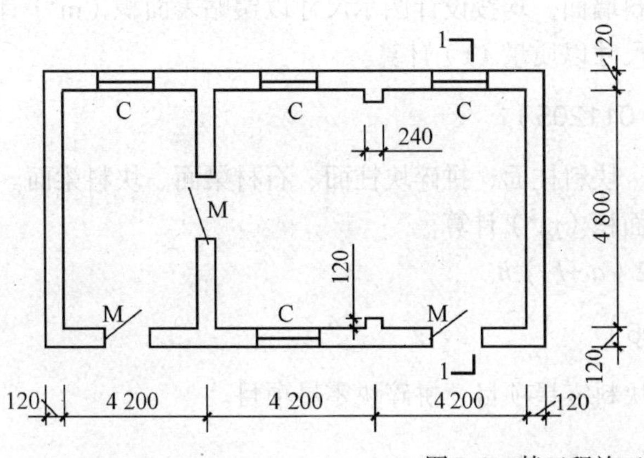

图7–2　某工程施工图

问题：

计算室内墙面一般抹灰和室内墙裙工程量。

分析：

（1）墙面一般抹灰工程量计算如下。

室内墙面抹灰工程量=主墙间净长度 × 墙面高度-门窗等面积+垛的侧面抹灰面积

室内墙面一般抹灰工程量=［(4.20 × 3–0.24 × 2+0.12 × 2) × 2+(4.80–0.24) × 4］ × (3.60–0.10–0.90) × (2.70–1.0) × 3–1.50 × 1.80 × 4=95.80（m^2）

（2）室内墙裙工程量计算如下。

室内墙裙抹灰工程量=主墙间净长度 × 墙裙高度－门窗所占面积+垛的侧面抹灰面积

室内墙裙工程量=[(4.20 × 3–0.24 × 2+0.12 × 2) × 2+(4.80–0.24) × 4–1.00 × 3] × 0.90=35.96(m^2)

（二）柱（梁）面抹灰（编码：011202）

柱（梁）面抹灰包括柱（梁）面一般抹灰、柱（梁）面装饰抹灰、柱（梁）面砂浆找平、柱面勾缝。

柱（梁）面抹灰工程量按设计图示柱断面周长乘以高度以面积（m^2）计算。

（1）柱面抹灰，按设计图示柱断面周长乘高度以面积计算。

（2）梁面抹灰，按设计图示梁断面周长乘长度以面积计算。

（三）零星抹灰（编码：011203）

零星抹灰包括零星项目一般抹灰、零星项目装饰抹灰和零星项目砂浆找平。

小 提 示

零星抹灰的工程量按设计图示尺寸以面积（m^2）计算。墙、柱（梁）面≤$0.5m^2$的少量分散的抹灰按零星抹灰项目编码列项。

（四）墙面块料面层（编码：011204）

墙面块料面层包括石材墙面、拼碎石材墙面、块料墙面、干挂石材钢骨架。

（1）石材墙面、拼碎石材墙面、块料墙面，均按设计图示尺寸以镶贴表面积（m^2）计算；

（2）干挂石材钢骨架，按设计图示尺寸以质量（t）计算。

（五）柱（梁）面镶贴块料（编码：011205）

柱（梁）面镶贴块料包括石材柱面、块料柱面、拼碎块柱面、石材梁面、块料梁面。工程量均按设计图示尺寸以镶贴表面积（m^2）计算。

例如，图7–3中，柱的镶贴面积$S=2(a_3+b_3)h$。

（六）镶贴零星块料（编码：011206）

镶贴零星块料包括石材零星项目、块料零星项目、拼碎块零星项目。

小 提 示

镶贴零星块料的工程量按设计图示尺寸以面积（m^2）计算。镶贴零星块料范围为$0.5m^2$以内少量分散的镶贴块料面层。

（七）墙饰面（编码：011207）

墙饰面包括墙面装饰板和墙面装饰浮雕，如木质装饰墙面（榉木饰面板饰面、胡桃木饰面板、沙比利饰面板、实木薄板等）、玻璃板材装饰墙面、其他板材装饰墙面（石膏板饰面、塑料扣板饰面、铝塑板饰面、岩棉吸声板饰面等）、软包墙面、金属板材饰面（铝合金板材）等，如图7–4所示。

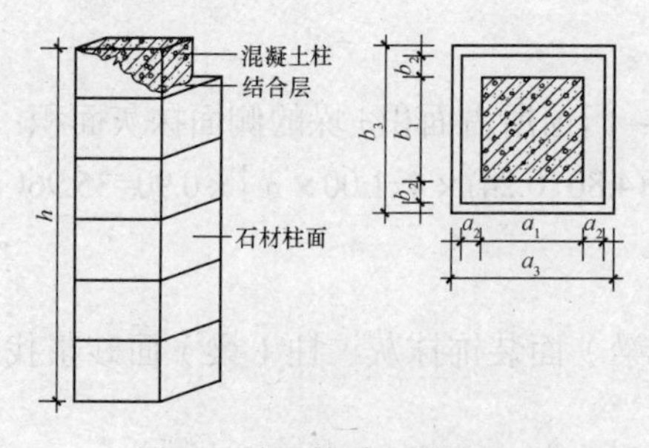

图7–3 柱面镶贴石材图

a_1，b_1——混凝土柱尺寸；a_2，b_2——结合层厚度；

a_3，b_3——挂贴石材外边尺寸，即实贴尺寸

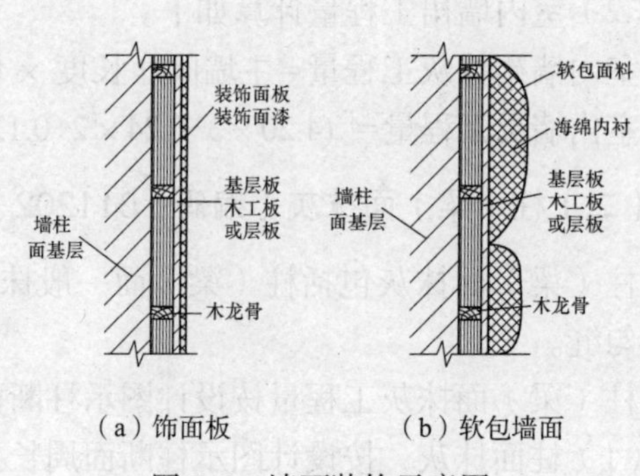

（a）饰面板　　（b）软包墙面

图7–4 墙面装饰示意图

（1）墙面装饰板工程量按设计图示墙净长乘净高以面积（m^2）计算。扣除门窗洞口及单个$0.3m^2$以上的孔洞所占面积。

（2）墙面装饰浮雕工程量按设计图示尺寸以面积计算。

（八）柱（梁）饰面（编码：011208）

柱（梁）饰面包括柱（梁）面装饰和成品装饰柱。

柱（梁）面装饰工程量按设计图示饰面外围尺寸以面积（m^2）计算。柱帽、柱墩并入相应柱饰面工程量内。外围饰面尺寸是饰面的表面尺寸。

成品装饰柱工程量按设计数量（根）计算或按设计长度（m）计算。

（九）幕墙（编码：011209）

1. 带骨架幕墙（编码：011209001）

带骨架幕墙有铝合金隐框玻璃幕墙、铝合金半隐框玻璃幕墙、铝合金明框玻璃幕墙、铝塑板幕墙。

工程量按设计图示框外围尺寸以面积（m^2）计算。与幕墙同种材质的窗所占面积不扣除。

2. 全玻（无框玻璃）幕墙（编码：011209002）

工程量按设计图示尺寸以面积（m^2）计算。带肋全玻幕墙按展开面积计算，如图7–5所示。

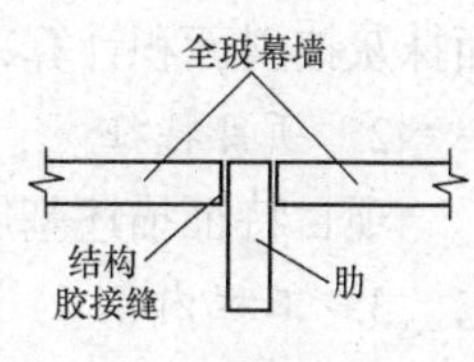

图7–5 全玻幕墙示意图

小提示

全玻幕墙有座装式幕墙、吊挂式幕墙、点支式幕墙。玻璃肋的工程量应合并在玻璃墙工程量内计算。

（十）隔断（编码：011210）

隔断有木隔断、金属隔断、玻璃隔断、塑料隔断、成品隔断、其他隔断等。

（1）木隔断和金属隔断工程量按设计图示框外围尺寸以面积（m^2）计算。不扣除单个0.3m^2以内的孔洞所占面积；浴厕门的材质与隔断相同时，门的面积并入隔断面积内。

（2）玻璃隔断和塑料隔断工程量按设计图示框外围尺寸以面积（m^2）计算。不扣除单个≤0.3m^2的孔洞所占面积。

（3）成品隔断工程量按设计图示框外围尺寸以面积（m^2）计算或者按设计间的数量（间）计算。

（4）其他隔断工程量按设计图示框外围尺寸以面积（m^2）计算。不扣除单个≤0.3m^2的孔洞所占面积。

学习单元3 计算天棚工程工程量

知识目标

（1）了解天棚工程的主要内容。

（2）熟悉工程量清单项目设置及工程量计算规则。

技能目标

（1）通过本单元的学习，能够清楚天棚工程的主要内容。

（2）能够清楚工程量清单项目的设置及工程量计算规则。

基础知识

一、天棚工程的主要内容

天棚工程共4个项目10个清单子项，包括天棚抹灰、天棚吊顶、采光天棚和天棚其他装饰工程。

（一）天棚抹灰

天棚抹灰适用于在各种基层（混凝土现浇板、预制板、木板条等）上的抹灰工程。

1. 工程量计算

天棚抹灰工程量按设计图示尺寸以水平投影面积计算。不扣除间壁墙、垛、柱、附墙烟囱、检查口和管道所占的面积。带梁天棚、梁两侧抹灰面积并入天棚面积内计算。板式楼梯底面抹灰按斜面积计算，锯齿形楼梯底面抹灰按展开面积计算。

2. 项目特征

项目特征描述基层类型，抹灰厚度、材料种类，装饰线条道数，砂浆配合比。

3. 工程内容

工程内容包含基层类型、底层抹灰、抹面层、抹装饰线条。

（二）天棚吊顶

天棚吊顶适用于形式上为非镂空式的天棚吊顶。

1. 工程量计算

天棚吊顶工程量按设计图示尺寸以水平投影面积计算。不扣除间壁墙、检查口、附墙烟囱、柱垛和管道所占面积。扣除单个面积超过0.3 m^2的孔洞、独立柱及与天棚相连的窗帘盒所占的面积。

2. 项目特征

项目特征描述吊顶形式，龙骨类型、材料种类、规格、中距，基层材料种类、规格，面层材料的品种、规格、品牌、颜色，压条材料种类、规格，嵌缝材料种类，防护材料种类，油漆品种、刷漆遍数。

3. 工程内容

工程内容包含基层清理，龙骨安装，基层板铺贴，面层板铺贴，嵌缝，刷防护材料、油漆。

二、工程量清单项目设置及工程量计算规则

（一）天棚抹灰（编码：011301）

天棚抹灰又称直接式天棚。工程量按设计尺寸以水平投影面积（m^2）计算。不扣除间壁墙、垛、柱、附墙烟囱、检查口和管道所占面积，带梁天棚的梁两侧抹灰面积并入天棚面积内，板式楼梯底面抹灰按斜面积计算，锯齿形楼梯底板抹灰按展开面积计算。

天棚抹灰的工作内容包括基层清理、底层抹灰、抹面层、抹装饰线条。

小提示

在对天棚抹灰进行清单描述时，应注意对基层类型、抹灰厚度、抹灰材料种类、砂浆配合比进行描述。如果天棚有装饰线条还要将装饰线条的道数描述清楚，线条的区别如图7–6所示。天棚抹灰中基层类型是指天棚是混凝土现浇板、预制混凝土板还是木板条等。

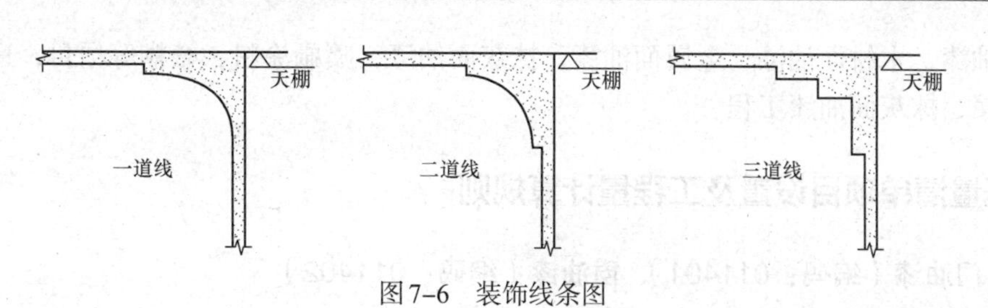

图7-6　装饰线条图

（二）天棚吊顶（编码：011302）

天棚吊顶又称间接式顶棚。它包括吊顶天棚、格栅吊顶、吊筒吊顶、藤条造型悬挂吊顶、织物软雕吊顶和装饰网架吊顶。吊顶天棚按设计图示尺寸以水平投影面积（m^2）计算。天棚面层中的灯槽及跌级、锯齿形、吊挂式、藻井式天棚面积不展开计算。不扣除间壁墙、检查口、附墙烟囱、柱垛和管道所占的面积，扣除单个面积0.3m^2以上的孔洞、独立柱及与天棚相连的窗帘盒所占的面积。格栅吊顶、吊筒吊顶、藤条造型悬挂吊顶、织物软雕吊顶及装饰网架吊顶等吊顶也均是按设计图示尺寸以水平投影面积（m^2）计算。

（三）采光天棚

采光天棚工程量按框外围展开面积（m^2）计算。

（四）天棚其他装饰（编码：011303）

天棚其他装饰包括灯带（槽）、送风口、回风口。

1. 灯带

灯带工程量按设计尺寸以框外围面积（m^2）计算。灯带工程内容包括灯带的安装、固定。

2. 送风口、回风口

送风口、回风口工程量按图示设计数量以“个”计算。送风口、回风口工程量内容包括风口的安装、固定及刷防护材料。

学习单元4　计算油漆、涂料、裱糊工程工程量

知识目标

（1）了解油漆、涂料、裱糊工程的主要内容。

（2）熟悉工程量清单项目设置及工程量计算规则。

技能目标

（1）通过本单元的学习，能够清楚油漆、涂料、裱糊工程的主要内容。

（2）能够清楚工程量清单项目的设置及工程量计算规则。

基础知识

一、油漆、涂料、裱糊工程的主要内容

油漆、涂料、裱糊工程共8个项目36个清单子项，包括门油漆，窗油漆，木扶手及其他板

条、线条油漆，木材面油漆，金属面油漆，抹灰面油漆，喷刷涂料，裱糊等项目，适用于门窗油漆、金属、抹灰面油漆工程。

二、工程量清单项目设置及工程量计算规则

（一）门油漆（编码：011401）、窗油漆（编码：011402）

工程量按设计图示数量以“樘”或者m^2计算。

门油漆包括木门油漆和金属门油漆，木门油漆应区分大木门、单层木门、双层（一玻一纱）木门、双层（单裁口）木门、全玻自由门、半玻自由门、装饰门及有框、无框门等，分别编码列项。窗油漆包括木窗油漆和金属窗油漆，木窗油漆应区分单层木窗、双层（一玻一纱）木窗、双层框扇（单裁口）木窗、双层框三层（二玻一纱）木窗、单层组合窗、双层组合窗、木百叶窗、木推拉窗等，分别编码列项。

（二）木扶手及其他板条线条油漆（编码：011403）

木扶手及其他板条线条油漆包括木扶手油漆，窗帘盒油漆，封檐板、顺水板油漆，挂衣板、黑板框油漆，挂镜线、窗帘棍、单独木线油漆。

工程量按设计图示尺寸以长度（m）计算。木扶手应区分带托板（见图7–7）和不带托板分别编码列项。

楼梯木扶手按中心线斜长度计算，弯头长度应含在扶手长度内。

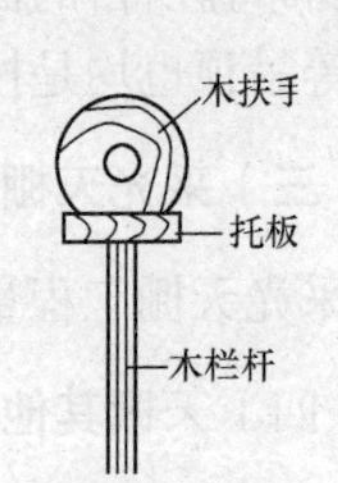

图7–7　带托板木扶手示意图

（三）木材面油漆（编码：011404）

木材面油漆包括木护墙、木墙裙油漆，窗台板、筒子板、盖板、门窗套、踢脚线油漆，清水板条天棚、檐口油漆，木方格吊顶天棚油漆，吸音板墙面、天棚面油漆，暖气罩油漆，其他木材面，木间壁、木隔断油漆，玻璃间壁露明墙筋油漆，木栅栏、木栏杆（带扶手）油漆，衣柜、壁柜油漆，梁柱饰面油漆，零星木装修油漆，木地板油漆，木地板烫硬蜡面等。

木护墙、木墙裙油漆，窗台板、筒子板、盖板、门窗套、踢脚线油漆，清水板条天棚、檐口油漆，木方格吊顶天棚油漆，吸音板墙面、天棚面油漆，暖气罩油漆，其他木材面的工程量按设计图示尺寸以面积（m^2）计算。

木间壁、木隔断油漆，玻璃间壁露明墙筋油漆，木栅栏、木栏杆（带扶手）油漆，工程量按设计图示尺寸以单面外围面积（m^2）计算。

衣柜、壁柜油漆，梁柱饰面油漆，零星木装修油漆的工程量按设计图示尺寸以油漆部分展开面积（m^2）计算。

木地板油漆，木地板烫硬蜡面的工程量按设计图示尺寸以面积（m^2）计算。空洞、空圈、暖气包槽、壁龛的开口部分并入相应的工程量内。

小提示

木材面油漆注意单双面问题。暖气罩油漆垂直面按垂直投影面积计算，凸出墙面的按水平投影面积计算。

（四）金属面油漆（编码：011405）

工程量按设计图示尺寸以质量（t）计算，或者以平方米计量按设计展开面积（m^2）计算。

（五）抹灰面油漆（编码：011406）

（1）抹灰面油漆和满刮腻子按设计图示尺寸以面积（m^2）计算。
（2）抹灰线条油漆按设计图示尺寸以长度（m）计算。

（六）喷刷涂料（编码：011407）

（1）墙面喷刷涂料和天棚喷刷涂料工程量按设计图示尺寸以面积（m^2）计算。
（2）空花格、栏杆刷涂料工程量按设计图示尺寸以单面外围面积（m^2）计算。
（3）线条刷涂料工程量按设计图示尺寸以长度（m）计算。
（4）金属构件刷防火涂料工程量按设计图示尺寸以质量（t）计算或者以设计展开面积（m^2）计算。
（5）木材构件喷刷防火涂料工程量按设计图示尺寸以面积（m^2）计算。

（七）裱糊（编码：011408）

裱糊包括墙纸裱糊、织锦缎裱糊。
工程量按设计图示尺寸以面积（m^2）计算。

学习单元5　计算其他装饰工程工程量

知识目标

（1）了解其他装饰工程的主要内容。
（2）熟悉工程量清单项目设置及工程量计算规则。

技能目标

（1）通过本单元的学习，能够清楚其他装饰工程的主要内容。
（2）能够清楚工程量清单项目的设置及工程量计算规则。

一、其他装饰工程的主要内容

其他工程清单项目共分8个项目62个清单子项目，包括柜类、货架（编码：011501），压条、装饰线（编码：011502），扶手、栏杆、栏板装饰（编码：011503），暖气罩（编码：011504），浴厕配件（编码：011505），雨篷、旗杆（编码：011506），招牌、灯箱（编码：011507），美术字（编码：011508），适用于装饰物件的制作、安装工程。

（一）柜类、货架

柜类、货架适用于各类材料制作及各种用途的台柜项目。

1. 工程量计算

柜类、货架工程量按设计图示数量以“个”计算。

2. 项目特征

项目特征描述台柜规格，材料种类、规格，五金种类、规格，防护材料种类，油漆品种、刷漆遍数。

3. 工程内容

工程内容包含台柜制作、运输、安装，刷防护材料、油漆。

（二）暖气罩

暖气罩适用于各类材料制作的暖气罩项目。

1. 工程量计算

暖气罩工程量按设计图示尺寸以垂直投影面积计算。

2. 项目特征

项目特征描述暖气罩材质，单个罩垂直投影面积，防护材料种类，油漆品种、刷漆遍数。

3. 工程内容

工程内容包含暖气罩制作、运输、安装，刷防护材料、油漆。

（三）浴厕配件

1. 工程量计算

洗漱工程量按设计图示尺寸以台面外接矩形面积计算。不扣除孔洞（放置洗面盆的地方）、挖弯、削角所占面积，挡板、吊沿板面积并入台面面积内。

2. 工程内容

（1）洗漱台、晒衣架、帘子杆、浴缸拉手、毛巾杆、卫生纸盒、肥皂盒工程内容包含台面及支架制作、运输、安装，杆、环、盒、配件安装，刷油漆。

（2）镜面玻璃工程内容包含基层安装，玻璃及框制作、运输、安装，刷防护材料、油漆。

（3）镜箱工程内容包含基层安装，箱体制作、运输、安装，玻璃安装，刷防护材料、油漆。

（四）压条、装饰线

压条、装饰线适用于各种材料制作的压条、装饰线，共7个清单项目。

1. 工程量计算

压条、装饰线工程量按设计图示尺寸以长度计算。

2. 项目特征

项目特征描述基层类型，线条材料品种、规格、颜色，防护材料种类，油漆品种、刷漆遍数。

装饰线的基层类型是指装饰依托体的材料，如砖墙、木墙、石墙、混凝土墙、墙面抹灰、钢支架等。

3. 工程内容

工程内容包含线条制作、安装，刷防护材料、油漆。

二、工程量清单项目设置及工程量计算规则

（一）柜类、货架（编码：011501）

柜类、货架包括柜台、酒柜、衣柜、服务台等各种柜架。

工程量可以按设计图示数量（个）计算，或按设计图示尺寸以延长米（m）计算，或按设计图示尺寸以体积（m^3）计算。

（二）压条、装饰线（编码：011502）

压条、装饰线包括金属装饰线、木质装饰线、石材装饰线、石膏装饰线、镜面玻璃线、铝塑装饰线、塑料装饰线和GRC装饰线条。

工程量按设计图示尺寸以长度（m）计算。

（三）暖气罩（编码：011504）

暖气罩包括饰面板暖气罩、塑料板暖气罩、金属暖气罩等。

工程量按设计图示尺寸以垂直投影面积（不展开）（m^2）计算。

（四）浴厕配件（编码：011505）

1. 洗漱台

洗漱台的工程量按设计图示尺寸以台面外接矩形面积（m^2）计算，不扣除孔洞、挖弯、削角所占面积，挡板、吊沿板面积并入台面面积内，如图7–8所示，或按设计图示数量（个）计算。

2. 晒衣架、帘子杆、浴缸拉手、卫生间扶手、毛巾杆（架）、毛巾环、卫生纸盒、肥皂盒

晒衣架、帘子杆、浴缸拉手、卫生间扶手、毛巾杆（架）、毛巾环、卫生纸盒、肥皂盒的工程量按设计图示数量以“根/套/副/个”计算。工程内容包括配件安装。

3. 镜面玻璃

镜面玻璃的工程量按设计图示尺寸以边框外围面积（m^2）计算。

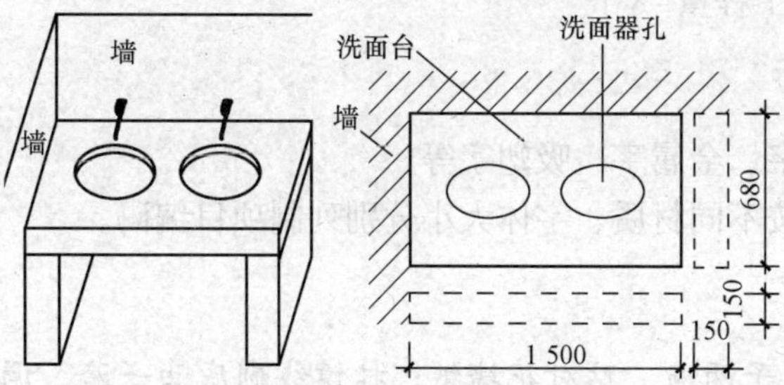

图7–8　洗漱台示意图

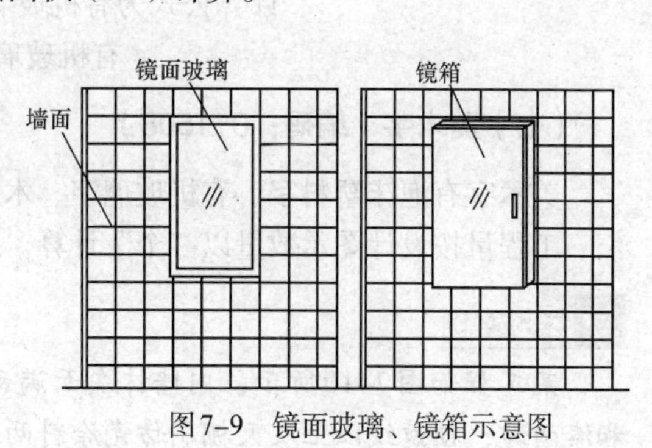

图7–9　镜面玻璃、镜箱示意图

4. 镜箱

工程量按设计图示数量以“个”计算，镜面玻璃、镜箱如图7–9所示。

（五）雨篷、旗杆（编码：011506）

1. 雨篷吊挂饰面

雨篷吊挂饰面的工程量按设计图示尺寸以水平投影面积（m^2）计算。

2. 金属旗杆

金属旗杆的工程量按设计图示数量以“根”计算。

3. 玻璃雨篷

玻璃雨篷的工程量按设计图示尺寸以水平投影面积（m^2）计算。

（六）招牌、灯箱（编码：011507）

招牌、灯箱包括平面招牌、箱式招牌、竖式标箱、灯箱。

（1）平面、箱式招牌工程量按设计图示尺寸以正立面边框外围面积（m^2）计算。复杂的凸凹造型部分不增加面积。

（2）竖式标箱、灯箱、信报箱工程量按设计图示数量以“个”计算。

课堂案例

某工程檐口上方设招牌，长28m，高1.5m，钢结构龙骨，九夹板基层，塑铝板面层，上嵌8个1 000m × 1 000m泡沫塑料有机玻璃面大字。

问题：

试计算该工程量。

分析：

（1）平面招牌工程量计算如下。

计算公式为平面招牌工程量 = 设计净长度 × 设计净宽度

平面招牌工程量 =28 × 1.5=42（m^2）

（2）泡沫塑料字工程量计算如下。

计算公式为泡沫塑料字工程量 = 设计图示数量

泡沫塑料字工程量 =8个

（3）有机玻璃字工程量计算如下。

计算公式为有机玻璃字工程量 = 设计图示数量

有机玻璃字工程量 =8个

（七）美术字（编码：011508）

美术字有泡沫塑料字、有机玻璃字、木质字、金属字、吸塑字等。

工程量按设计图示数量以“个”计算。应按不同材质、字体大小分别列制项目编码。

学习案例

某工程如图7–10所示，内墙抹灰面满刮腻子两遍，贴对花墙纸；挂镜线刷底油一遍、调和漆两遍；挂镜线以上及天棚刷仿瓷涂料两遍。

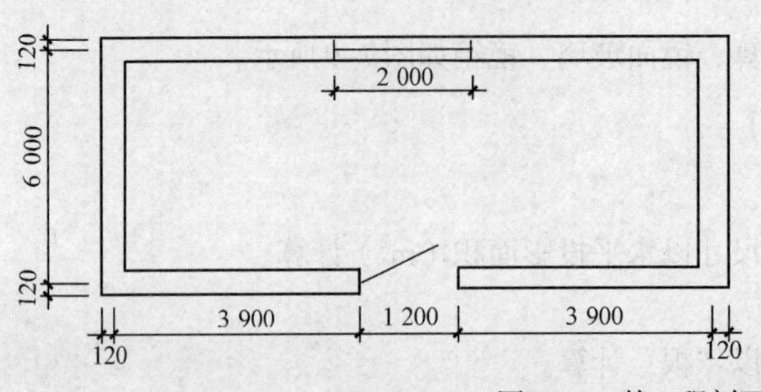

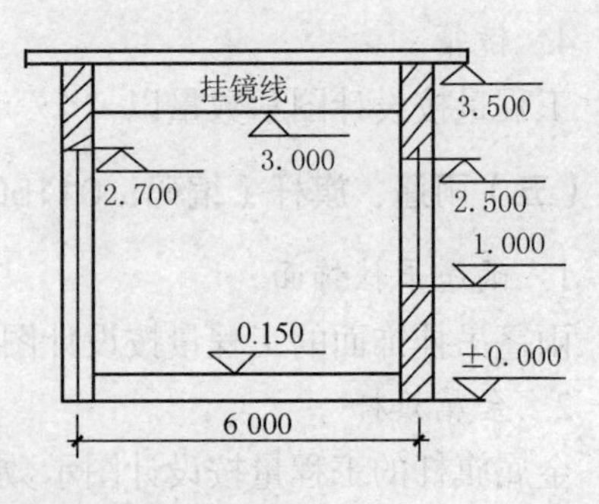

图7–10　某工程剖面图

想一想

试计算该工程量。

案例分析

（1）墙纸裱糊工程量计算如下。

计算公式为墙壁面贴对花墙纸工程量=净长度×净高－门窗洞+垛及门窗侧面

墙面贴对花墙纸工程量=(9.00−0.24+6.00−0.24)×2×(3.00−0.15)−1.20×(2.50−0.15)−2.00×1.50+［1.20+(2.50−0.15)×2+(2.00+1.500×2］×0.12=78.72m²

（2）挂镜线油漆工程量计算如下。

计算公式为挂镜线油漆工程量=设计图示长度

挂镜线油漆工程量=（9.00−0.24+6.00−0.24）×2=29.04（m）

（3）刷喷涂料工程量计算如下。

计算公式为天棚刷喷涂料工程量=主墙间净长度×主墙间净宽度+梁侧面面积

室内墙面刷喷涂料工程量=设计图示尺寸面积

仿瓷涂料工程量=(9.00−0.24+6.00−0.24)×2×0.50+(9.00−0.24)×(6.00−0.24)=64.98（m²）

知识拓展

新型涂料的发展趋势

涂料最大的特点是容易更换且颜色多样，你尽可以刷上自己喜欢的色彩，让墙面来个彻底改变，对于喜欢求新求实的人们，也可以DIY只属于自己的个性墙面，享受生活，就这么简单。

（一）低碳水性涂料

现在的人们都主张“低碳生活”，随着消费者对自身健康和环境保护意识的提高，“低碳”生活已经是大势所趋，也是今后发展的必然，而水性涂料无疑是与低碳环保距离最近的涂料产品。水性涂料其环保性能的优越性，是今后涂料行业的一个大的发展方向和趋势，首先他以环保取胜，能够抓住人心。

就目前的形势而言，我国的水性涂料还不能与“低碳”画上等号，距水性涂料还有一定的差距。据了解，水性涂料因自身所具有的环保性，在日本、欧美国家的市场占有率已在60%以上，而我国这一比例则明显偏低。业内人士表示，未来五年，水性涂料在我国市场的占有率或能达到20%或者更高。

我国南部特别是广东省和海南省受热带和亚热带气候的影响，全年处于高温多雨状态，北方又多处于冰冻、严寒、风沙等不良环境。这就要求防水材料的制造商和防水工程的承包商不能简单地在所有地区采用同一种防水材料和同一种工法进行推广应用。在美国，以节能著称的TPO环保型防水材料、三元乙丙环保型防水材料和种植屋面系统已大有超越传统的防水卷材的趋势。

目前，环保型防水材料已成功应用于奥运场馆、中央电视台新址、广州歌剧院、北京中南海怀仁堂、天津空客A320中国总装线厂房、国内各主要城市地铁、北京盘古大观等多项国家重点工程，并出口到多个国家得到认可。

注：LEED(Leadership in Energy and Environment Design)为美国绿色建筑委员会颁布标准。

（二）粉末涂料或成工业涂装领域的一匹“黑马”

粉末涂料是一种新型的不含溶剂100%固体粉末状涂料，具有无溶剂、无污染、可回收、环保、节省能源和资源、减轻劳动强度和涂膜机械强度高等特点。粉末涂料根据成膜物质可分为热塑型和热固型两种，以成膜物质外观可分为消光型、高光型、美术型等。

据了解，在金融危机前，我国粉末涂料都保持了20%的高速增长，2008下半年金融危机后，受工业增速减缓，出口下滑等因素的影响，我国粉末涂料需求量开始下滑，直到2009年下半年，在国家积极救市的政策影响下，粉末涂料行业才得以恢复性增长。数据显示，2009年粉末涂料产量为80万吨，占总产量的11%。

（三）艺术涂料：新生代推崇

随着人们的物质文化和精神文化水平的不断提高，壁纸行业重整旗鼓，打着百变、时尚、个性的旗号“重新”涌进建材市场，壁纸产品被赋予防火、环保、透气、舒适等更多功能。这些特征的出现不仅增长了市场份额，更对涂料市场形成了抢滩攻势。

近几年来，壁纸漆产品开始在国内盛行，受到众多消费者的喜爱，成为墙面装饰的最新产品。壁纸漆是一种新型的艺术装饰涂料。壁纸漆的最大特色在于：墙纸图案精美、逼真、细腻、无缝连接，不起皮、不开裂，色彩自由搭配，图案可个性定制；在不同的光源下可产生不同的反射效果，装饰效果好，如钻石般璀璨，高雅华贵，从而克服了乳胶漆色彩单一、无层次感及墙纸易变色、翘边、起泡、有接缝、寿命短的缺点，是集乳胶漆与墙纸的优点于一身的高科技产品。

这些以细分市场为主导而打出的涂料产品，可以分布到每一个需求领域，如老年漆、婴儿漆等。相信在新一代逐渐成长起来的未来市场，此种涂料将成为消费需求的热点和亮点，也是今后我国涂料市场的一个大的走向。另据最新消息，由福建省企业山外山涂料科技开发有限公司自主研发生产的“铜墙铁壁”系列产品正式签约北京神箭神舟航天空间生物科技中心，将搭乘“神舟八号”在太空遨游。据介绍，这是首个民营企业生产的产品搭载上天。

据了解，即将搭乘神八上天的“铜墙铁壁”产品是系列新型涂料特种粘合剂，主要用于建筑、高速公路、高速铁路、隧道、码头、钢铁制品、汽车底盘等领域。目前已经通车的武广高铁湘潭段路基也是使用了该产品。该系列产品先后获得上海世博会国际信息网馆指定产品、APEC低碳节能示范奖、国家重点工程高速铁路选用产品、福建著名商标、福建省名牌产品、福州市产品质量奖等称号。

此外，福建山外山涂料科技开发有限公司还成功与英国焊接科技研究所签约达成战略合作，在保持原有的应用领域同时，将拓展到电路板的电子元件粘合，并实现导体、绝缘体等系列产品的运用，替代传统的焊接工艺，更节能环保，大大降低生产成本。据悉，此次合作也将成为福建企业在科技领域成功打开国际市场的重要一步。

情境小结

工程量计算不仅是编制工程量清单的重要内容，而且是进行工程估价的重要依据。工程量计算除了土建工程工程量的计算外还包括装饰工程工程量计算。本章依次对楼地面工程、墙柱面工程、天棚工程、门窗工程、油漆涂料裱糊工程、其他装饰工程的工程量清单项目设置及计算规则、计算方法做了详细的解读，这一部分的内容应熟练掌握。

学习检测

填空题

1. 整体面层及找平层，其工程量均按________计算。

2. 橡塑面层工程量按设计图示尺寸以面积（m^2）计算。________、________、________、壁龛的开口部分并入相应的工程量内。

3. 墙面抹灰包括墙面________、________、________和________。

4. 外墙裙抹灰面积按其长度乘以高度计算。长度是指外________的长度。

5. 带骨架幕墙有________、________、________、________。

6. 隔断有________、________、________、________、________、其他隔断等。

7. 天棚抹灰的工作内容包括________、________、________、________。

8. 裱糊包括________和________。

9. 楼梯木扶手按________计算，弯头长度应含在扶手长度内。

选择题

1. 踢脚线工程量计量单位有（　　）。

A. 平方米　　B. 三次方米　　C. 米　　D. 个　　E. 根

2. 零星装饰项目包括（　　）。

A. 石材零星项目　　B. 门窗零星项目

C. 拼碎石材零星项目　　D. 块料零星项目

E. 水泥砂浆零星项目

3. 某宾馆卫生间吊T形铝合金龙骨，双层（300mm×300mm）不上人型一级天棚，上搁18mm厚矿棉板，每间$6m^2$，共35间，天棚工程量是（　　）。

A. 35 m^2　　B. 210 m^2　　C. 90 m^2　　D. 110 m^2

4. 镶贴零星块料不包括（　　）。

A. 水泥砂浆零星项目　　B. 块料零星项目

C. 拼碎块零星项目　　D. 石材零星项目

5. 送风口、回风口的计量单位是（　　）。

A. 米　　B. 平方米　　C. 个　　D. 三次方米

6. 下列不属于柜类、货架工程量的单位是（　　）。

A. m^3　　B. kg　　C. m　　D. 个

学习情境 8

工程结算

情境导入

某发展商通过公开招标与省建三公司签订了一份建筑安装工程项目施工总承包合同。承包范围为土建工程和安装工程，合同总价为5 000万元，工期为7个月。承包合同规定：

（1）主要材料及构件金额占工程价款的60%；

（2）预付备料款占工程价款的25%，工程预付款应从未施工工程尚需的主要材料及构配件的价值相当于预付备料款时起扣，每月以抵充工程款的方式陆续收回；

（3）工程进度款逐月结算；

（4）工程保修金为承包合同总价的5%，业主从每月承包商的工程款中按5%的比例扣留，在保修期满后，保修金及保修金利息扣除已支出费用后的剩余部分退还给承包商。

案例导航

上述案例中，在工程竣工前，施工单位收取的备料款和工程进度款的总额，一般不得超过合同金额（包括工程合同签订后经发包人签证认可的增减工程价值）的95%，其余5%尾款，在工程竣工结算时扣除保修金外一并清算。承包人向发包人出具履约保函或其他保证的，可以不留尾款。

要了解工程结算价款的结算方式，需要掌握的相关知识有：

（1）工程结算的概念、作用和编制依据；

（2）工程结算的编制内容和防方法；

（3）工程结算的审查依据、内容、程序、方法和成果文件；

（4）工程索赔的概念、索赔的依据、证据、基本要求和索赔成立的条件。

学习单元1　工程结算的基本内容

知识目标

（1）了解工程价款结算的概念和作用。

（2）熟悉工程结算的编制内容。

技能目标

（1）通过本单元的学习，对工程结算的概念有一个简要的了解。

（2）能够进行工程结算的编制。

基础知识

一、工程结算的概念和作用

（一）建设工程结算的概念

所谓工程价款结算是指承包商在工程实施过程中，依据承包合同中关于付款条款的规定和已经完成的工程量，并按照规定的程序向建设单位（业主）收取工程价款的一项经济活动。它包括的内容见图8-1。

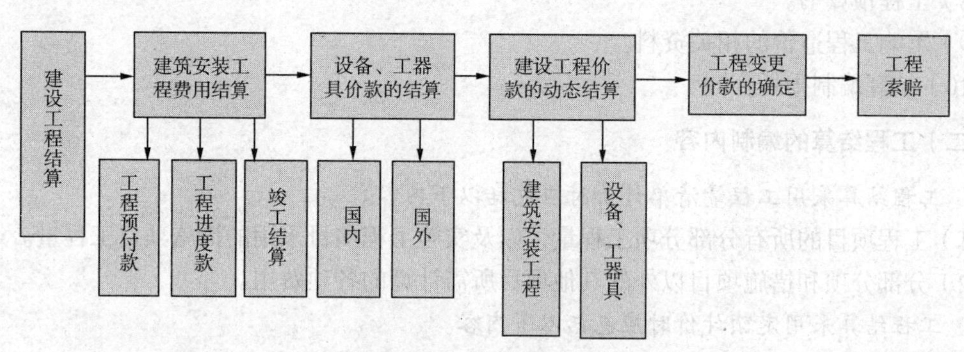

图8-1 建设工程结算示意图

（二）建设工程结算的作用

工程价款结算是工程项目承包中的一项十分重要的工作，主要表现在以下方面。

1. 工程价款结算是反映工程进度的主要指标

在施工过程中，工程价款的结算的依据之一就是已完成的工程量，也就是说，承包商完成的工程量越多，所应结算的工程价款就应越多。

小 提 示

根据累计已结算的工程价款占合同总价款的比例，能够近似地反映出工程的进度情况，有利于准确掌握工程进度。

2. 工程价款结算是加速资金周转的重要环节

承包商能够尽快尽早地结算回工程价款，有利于偿还债务，也有利于资金的回笼，降低内部运营成本。通过加速资金周转，提高资金使用的有效性。

3. 工程价款结算是考核经济效益的重要指标

对于承包商来说，只有工程价款如数地结算，才意味着完成了“惊险一跳”，避免了经营风险，承包商也才能够获得相应的利润，进而达到良好的经济效益。

二、工程结算的编制

（一）工程结算的编制依据

工程结算的编制依据如下。

（1）国家有关法律、法规、规章制度和相关的司法解释。

（2）国务院建设行政主管部门以及各省、自治区、直辖市和有关部门发布的工程造价计价标准、计价办法、有关规定及相关解释。

（3）施工发承包合同，专业分包合同及补充合同，有关材料、设备采购合同。

（4）招标投标文件，包括招标答疑文件、投标承诺、中标报价书及其组成内容。

（5）工程竣工图或施工图，施工图会审记录，经批准的施工组织设计，以及设计变更、工程洽商和相关会议纪要。

（6）经批准的开、竣工报告或停、复工报告。

（7）建设工程工程量清单计价规范或工程预算定额、费用定额及价格信息、调价规定等。

（8）工程预算书。

（9）影响工程造价的相关资料。

（10）结算编制委托合同。

（二）工程结算的编制内容

1. 工程结算采用工程量清单计价时应包括以下内容。

（1）工程项目的所有分部分项工程量，以及实施工程项目采用的措施项目工程量。

（2）分部分项和措施项目以外的其他项目所需计算的各项费用。

2. 工程结算采用定额计价时应包括以下内容。

（1）套用定额的分部分项工程量、措施项目工程量和其他项目。

（2）为完成所有工程量和其他项目并按规定计算的人工费、材料费和施工机具使用费、企业管理费、利润、规费和税金。

3. 采用工程量清单或定额计价的工程结算还应包括以下内容。

（1）设计变更和工程变更费用。

（2）索赔费用。

（3）合同约定的其他费用。

（三）工程结算的编制程序和方法

1. 工程结算的编制程序

工程结算应按准备、编制和定稿三个工作阶段进行，并实行编制人、校对人和审核人分别署名盖章确认的内部审核制度。

（1）结算编制准备阶段。

① 收集与工程结算编制相关的原始资料。

② 熟悉工程结算资料内容，并进行分类、归纳、整理。

③ 召集相关单位或部门的有关人员参加工程结算预备会议，对结算内容和结算资料进行核对与充实完善。

④ 收集建设期内影响合同价格的法律和政策性文件。

（2）结算编制阶段。

① 根据竣工图、施工图以及对施工组织设计进行现场踏勘，对需要调整的工程项目进行观察、对照、必要的现场实测和计算，做好书面或影像记录。

② 按既定的工程量计算规则计算需调整的分部分项工程量、施工措施或其他项目工程量。

③ 按招投标文件、施工发承包合同规定的计价原则和计价办法对分部分项、施工措施或其他项目进行计价。

④ 对于工程量清单或定额缺项以及采用新材料、新设备、新工艺的项目，应根据施工过程中的合理消耗和市场价格，编制综合单价或单位估价分析表。

⑤ 工程索赔应按合同约定的索赔处理原则、程序和计算方法，提出索赔费用，经发包人确认后作为结算依据。

⑥ 汇总计算工程费用，包括编制分部分项工程费、施工措施项目费、其他项目费、零星工作项目费或人工费、材料费、施工机具使用费、企业管理费、利润和税金等表格，初步确定工程结算价格。

⑦ 编写编制说明。

⑧ 计算主要技术经济指标。

⑨ 提交结算编制的初步成果文件待校对、审核。

（3）结算编制定稿阶段。

① 由结算编制受托人单位的部门负责人对初步成果文件进行检查、校对。

② 由结算编制受托人单位的主管负责人审核批准。

③ 在合同约定的期限内，向委托人提交经编制人、校对人、审核人和受托人单位盖章确认的正式的结算编制文件。

2. 工程结算的编制方法及其他

（1）工程结算的编制方法。工程结算的编制应区分施工发承包合同类型，采用相应的编制方法。

① 采用总价合同的，应在合同价基础上对设计变更、工程洽商以及工程索赔等合同约定可以调整的内容进行调整。

② 采用单价合同的，应计算或核定竣工图或施工图以内的各个分部分项工程量，依据合同约定的方式确定分部分项工程项目价格，并对设计变更、工程洽商、施工措施以及工程索赔等内容进行调整。

③ 采用成本加酬金合同的，应依据合同约定的方法计算各个分部分项工程以及设计变更、工程洽商、施工措施等内容的工程成本，并计算酬金及有关税费。

（2）工程结算单价调整的原则。工程结算中涉及工程单价调整时，应当遵循以下原则。

① 合同中已有适用于变更工程、新增工程单价的，按已有的单价结算。

② 合同中有类似变更工程、新增工程单价的，可以参照类似单价作为结算依据。

③ 合同中没有适用或类似变更工程、新增工程单价的，结算编制受托人可商洽承包人或发包人提出适当的价格，经对方确认后作为结算依据。

（3）工程结算中工程单价采用的方法。工程结算编制中涉及的工程单价应按合同要求分别采用综合单价或工料单价。

小提示

在工程结算中，工程量清单计价的工程项目应采用综合单价，定额计价的工程项目可采用工料单价。

① 综合单价。综合单价即把分部分项工程单价综合成全费用单价，其内容包括人工费、材料费、施工机具使用费、企业管理费、规费、利润和税金，经综合计算后生成。各分项工程量乘以综合单价并汇总后，生成工程结算价。

② 工料单价。工料单价即把分部分项工程量乘以单价形成直接工程费，加上按规定标准计算的措施费，构成直接费。直接工程费由人工、材料、机械的消耗量及其相应价格确定。直接费汇总后另计算间接费、利润、税金，生成工程结算价。

（四）工程结算编制的成果文件形式

1. 主要内容

（1）工程结算封面，包括工程名称、编制单位和印章、日期等。

（2）签署页，包括工程名称、编制人、审核人、审定人姓名和执业（从业）印章、单位负责人印章（或签字）等。

（3）目录。

（4）工程结算编制说明。

（5）工程结算相关表式。

① 工程结算汇总表。

② 单项工程结算汇总表。

③ 单位工程结算汇总表。

④ 分部分项（措施、其他、零星）工程结算表。

⑤ 必要的相关表格。

（6）必要的附件。

2. 工程结算编制参考格式

（1）工程结算封面格式见表8–1。

表8–1 工程结算封面格式

（工程名称）

工 程 结 算

档案号：

（编制单位名称）

（工程造价咨询单位执业章）

年 月 日

（2）工程结算签署页格式见表8–2。

表8-2　工程结算签署页格式

（工程名称）

工　程　结　算

档案号：

编 制 人：__________ [执业（从业）印章] __________

审 核 人：__________ [执业（从业）印章] __________

审 定 人：__________ [执业（从业）印章] __________

单位负责人：__________ [执业（从业）印章] __________

（3）工程结算汇总表格式见表8-3。

表8-3　工程结算汇总表

工程名称：　　　　　　　　　　　　　　　　　　　　　　　　第　页　共　页

序　　号	单项工程名称	金额/元	备　　注
	合计		

编制人：　　　　　　　　审核人：　　　　　　　　审定人：

（4）单项工程结算汇总表格式见表8-4。

表8-4　单项工程结算汇总表

单位工程名称：　　　　　　　　　　　　　　　　　　　　　　第　页　共　页

序　　号	单项工程名称	金额/元	备　　注

续表

序 号	单项工程名称	金额/元	备 注
	合计		

编制人： 审核人： 审定人：

（5）单位工程结算汇总表格式见表8-5。

表8-5 单位工程结算汇总表

单位工程名称： 第 页 共 页

序 号	专业工程名称	金额/元	备 注
1	分部分项工程费合计		
2	措施项目费合计		
3	其他项目费合计		
4	零星工作费合计		
	合计		

编制人： 审核人： 审定人：

（6）分部分项（措施、其他、零星）工程结算表格式见表8-6。

表8-6 分部分项（措施、其他、零星）工程结算表

单项工程名称： 第 页 共 页

序号	项目编码或定额编码	项目名称	计量单位	工程数量	金额/元		备注
					单价	合价	
		合计					

编制人： 审核人： 审定人：

学习单元2　工程结算的方式与方法

知识目标

（1）了解建设工程结算价款的主要结算方式。

（2）熟悉建筑安装工程费用结算内容。

（3）熟悉设备、工器具价款的结算。

（4）掌握建设工程价款的动态结算。

技能目标

（1）通过本单元的学习，能够清楚建设工程结算价款的主要结算方式和方法。

（2）具备工程结算的能力。

基础知识

一、建设工程结算价款的主要结算方式

我国现行工程价款结算根据不同情况，可采取多种方式。

（一）按月结算

按月结算实行旬末或月中预支，月终结算，竣工后清算的方法。跨年度竣工的工程，在年终进行工程盘点，办理年度结算。我国现行建筑安装工程价款结算中，相当一部分是实行这种按月结算。

（二）竣工后一次结算

建设项目或单项工程全部建筑安装工程建设期在12个月以内，或者工程承包合同价值在100万元以下的，可以实行工程价款每月月中预支，竣工后一次结算。

（三）分段结算

分段结算即当年开工，当年不能竣工的单项工程或单位工程按照工程形象进度，划分不同阶段进行结算。分段结算可以按月预支工程款。分段的划分标准，由各部门、自治区、直辖市、计划单列市规定。

对于以上三种主要结算方式的收支确认，国家财政部在2013年实行的《企业会计准则——建造合同》讲解中做了如下规定。

（1）实行旬末或月中预支，月终结算，竣工后清算办法的工程合同，应分期确认合同价款收入的实现。即各月份终了，与发包单位进行已完工程价款结算时，确认为承包合同已完工部分的工程收入实现，本期收入额为月终结算的已完工程价款金额。

（2）实行合同完成后一次结算工程价款办法的工程合同，应于合同完成，施工企业与发包单位进行工程合同价款结算时，确认为收入实现，实现的收入额为承发包双方结算的合同价款总额。

（3）实行按工程形象进度划分不同阶段、分段结算工程价款办法的工程合同，应按合同规定的形象进度分次确认已完阶段工程收益实现。即应于完成合同规定的工程形象进度或工程阶段，与发包单位进行工程价款结算时，确认为工程收入的实现。

（四）目标结款方式

目标结款方式，即在工程合同中，将承包工程的内容分解成不同的控制界面，以业主验收控制界面作为支付工程价款的前提条件。也就是说，将合同中的工程内容分解成不同的验收单元，当承包商完成单元工程内容并经业主（或其委托人）验收后，业主支付构成单元工程内容的工程价款。

目标结款方式下，承包商要想获得工程价款，必须按照合同约定的质量标准完成界面内的工程内容。要想尽早获得工程价款，承包商必须充分发挥自己组织实施能力，在保证质量前提下，加快施工进度。这意味着承包商拖延工期时，则业主推迟付款，增加承包商的财务费用、运营成本，降低承包商的收益，客观上使承包商因延迟工期而遭受损失。同样，当承包商积极组织施工，提前完成控制界面内的工程内容时，承包商可提前获得工程价款，增加承包收益，客观上承包商因提前工期而增加了有效利润。同时，若因承包商在界面内质量达不到合同约定的标准而业主不予验收，承包商也会因此而遭受损失。可见，目标结款方式实质上是运用合同手段、财务手段对工程的完成进行主动控制。

小技巧

目标结款方式中，对控制界面的设定应明确描述，便于量化和质量控制，同时要适应项目资金的供应周期和支付频率。

（五）结算双方约定的其他结算方式

除上述几种主要方式外，结算双方也可约定其他结算方式。

二、建筑安装工程费用结算

（一）工程预付款

1. 工程预付款的支付

工程预付款是建设工程施工合同订立后，由发包人按照合同约定，在正式开工前预先支付给承包人的工程款。工程预付款的具体事宜由发包人和承包人双方根据建设行政主管部门的规定，结合工程款、建设工期和包工包料情况在合同中约定。

（1）工程预付款的限额。在《建设工程价款结算暂行办法》中，对有关工程预付款做了如下约定。包工包料工程的预付款按合同约定拨付，原则上预付比例不低于合同金额的10%，不高于合同金额的30%，对重大工程项目，按年度工程计划逐年预付。实体性消耗和非实体性消耗部分应在合同中分别约定预付款比例（或金额）。

（2）工程预付款的支付时间。在具备施工条件的前提下，发包人应在双方签订合同后的1个月内或不迟于约定的开工日期前的7天内预付工程款。发包人不按约定预付，承包人应在预付时间到期后10天内向发包人发出要求预付的通知。发包人收到通知后仍不按要求预付，承包人可在发出通知14天后停止施工（《建设工程施工合同（示范文本）》规定7天）。发包人应从约定应付之日起向承包人支付应付款的利息（利率按同期银行贷款利率计），并承担违约责任。

工程预付款额度，各地区、各部门的规定不完全相同，主要是保证施工所需材料和构件的

正常储备。一般是根据施工工期、建筑安装工作量、主要材料和构件费用占建筑安装工作量的比例以及材料储备周期等因素测算而定的。发包人根据工程特点、工期长短、市场行情、供求规律等因素，招标时在合同条件中约定工程预付款的百分比。

工程预付款仅用于承包人支付施工开始时与本工程有关的动员费用。如承包人滥用此款，发包人有权立即收回。在承包人向发包人提交金额等于预付款数额的银行保函（发包人认可的银行开出）后，发包人按规定的金额和规定的时间向承包人支付预付款，在发包人全部扣回预付款之前，该银行保函将一直有效。当预付款被发包人扣回时，银行保函金额可相应递减。

2. 工程预付款的扣回

发包单位拨付给承包单位的工程预付款属于预支性质，工程实施后，随着工程进度的推进，拨付的工程进度款数额不断增加，工程所需主要材料、构件的用量逐渐减少，原已支付的预付款应以抵扣的方式予以陆续扣回，扣款的方法有以下几种。

① 发包人和承包人通过洽商用合同的形式予以确定，可采用等比率或等额扣款的方式，也可针对工程实际情况具体处理。即在承包方完成金额累计达到合同总价的一定比例后，由承包方开始向发包方还款，发包方从每次应付给承包方的金额中扣回工程预付款，发包方至少在合同规定的完工期前将工程预付款的总计金额逐次扣回。发包方不按规定支付工程预付款，承包方按《建设工程施工合同（示范文本）》第21条享有相应权利。

② 从未施工工程尚需的主要材料及构件的价值相当于工程预付款数额时扣起，按材料及构件比重扣抵工程价款，至竣工之前全部扣清。

工程预付款起扣点可按下式计算：

$$T=P-M/N \tag{8.1}$$

式中，T——起扣点，即工程预付款开始扣回的累计完成工程金额；

P——承包工程合同总额；

M——工程预付款数额；

N——主要材料、构件所占比重。

在实际经济活动中，情况比较复杂，有些工程工期较短，就无需分期扣回。有些工程工期较长，如跨年度施工，预付备料款可以不扣或少扣，并于次年按应预付备料款调整，多退少补。

3. 预付款担保

（1）预付款担保的概念及作用。预付款担保是指承包人与发包人签订合同后领取预付款前，承包人正确、合理使用发包人支付的预付款而提供的担保。其主要作用是保证承包人能够按合同规定的目的使用并及时偿还发包人已支付的全部预付金额。如果承包人中途毁约，终止工程，使发包人不能在规定期限内从应付工程款中扣除全部预付款，则发包人有权从该项担保金额中获得补偿。

（2）预付款的担保形式。预付款担保的主要形式为银行保函。预付款担保的担保金额通常与发包人的预付款是等值的。预付款一般逐月从工程预付款中扣除，预付款担保的担保金额也相应逐月减少。承包人在施工期间，应当定期从发包人处取得同意此保函减值的文件，并送交银行确认。承包人还清全部预付款后，发包人应退还预付款担保，承包人将其退回银行注销，解除担保责任。

预付款担保也可以采用发承包双方约定的其他形式，如由担保公司提供担保，或采取抵押等担保形式。承包人的预付款保函的担保金额依据预付款扣回的数额相应递减，但在预付款全部扣回之前一直保持有效。发包人应在预付款扣完后的14天内将预付款保函退还给承包人。

4. 安全文明施工费

发包人应在工程开工后的28天内预付不低于当年施工进度计划的安全文明施工费总额的60%，其余部分按照提前安排的原则进行分解，与进度款同期支付。

发包人没有按时支付安全文明施工费的，承包人可催告发包人支付；发包人在付款期满后的7天仍未支付的，若发生安全事故，发包人承担连带责任。

小技巧

具体地说，跨年度工程，预计次年承包工程价值大于或相当于当年承包工程价值时，可以不扣回当年的预付备料款，如小于当年承包工程价值时，应按实际承包工程价值进行调整，在当年扣回部分预付备料款，并将未扣回部分，转入次年，直到竣工年度，再按上述办法扣回。

课堂案例

某项工程发包人与承包人签订了工程施工合同，合同中估算工程量为2 300m³，经协商合同价为180元/m³。承包合同中规定：

（1）开工前发包人向承包人支付合同价20%的预付款。

（2）业主自第一个月起，从承包人的工程款中，按5%的比例扣留滞留金。

（3）工程进度款逐月计算。

（4）根据市场情况规定价格调整系数平均按1.2计算。

（5）预付款在最后两个月扣除，每月扣50%。

承包人各月实际完成的工程量（单位m³）为1月500，2月800，3月700，4月600。

问题：

预付款是多少？每个月的工程量价款是多少？

分析：

（1）预付款=2 300×180×20%=8.28（万元）

（2）各月的工程价款计算如下。

1月工程量价款=500×180×1.2×(1−5%) =10.26（万元）

2月工程量价款=800×180×1.2×(1−5%)=16.416（万元）

3月工程量价款=700×180×1.2×(1−5%)−8. 28×50% =10.224（万元）

4月工程量价款=600×180×1.2×(1−5%) −8. 28×50% =8.172（万元）

（二）工程进度款的支付（中间结算）

施工企业在施工过程中，按逐月（或形象进度、或控制界面等）完成的工程数量计算各项费用，向建设单位（业主）办理工程进度款的支付（即中间结算）。

以按月结算为例，现行的中间结算办法是，施工企业在旬末或月中向建设单位提出预支工程款账单，预支一旬或半月的工程款，月终再提出工程款结算账单和已完工程月报表，收取当月工程价款，并通过银行进行结算。按月进行结算，要对现场已施工完毕的工程逐一进行清点，资料提出后要交监理工程师和建设单位审查签证。为简化手续，多年来采用的办法是以施工企业提出的统计进度月报表为支取工程款的凭证，即通常所称的工程进度款。工程进度款的支付步骤，如图8-2所示。

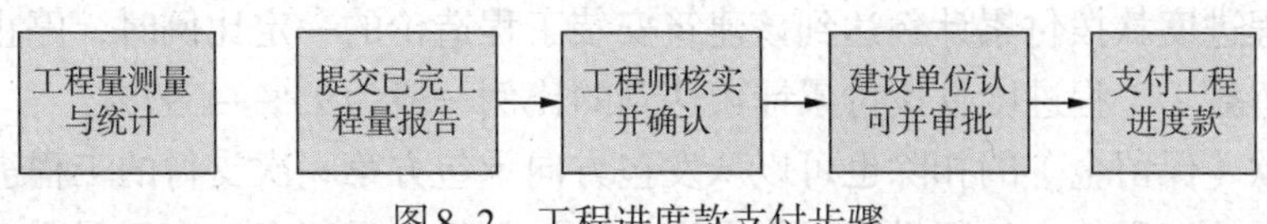

图8-2　工程进度款支付步骤

工程进度款支付过程中，应遵循如下要求。

1. 工程量的确认

根据有关规定，工程量的确认应做到以下要求。

（1）承包方应按约定时间，向工程师提交已完工程量的报告。工程师接到报告后7天内按设计图纸核实已完工程量（以下称计量），并在计量前24小时通知承包方，承包方为计量提供便利条件并派人参加。承包方不参加计量，发包方自行进行，计量结果有效，作为工程价款支付的依据。

（2）工程师收到承包方报告后7天内未进行计量，从第8天起，承包方报告中开列的工程量即视为已被确认，作为工程价款支付的依据。工程师不按约定时间通知承包方，使承包方不能参加计量，计量结果无效。

（3）工程师对承包方超出设计图纸范围和（或）因自身原因造成返工的工程量，不予计量。

2. 合同收入的组成

财政部制定的《企业会计准则——建造合同》中对合同收入的组成内容进行了解释。合同收入包括两部分内容。

（1）合同中规定的初始收入，即建造承包商与客户在双方签订的合同中最初商定的合同总金额，它构成了合同收入的基本内容。

（2）因合同变更、索赔、奖励等构成的收入，这部分收入并不构成合同双方在签订合同时已在合同中商定的合同总金额，而是在执行合同过程中由于合同变更、索赔、奖励等原因而形成的追加收入。

3. 工程进度款支付

国家工商行政管理总局、建设部颁布的《建设工程施工合同（示范文本）》中对工程进度款支付做了如下详细规定。

（1）工程款（进度款）在双方确认计量结果后14天内，发包方应向承包方支付工程款（进度款）。按约定时间发包方应扣回的预付款，与工程款（进度款）同期结算。

（2）符合规定范围的合同价款的调整、工程变更调整的合同价款及其他条款中约定的追加合同价款，应与工程款（进度款）同期调整支付。

（3）发包方超过约定的支付时间不支付工程款（进度款），承包方可向发包方发出要求付款通知。发包方收到承包方通知后仍不能按要求付款，可与承包方协商签订延期付款协议，经承包方同意后可延期支付。协议须明确延期支付时间和从发包方计量结果确认后第15天起计算应付款的贷款利息。

（4）发包方不按合同约定支付工程款（进度款），双方又未达成延期付款协议，导致施工无法进行，承包方可停止施工，由发包方承担违约责任。

（三）工程保修金（尾留款）的预留

按照有关规定，工程项目总造价中应预留出一定比例的尾留款作为质量保修费用（又称保留金），待工程项目保修期结束后最后拨付。有关尾留款应如何扣除，一般有两种做法。

（1）当工程进度款拨付累计额达到该建筑安装工程造价的一定比例时，停止支付，预留造价部分作为尾留款。工程进度款拨付累计额达到的比例一般为95% ~ 97%。

（2）尾留款（保留金）的扣除也可以从发包方向承包方第一次支付的工程进度款开始，在每次承包方应得的工程款中扣留投标书附录中规定金额作为保留金，直至保留金总额达到投标书附录中规定的限额为止。

（四）其他费用的支付

1. 安全施工方面的费用

承包人按工程质量、安全及消防管理有关规定组织施工，采取严格的安全防护措施，承担由于自身的安全措施不力造成事故的责任和因此发生的费用。非承包人责任造成安全事故，由责任方承担责任和发生的费用。

发生重大伤亡及其他安全事故，承包人应按有关规定立即上报有关部门并通知工程师，同时按政府有关部门要求处理，发生的费用由事故责任方承担。

承包人在动力设备、输电线路、地下管道、密封防震车间、易燃易爆地段以及临街交通要道附近施工时，施工开始前应向工程师提出安全保护措施，经工程师认可后实施，防护措施费用由发包人承担。

小提示

实施爆破作业，在放射、毒害性环境中施工（含存储、运输、使用）及使用毒害性、腐蚀性物品施工时，承包人应在施工前14天以书面形式通知工程师，并提出相应的安全保护措施，经工程师认可后实施。安全保护措施费用由发包人承担。

2. 专利技术及特殊工艺涉及的费用

发包人要求使用专利技术或特殊工艺，须负责办理相应的申报手续，承担申报、试验、使用等费用。承包人按发包人要求使用，并负责试验等有关工作。承包人提出使用专利技术或特殊工艺，报工程师认可后实施。承包人负责办理申报手续并承担有关费用。

擅自使用专利技术侵犯他人专利权，责任者承担全部后果及所发生的费用。

3. 文物和地下障碍物涉及的费用

在施工中发现古墓、古建筑遗址等文物及化石或其他有考古、地质研究等价值的物品时，承包人应立即保护好现场并于4小时内以书面形式通知工程师，工程师应于收到书面通知后24小时内报告当地文物管理部门，承发包双方按文物管理部门的要求采取妥善保护措施。发包人承担由此发生的费用，延误的工期相应顺延。

如施工中发现古墓、古建筑遗址等文物及化石或其他有考古、地质研究等价值的物品，隐瞒不报致使文物遭受破坏，责任方、责任人依法承担相应责任。

施工中发现影响施工的地下障碍物时，承包人应于8小时内以书面形式通知工程师，同时提出处置方案，工程师收到处置方案后8小时内予以认可或提出修正方案。发包人承担由此发生的费用，延误的工期相应顺延。

（五）竣工结算

工程竣工结算是指工程项目完工并经竣工验收合格后，发承包双方按照施工合同的约定对所完成的工程项目进行的工程价款的计算、调整和确认。工程竣工结算分为单位工程竣工结算、单项工程竣工结算和建设项目竣工总结算，其中，单位工程竣工结算和单项工程竣工结算也可看作分阶段结算。

工程竣工结算价款的公式为

$$\frac{\text{竣工结算}}{\text{工程价款}}=\frac{\text{预算（或概算）}}{\text{或合同价款}}+\frac{\text{施工过程中预算或}}{\text{合同价款调整数额}}-\frac{\text{预付及已结算}}{\text{工程价款}}-\text{保修金} \quad (8.2)$$

1. 工程竣工结算的计价原则

在采用工程量清单计价方式下，工程竣工结算的编制应当遵循的计价原则如下。

（1）分部分项工程和措施项目中的单价项目应依据双方确认的工程量与已标价工程量清单的综合单价计算，发生调整的，以发承包双方确认调整的综合单价计算。

（2）措施项目中总价项目应依据合同约定的项目和金额计算；发生调整的，以发承包双方确认调整的金额计算，其中安全文明施工费必须按照国家或省级、行业建设主管部门的规定计算。

（3）其他项目应按下列规定计价。

① 计日工的费用应按发包人实际签证确认的数量和合同约定的相应项目综合单价计算。

② 暂估价中的材料单价应按发、承包双方最终确认价在综合单价中调整，专业工程暂估价应按中标价或发包人、承包人与分包人最终确认价计算。

③ 总承包服务费应依据合同约定金额计算，发生调整的，以发、承包双方确认调整的金额计算。

④ 索赔费用应依据发、承包双方确认的索赔事项和金额计算。

⑤ 现场签证应依据发、承包双方确认的签证资料确认的金额计算。

⑥ 暂列金额应减去工程价款调整与索赔、现场签证金额，如有余额归发包人。

（4）规费和税金按照国家或省级、行业建设主管部门对规费和税金的计取标准计算。

2. 工程竣工结算的要求

《建设工程施工合同（示范文本）》中对竣工结算的要求做了详细规定。

（1）工程竣工验收报告经发包方认可后28天内，承包方向发包方递交竣工结算报告及完整的结算资料，双方按照协议书约定的合同价款及专用条款约定的合同价款调整内容，进行工程竣工结算。

（2）发包方收到承包方递交的竣工结算报告及结算资料后28天内进行核实，给予确认或者提出修改意见。发包方确认竣工结算报告后通知经办银行向承包方支付工程竣工结算价款。承包方收到竣工结算价款后14天内将竣工工程交付发包方。

（3）发包方收到竣工结算报告及结算资料后28天内无正当理由不支付工程竣工结算价款，从第29天起向承包方按同期银行贷款利率支付拖欠工程价款的利息，并承担违约责任。

（4）发包方收到竣工结算报告及结算资料后28天内不支付工程竣工结算价款，承包方可以催告发包方支付结算价款。

小技巧

发包方在收到竣工结算报告及结算资料后56天内仍不支付的，承包方可以与发包方协议将该工程折价，也可以由承包方申请人民法院将该工程依法拍卖，承包方就该工程折价或者拍卖的价款优先受偿。

（5）工程竣工验收报告经发包方认可后28天内，承包方未能向发包方递交竣工结算报告及完整的结算资料，造成工程竣工结算不能正常进行或工程竣工结算价款不能及时支付，发包方要求交付工程的，承包方应当交付；发包方不要求交付工程的，承包方承担保管责任。

（6）发包方和承包方对工程竣工结算价款发生争议时，按争议的约定处理。

小技巧

在实际工作中，当年开工、当年竣工的工程，只需办理一次性结算。跨年度的工程，在年终办理一次年终结算，将未完工程结转到下一年度，此时竣工结算等于各年度结算的总和。

3. 工程竣工结算的审查

工程竣工结算审查是竣工结算阶段的一项重要工作。经审查核定的工程竣工结算是核定建设工程造价的依据，也是建设项目验收后编制竣工决算和核定新增固定资产价值的依据。因此，建设单位、监理公司以及审计部门等，都十分关注竣工结算的审核把关。一般从以下几方面入手。

（1）核对合同条款。首先，应该对竣工工程内容是否符合合同条件要求，工程是否竣工验收合格进行审查，只有按合同要求完成全部工程并验收合格才能列入竣工结算。其次，应按合同约定的结算方法、计价定额、取费标准、主材价格和优惠条款等，对工程竣工结算进行审核，若发现合同开口或有漏洞，应请建设单位与施工单位认真研究，明确结算要求。

（2）检查隐蔽验收记录。所有隐蔽工程均需进行验收，两人以上签证；实行工程监理的项目应经监理工程师签证确认。审核竣工结算时应该对隐蔽工程施工记录和验收签证，手续完整，工程量与竣工图一致方可列入结算。

（3）落实设计变更签证。设计修改变更应由原设计单位出具设计变更通知单和修改图纸，设计、校审人员签字并加盖公章，经建设单位和监理工程师审查同意、签证，重大设计变更应经原审批部门审批，否则不应列入结算。

（4）按图核实工程数量。竣工结算的工程量应依据竣工图、设计变更单和现场签证等进行核算，并按国家统一规定的计算规则计算工程量。

（5）认真核实单价。结算单价应按现行的计价原则和计价方法确定，不得违背。

（6）注意各项费用计取。建筑安装工程的取费标准应按合同要求或项目建设期间与计价定额配套使用的建筑安装工程费用定额及有关规定执行，先审核各项费率、价格指数或换算系数是否正确，价差调整计算是否符合要求，再核实特殊费用和计算程序。要注意各项费用的计取基数，如安装工程间接费等是以人工费为基数，这个人工费是定额人工费与人工费调整部分之和。

（7）防止各种计算误差。工程竣工结算子目多、篇幅大，往往有计算误差，应认真核算，

防止因计算误差多计或少算。

4. 工程竣工结算争议处理

发包人对工程质量有异议，拒绝办理工程竣工结算的，已竣工验收或已竣工未验收但实际投入使用的工程，其质量争议按该工程保修合同执行，竣工结算按合同约定办理；已竣工未验收且未投入使用的工程以及停工、停建工程的质量争议，双方应就有争议的部分委托有资质的检测鉴定机构进行检测，根据检测结果确定解决方案，或在工程质量监督机构的处理决定执行后办理竣工结算，无争议部分的竣工结算按合同约定办理。

三、设备、工器具价款的结算

（一）国内设备、工器具价款的结算

发包人对订购的设备和工器具，一般不预付定金，只对制造期在半年以上的大型专业设备和船舶的价款，按合同分期付款。发包人收到设备和工器具后，要按合同规定及时结算付款，不应无故拖欠。如果资金不足而延期付款，要支付一定的赔偿金。

（二）进口设备、工器具价款的结算

进口设备包括标准机械设备和专制机械设备两类。标准机械设备是指通用性广泛、供应商（厂）有现货，可以立即提交的货物。专制设备是指根据发包人提交的定制设备图纸专门为发包人制造的设备。

（1）标准机械设备的结算。对于标准机械设备的结算，大都使用国际贸易广泛使用的不可撤销的信用证，该信用证在合同生效后一定日期由买方委托银行开出，经买方认可的卖方所在地银行为议付银行。以卖方为收款人的不可撤销的信用证，其金额与合同总额相等。

标准机械设备的结算一般分为两个阶段。

① 标准机械设备首次合同付款。当采购货物装船，卖方提供所需文件和单证后，即可支付合同价款的90%。

知识链接

卖方须提供的文件和单证包括：由卖方所在国的有关当局颁发的允许卖方出口合同货物的出口许可证，或不需要出口许可证的证明文件；由卖方委托买方认可的银行出具的以买方为受益人的不可撤销保函，担保金额与首次支付金额相等；装船的海运提单；商业发票副本；由制造厂（商）出具的质量证书副本；详细的装箱单副本；向买方信用证的出证银行开出以买方为受益人的即期汇票；相当于合同总价形式的发票。

② 标准机械设备最终合同付款。货物在保证期截止时，卖方提供所需的单证后，即可支付余款，一般为合同总价的10%。

卖方须提供的单证包括：说明所有货物无损、无遗留问题、完全符合技术规范要求的证明书；向出证行开出以买方为受益人的即期汇票；商业发票副本。

支付货币与时间按照合同的规定执行，支付时间要有一定期限，一般为卖方按规定提出付款申请后45天内支付。买方以卖方在投标书标价中说明的一种或几种货币，和卖方在投标书中说明在执行合同中所需的一种或几种货币比例进行支付。

（2）专制机械设备的结算。专制设备的结算一般分为三个阶段，即预付款、阶段付款和最终付款。

① 预付款。预付款是在合同签订以后开始制造前，买方向卖方提供合同总价的10% ~ 20%的价款。

预付款支付需要提交的文件和单证包括：由卖方委托银行出具以买方为受益人的不可撤销的保函，担保金额与预付款货币金额相等；相当于合同总价形式的发票；商业发票；由卖方委托的银行向买方的指定银行开具由买方承兑的即期汇票。

② 阶段付款。阶段付款是按照合同条款，当机械制造开始加工到一定阶段，可按设备合同价一定的百分比进行付款。阶段的划分是当机械设备加工制造到关键部位时进行一次付款，到货物装船买方收货验收后再付一次款。每次付款都应在合同条款中做较详细的规定。

机械设备制造阶段付款的一般条件包括：当制造工序达到合同规定的阶段时，制造厂应以电传或信件通知业主；开具经双方确认完成工作量的证明书；提交以买方为受益人的机械设备装运付款，包括成批订货分批装运的付款。

应由卖方提供的文件和单证包括：有关运输部门的收据；交运合同货物相应金额的商业发票副本；详细的装箱单副本；由制造厂（商）出具的质量和数量证书副本；原产国证书副本；货物到达买方验收合格后，当事双方签发的合同货物验收合格证书副本；提交以买方为受益人的所完成部分保险发票；提交商业发票副本。

③ 最终付款。最终付款是指在保证期结束时的付款。付款时卖方应提交：商业发票副本；全部设备完好无损，所有待修缺陷及待办的问题，均已按技术规范说明圆满解决后的合格证副本。

对进口设备、工器具的结算，通常利用出口信贷的形式来进行。出口信贷又分为买方信贷和卖方信贷。

卖方信贷是卖方将产品赊销给买方，规定买方在一定时期内延期或分期付款。卖方通过向本国银行申请出口信贷，来填补占用的资金。其过程如图8-3所示。

知识链接

采用卖方信贷进行设备材料结算时，一般是在签订合同后先预付10%定金，在最后一批货物装船后再付10%，在货物运抵目的地，验收后付5%，待质量保证期届满时再付5%，剩余的70%贷款应在全部交货后规定的若干年内一次或分期付清。

买方信贷有两种形式，一种是由产品出口国银行把出口信贷直接贷给买方，买卖双方以即期现汇成交，其过程如图8-4所示。

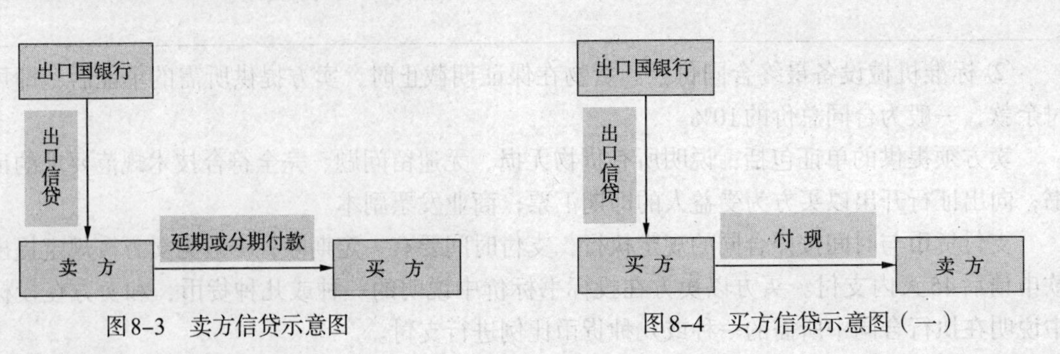

图8-3 卖方信贷示意图　　图8-4 买方信贷示意图（一）

小提示

在进口设备材料时，通常的做法是，买卖双方签订贸易协议后，买方先付15%左右的定金，其余货款由卖方银行贷给买方，再由买方按现汇付款条件支付给卖方。此后，买方分期向卖方银行偿还贷款本息。

另一种是由出口国银行把出口信贷贷给进口国银行，再由进口国银行转贷给买方，买方用现汇支付贷款，进口国银行分期向出口国银行偿还借款本息，其过程如图8-5所示。

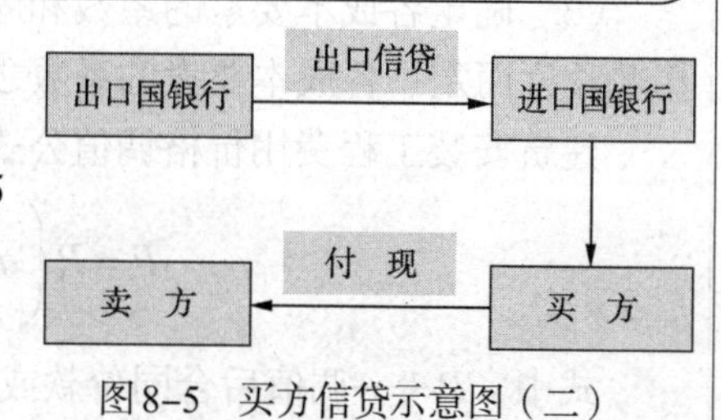

图8-5 买方信贷示意图（二）

四、建设工程价款的动态结算

（一）建筑安装工程价款的动态结算

建筑安装工程价款的动态结算，是指把各种动态因素渗透到结算过程中，使结算价格大体能反映实际的消耗费用。常用的动态结算方法包括按实际价格结算法、按主材计算价差法、竣工调价系数法和调值公式法（动态结算公式法）。

1. 按实际价格结算法

按实际价格结算法是指对承包人的主要材料价格按实际价格结算的方法。有些地区规定对钢材、木材和水泥三大材料的价格采取按实际价格结算的办法。承包人可凭发票按实际报销。此种方法方便，但由于是实报实销，因而承包人对降低成本不感兴趣，为避免副作用，造价管理部门要定期公布最高结算限价，同时合同文件中应规定业主或监理工程师有权要求承包人选择更廉价的供应来源。

2. 按主材计算价差法

按主材计算价差法，是指发包人在招标文件中列出需要调整价差的主要材料表及其基期价格（一般采用当时当地工程造价管理机构公布的信息价或结算价），工程竣工结算时按竣工当时当地工程造价管理机构公布的材料信息价或结算价，与招标文件中列出的基期价格比较计算材料差价。

3. 竣工调价系数法

竣工调价系数法是指施工合同双方采用当时的预算价格承包，在合理工期内按照工程造价管理部门规定的调价系数（以定额直接费或定额材料费为计算基础），对原合同造价在合同价格的基础上，调整由于实际人工费、材料费、机械费等费用上涨及工程变更等因素造成的价差，并对承包人给以调价补偿。其计算公式为

$$\text{工程实际结算款} = \text{工程合同价} \times \frac{\text{竣工时工程造价指数}}{\text{签订合同时工程造价指数}} \tag{8.3}$$

4. 调值公式法（动态结算公式法）

调值公式法，即在发包方签订的合同中明确规定了调值公式。根据国际惯例，对建设项目工程价款的动态结算，一般是采用这种方法。此法价格调整的计算工作比较复杂，其程序如下。

（1）确定计算物价指数的品种。一般地说，品种不宜太多，只确定那些对工程款影响较大的因素，如水泥、钢材、木材和工资等，这样便于计算。

（2）明确两个问题。一是合同价格条款中，应写明经双方商定的调整因素，在签订合同时写明考核几种物价波动到何种程度才进行调整，一般都在正负百分之十。二是考核的地点和时点。地点一般在工程所在地，或指定的某地市场价格。时点指的是某月某日的市场价格。需确定的两个时点价格是，基准日期的市场价格（基础价格）和与特定付款证书有关的期间最后一天的49天前的时点价格。

（3）确定各成本要素的系数和固定系数。各成本要素的系数应根据各成本要素对总造价的影响程度而定。各成本要素的系数之和加上固定系数应该等于1。

建筑安装工程费用价格调值公式，包括固定部分、材料部分和人工部分三项，一般为

$$P = P_0\left(a_0 + a_1\frac{A}{A_0} + a_2\frac{B}{B_0} + a_3\frac{C}{C_0} + a_4\frac{D}{D_0}\right) \tag{8.4}$$

式中，P——调值后合同价款或工程实际结算款；

P_0——调值前工程进度款；

a_0——固定要素，代表合同支付中不能调整的部分；

a_1，a_2，a_3，a_4——有关成本要素（如人工费用、钢材费用、水泥费用、运输费用等）在合同总价中所占的比重，$a_1+a_2+a_3+a_4=1$；

A_0，B_0，C_0，D_0——基准日期与a_1，a_2，a_3，a_4对应的各项费用的基期价格指数或价格；

A，B，C，D——与特定付款证书有关的期间最后一天的49天前，与a_1，a_2，a_3，a_4对应的各成本要素的现行价格指数或价格。

各部分成本的比重系数在许多标书中要求承包人在投标时即提出，并在价格分析中予以论证。但也有发包人在标书中规定一个允许范围，由投标人在此范围内选定。

（二）设备、工器具价款的动态结算

设备、工器具的动态结算主要根据国际上流行的货物与设备价格调值公式来计算，其公式为

$$P_n = a + b\times\frac{L_n}{L_0} + c\times\frac{E_n}{E_0} + d\times\frac{M_n}{M_0} + \cdots \tag{8.5}$$

式中，P_n——用于在“n”期间所完成的工作以相应货币的估算合同价值的调整乘数，此期间单位为一个月；

L_n，E_n，M_n——适用于（与特定的付款证书有关的）期间最后一日49天前的表列相关成本要素的，n期间现行成本指数或参考价格，用相应支付货币表示；

L_0，E_0，M_0——适用于基准日期时表列相关成本要素的，基准成本指数或参考价格，用相应支付货币表示；

a——在相关调整数据表中列明的固定系数，代表合同付款中不予调整的部分；

b，c，d——在相关调整数据表中列明的，表示与实施工程有关的各成本要素的估计比例的系数；表列此类成本要素可表示劳动力、设备和材料等资源。

式中，$a+b+c+d+\cdots$不应超过1，a的数值可因货物性质的不同而不同，一般占合同的5% ~ 15%；b是通过设备、工器具制造中消耗的主要材料的物价指数进行调整；c通常是根据整个行业的物价指数调整的。

学习单元3 审查工程结算

知识目标

（1）了解工程结算的审查依据、内容。

（2）熟悉工程结算的审查程序和审查方法。

技能目标

（1）通过本单元的学习，能够清楚工程结算的审查依据和内容。

（2）能够采用不同的审查方法，对工程结算进行审查。

基础知识

一、工程结算的审查依据

工程结算的审查依据有下列内容。

（1）工程结算审查委托合同和完整、有效的工程结算文件。

（2）国家有关法律、法规、规章制度和相关的司法解释。

（3）国务院建设行政主管部门以及各省、自治区、直辖市和有关部门发布的工程造价计价标准、计价办法、有关规定及相关解释。

（4）施工发承包合同、专业分包合同及补充合同，有关材料、设备采购合同；招投标文件，包括招标答疑文件、投标承诺、中标报价书及其组成内容。

（5）工程竣工图或施工图、施工图会审记录，经批准的施工组织设计，以及设计变更、工程洽商和相关会议纪要。

（6）经批准的开、竣工报告或停、复工报告。

（7）建设工程工程量清单计价规范或工程预算定额、费用定额及价格信息、调价规定等。

（8）工程结算审查的其他专项规定。

（9）影响工程造价的其他相关资料。

二、工程结算的审查内容

（一）审查结算的递交程序和资料的完备性

（1）审查结算资料递交手续、程序的合法性，以及结算资料具有的法律效力。

（2）审查结算资料的完整性、真实性和相符性。

（二）审查与结算有关的各项内容

（1）建设工程发承包合同及其补充合同的合法性和有效性。

（2）施工发承包合同范围以外调整的工程价款。

（3）分部分项、措施项目、其他项目工程量及单价。

（4）发包人单独分包工程项目的界面划分和总包人的配合费用。

（5）工程变更、索赔、奖励及违约费用。

（6）取费、税金、政策性调整以及材料价差计算。

（7）实际施工工期与合同工期发生差异的原因和责任，以及对工程造价的影响程度。

（8）其他涉及工程造价的内容。

三、工程结算的审查程序和审查方法

（一）工程结算的审查程序

工程结算审查应按准备、审查和审定三个工作阶段进行，并实行编制人、校对人和审核人分别署名盖章确认的内部审核制度。

1. 结算审查准备阶段

（1）审查工程结算手续的完备性、资料内容的完整性，对不符合要求的应退回限时补正。

（2）审查计价依据及资料与工程结算的相关性、有效性。

（3）熟悉招投标文件、工程发承包合同、主要材料设备采购合同及相关文件。

（4）熟悉竣工图纸或施工图纸、施工组织设计、工程状况，以及设计变更、工程洽商和工程索赔情况等。

2. 结算审查阶段

（1）审查结算项目的范围和内容与合同约定的项目范围和内容的一致性。

（2）审查工程量计算的准确性、工程量计算规则与计价规范或定额是否保持一致性。

（3）审查结算单价时，应严格执行合同约定或现行的计价原则、方法。对于清单或定额缺项以及采用新材料、新工艺的，应根据施工过程中的合理消耗和市场价格审核结算单价。

（4）审查变更签证凭据的真实性、合法性、有效性，核准变更工程费用。

（5）审查索赔是否依据合同约定的索赔处理原则、程序和计算方法以及索赔费用的真实性、合法性、准确性。

（6）审查取费标准时，应严格执行合同约定的费用定额标准及有关规定，并审查取费依据的时效性、相符性。

（7）编制与结算相对应的结算审查对比表。

3. 结算审定阶段

（1）工程结算审查初稿编制完成后，应召开由结算编制人、结算审查委托人及结算审查受托人共同参加的会议，听取意见，并进行合理的调整。

（2）由结算审查受托人单位的部门负责人对结算审查的初步成果文件进行检查、校对。

（3）由结算审查受托人单位的主管负责人审核批准。

（4）发承包双方代表人和审查人应分别在“结算审定签署表”上签字并加盖公章。

（5）对结算审查结论有分歧的，应在出具结算审查报告前，至少组织两次协调会；凡不能共同签认的，审查受托人可适时结束审查工作，并做出必要说明。

（6）在合同约定的期限内，向委托人提交经结算审查编制人、校对人、审核人和受托人单位盖章确认的正式的结算审查报告。

（二）工程结算的审查方法

小提示

工程结算的审查应依据施工发承包合同约定的结算方法进行，根据施工发承包合同类型，采用不同的审查方法。

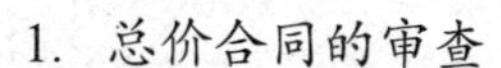

1. 总价合同的审查

采用总价合同的，应在合同价的基础上对设计变更、工程洽商以及工程索赔等合同约定可以调整的内容进行审查。

2. 单价合同的审查

采用单价合同的，应审查施工图以内的各个分部分项工程量，依据合同约定的方式审查分部分项工程价格，并对设计变更、工程洽商、工程索赔等调整内容进行审查。

3. 成本加酬金合同的审查

采用成本加酬金合同的，应依据合同约定的方法审查各个分部分项工程以及设计变更、工程洽商等内容的工程成本，并审查酬金及有关税费的取定。

四、工程结算审查的成果文件

（一）主要内容

（1）审查报告书封面，包括工程名称、审查单位名称、审查单位工程造价咨询单位执业章、日期等。

（2）签署页，包括工程名称、审查编制人、审核人、审定人姓名和执业（从业）印章、单位负责人印章（或签字）等。

（3）结算审查报告书。

（4）相关附件。

（5）结算审查相关表式。

① 结算审定签署表。

② 工程结算审查汇总对比表。

③ 单项工程结算审查汇总对比表。

④ 单位工程结算审查汇总对比表。

⑤ 分部分项（措施、其他、零星）工程结算审查对比表。

⑥ 其他相关表格等。

（6）有关的附件。

（二）工程结算审查书参考格式

（1）工程结算审查书封面格式见表8-7。

表8-7　工程结算审查书封面格式

（工程名称） 工　程　结　算　审　查　书 档案号： （编制单位名称） （工程造价咨询单位执业章） 年　月　日

（2）工程结算审查书签署页格式见表8-8。

表8-8　工程结算审查书签署页格式

（工程名称）

工 程 结 算 审 查 书

档案号：

编　制　人:__________ [执业（从业）印章]__________
审　核　人:__________ [执业（从业）印章]__________
审　定　人:__________ [执业（从业）印章]__________
单位负责人:__________ [执业（从业）印章]__________

（3）工程结算审定签署表格式见表8-9。

表8-9　工程结算审定签署表

金额单位：元

工程名称			工程地址	
发包人单位			承包人单位	
委托合同书编号			审定日期	
报审结算造价			调整金额（+、-）	
审定结算造价	大写			小写
委托单位 （签章） 代表人（签章、字）	建设单位 （签章） 代表人（签章、字）		承包单位 （签章） 代表人（签章、字）	审查单位 （签章） 代表人（签章、字）

（4）工程结算审查汇总对比表格式见表8-10。

表8-10　工程结算审查汇总对比表

项目名称：　　　　　　　　　　　　　　　　　　　　　　　金额单位：元

序　号	单项工程名称	报审结算金额	审定结算金额	调整金额	备　注

续表

序　　号	单项工程名称	报审结算金额	审定结算金额	调整金额	备　注
	合计				

编制人：　　　　审核人：　　　　审定人：

（5）单项工程结算审查汇总对比表格式见表8-11。

表8-11　单项工程结算审查汇总对比表

单项工程名称：　　　　金额单位：元

序　　号	单项工程名称	原结算金额	审查后金额	调整金额	备　　注
	合计				

编制人：　　　　审核人：　　　　审定人：

（6）单位工程结算审查汇总对比表格式见表8-12。

表8-12　单位工程结算审查汇总对比表

单位工程名称：　　　　金额单位：元

序　　号	专业工程名称	原结算金额	审查后金额	调整金额	备　　注
1	分部分项工程费合计				
2	措施项目费合计				
3	其他项目费合计				
4	零星工作费合计				

续表

序　号	专业工程名称	原结算金额	审查后金额	调整金额	备　注
	合计				

编制人：　　　　审核人：　　　　审定人：

（7）分部分项（措施、其他、零星）工程结算审查对比表格式见表8-13。

表8-13　分部分项（措施、其他、零星）工程结算审查对比表

分部分项（措施、其他、零星）工程名称：　　　　金额单位：元

序号	项目名称	结算报审金额					结算审定金额					调整金额	备注
		项目编码或定额号	单位	数量	单价	合价	项目编码或定额号	单位	数量	单价	合价		

编制人：　　　　审核人：　　　　审定人：

学习单元4　工程索赔

知识目标

（1）了解索赔的依据、证据和程序。

（2）熟悉索赔证据的基本要求

（3）掌握索赔成立的条件。

(1)通过本单元的学习，能够清楚索赔的依据、证据和程序。

(2)能够明确索赔证据的基本要求。

(2)能够正确进行工程索赔。

基础知识

一、索赔的依据

索赔的依据主要有合同文件，法律、法规，工程建设惯例。

二、索赔的证据

索赔证据是当事人用来支持其索赔成立或与索赔有关的证明文件和资料。索赔证据作为索赔文件的组成部分，在很大程度上关系到索赔的成功与否。证据不全、不足或没有证据，索赔是很难获得成功的。

知识链接

在建设工程施工承包合同执行过程中，业主可以向承包商提出索赔要求，承包商也可以向业主提出索赔要求，即合同的双方都可以向对方提出索赔要求。当一方向另一方提出索赔要求，被索赔方应采取适当的反驳、应对和防范措施，这称为反索赔。

在工程项目实施过程中，会产生大量的工程信息和资料，这些信息和资料是开展索赔的重要证据。因此，在施工过程中应该自始至终做好资料积累工作，建立完善的资料记录和科学管理制度，认真系统地积累和管理合同、质量、进度以及财务收支等方面的资料。

常见的索赔证据主要有下列内容。

(1)各种合同文件，包括施工合同协议书及其附件、中标通知书、投标书、标准和技术规范、图纸、工程量清单、工程报价单或者预算书、有关技术资料和要求、施工过程中的补充协议等；

(2)经过发包人或者工程师（监理人）批准的承包人的施工进度计划、施工方案、施工组织设计和现场实施情况记录；

(3)施工日记和现场记录，包括有关设计交底、设计变更、施工变更指令，工程材料和机械设备的采购、验收与使用等方面的凭证及材料供应清单、合格证书，工程现场水、电、道路等开通、封闭的记录，停水、停电等各种干扰事件的时间和影响记录等；

(4)工程有关照片和录像等；

(5)备忘录，对工程师（监理人）或业主的口头指示和电话应随时用书面记录，并请给予书面确认；

(6)发包人或者工程师（监理人）签认的签证；

(7)工程各种往来函件、通知、答复等；

(8)工程各项会议纪要；

(9)发包人或者工程师（监理人）发布的各种书面指令和确认书，以及承包人的要求、请

求、通知书等；

（10）气象报告和资料，如有关温度、风力、雨雪的资料；

（11）投标前发包人提供的参考资料和现场资料；

（12）各种验收报告和技术鉴定等；

（13）工程核算资料、财务报告、财务凭证等；

（14）其他，如官方发布的物价指数、汇率、规定等。

三、索赔的程序

如前所述，工程施工中承包人向发包人索赔、发包人向承包人索赔以及分包人向承包人索赔的情况都有可能发生，以下主要说明承包人向发包人索赔的一般程序，以及反索赔的主要内容。

（一）索赔意向通知和索赔通知

在工程实施过程中发生索赔事件以后，或者承包人发现索赔机会，首先要提出索赔意向，即在合同规定时间内将索赔意向用书面形式及时通知发包人或者工程师（监理人），向对方表明索赔愿望、要求或者声明保留索赔权利，这是索赔工作程序的第一步。例如，FIDIC（国际咨询工程师联合会）合同条件和我国《建设工程施工合同（示范文本）》（GF — 2013 — 0201）都规定，承包人必须在发出索赔意向通知后的28天内或经过工程师（监理人）同意的其他合理时间内向工程师（监理人）提交一份详细的索赔文件和有关资料。如果干扰事件对工程的影响持续时间长，承包人则应按工程师（监理人）要求的合理间隔（一般为28天），提交中间索赔报告，并在干扰事件影响结束后的28天提交一份最终索赔报告。否则将失去该事件请求补偿的索赔权利。

知识链接

索赔意向通知要简明扼要地说明以下四个方面的内容：

（1）索赔事件发生的时间、地点和简单事实情况描述；

（2）索赔事件的发展动态；

（3）索赔依据和理由；

（4）索赔事件对工程成本和工期产生的不利影响。

一般索赔意向通知仅仅表明索赔的意向，应该尽量简明扼要，涉及索赔内容，但不涉及索赔金额。

根据九部委《标准施工招标文件》中的通用合同条款，关于承包人索赔的提出，规定如下。

根据合同约定，承包人认为有权得到追加付款和（或）延长工期的，应按以下程序向发包人提出索赔。

（1）承包人应在知道或应当知道索赔事件发生后28天内，向监理人递交索赔意向通知书，并说明发生索赔事件的事由。承包人未在前述28天内发出索赔意向通知书的，丧失要求追加付款和（或）延长工期的权利。

（2）承包人应在发出索赔意向通知书后28天内，向监理人正式递交索赔通知书。索赔通

知书应详细说明索赔理由以及要求追加的付款金额和（或）延长的工期，并附必要的记录和证明材料。

（3）索赔事件具有连续影响的，承包人应按合理时间间隔继续递交延续索赔通知，说明连续影响的实际情况和记录，列出累计的追加付款金额和（或）工期延长天数；

（4）在索赔事件影响结束后的28天内，承包人应向监理人递交最终索赔通知书，说明最终要求索赔的追加付款金额和延长的工期，并附必要的记录和证明材料。

根据九部委《标准施工招标文件》中的通用合同条款，发生发包人的索赔事件后，监理人应及时书面通知承包人，详细说明发包人有权得到的索赔金额和（或）延长缺陷责任期的细节和依据。发包人提出索赔的期限和要求与承包人提出索赔的期限和要求相同，延长缺陷责任期的通知应在缺陷责任期届满前发出。

（二）索赔资料的准备

（1）在索赔资料准备阶段，主要工作有以下内容。

① 跟踪和调查干扰事件，掌握事件产生的详细经过；

② 分析干扰事件产生的原因，划清各方责任，确定索赔根据；

③ 损失或损害调查分析与计算，确定工期索赔和费用索赔值；

④ 收集证据，获得充分而有效的各种证据；

⑤ 起草索赔文件（索赔报告）。

（2）索赔文件的主要内容包括以下几个方面。

① 总述部分。概要论述索赔事项发生的日期和过程；承包人为该索赔事项付出的努力和附加开支；承包人的具体索赔要求。

② 论证部分。论证部分是索赔报告的关键部分，其目的是说明自己有索赔权，是索赔能否成立的关键。

③ 索赔款项（或工期）计算部分。如果说索赔报告论证部分的任务是解决索赔权能否成立，则款项计算是为解决能得多少款项。前者定性，后者定量。

④ 证据部分。要注意引用的每个证据的效力或可信程度，对重要的证据资料最好附以文字说明，或附以确认件。

（3）编写索赔文件（索赔报告）应该注意以下几个方面的问题。

① 责任分析应清楚、准确。应该强调，引起索赔的事件不是承包商的责任，事件具有不可预见性，事发以后尽管采取了有效措施也无法制止，索赔事件导致承包商工期拖延、费用增加的严重性，索赔事件与索赔额之间的直接因果关系等。

② 索赔额的计算依据要正确，计算结果要准确。要采用合同规定或法规规定的公认合理的计算方法，并进行适当的分析。

③ 提供充分有效的证据材料。

（三）索赔文件的提交

提出索赔的一方应该在合同规定的时限内向对方提交正式的书面索赔文件。例如，FIDIC合同条件和我国《建设工程施工合同（示范文本）》（GF－2013－0201）都规定，承包人必须在发出索赔意向通知后的28天内或经过工程师（监理人）同意的其他合理时间内向工程师（监理人）提交一份详细的索赔文件和有关资料。如果干扰事件对工程的影响持续时间长，承包人则应按工程师（监理人）要求的合理间隔（一般为28天），提交中间索赔报告，并在干扰事件影响结束后的28天内提交一份最终索赔报告。否则将失去该事件请求补偿的索赔权利。

（四）索赔文件的审核

对于承包人向发包人的索赔请求，索赔文件应该交由工程师（监理人）审核。工程师（监理人）根据发包人的委托或授权，对承包人的索赔要求进行审核和质疑。其审核和质疑主要围绕以下几个方面。

（1）索赔事件是属于业主、监理工程师的责任还是第三方的责任；

（2）事实和合同的依据是否充分；

（3）承包商是否采取了适当的措施避免或减少损失；

（4）是否需要补充证据；

（5）索赔计算是否正确、合理。

（五）承包人提出索赔的处理程序

根据九部委《标准施工招标文件》中的通用合同条款，对承包人提出索赔的处理程序如下。

（1）监理人收到承包人提交的索赔通知书后，应及时审查索赔通知书的内容、查验承包人的记录和证明材料，必要时监理人可要求承包人提交全部原始记录副本。

（2）监理人应按相关款商定或确定追加的付款和（或）延长的工期，并在收到上述索赔通知书或有关索赔的进一步证明材料后的42天内，将索赔处理结果答复承包人。

（3）承包人接受索赔处理结果的，发包人应在做出索赔处理结果答复后28天内完成赔付。承包人不接受索赔处理结果的，按合同约定的争议解决办法办理。

知识链接

1．发包人的索赔。发包人认为承包人未能履行合同约定的职责、责任、义务，且根据合同约定或与合同有关的文件、资料的相关情况及事项，承包人应承担损失、损害赔偿责任但未能按合同约定履行其赔偿责任时，发包人有权根据法律及合同约定向承包人提出索赔，并遵循如下程序进行。

（1）发包人应在索赔事件发生后的30日内，向承包人送交索赔通知。未能在索赔事件发生后的30日内发出索赔通知，承包人不再承担任何责任，法律另有规定的除外。

（2）发包人应在发出索赔通知后的30日内，以书面形式向承包人提供说明索赔的正当理由、条款依据、有效的可证实的证据和索赔估算等相关资料；当索赔事件持续影响时，发包人应每周向承包人发出索赔事件的延续影响情况的报告，并在该索赔事件延续影响停止后30日内，向承包人送交最终索赔报告和最终索赔估算。

（3）承包人在收到发包人送交的索赔资料后30日内，与发包人协商解决，或给予答复，或要求发包人进一步补充提供索赔理由和证据。

（4）承包人在收到发包人送交的索赔资料后30日内未与发包人协商，或未予以答复或未向发包人提出进一步要求的，视为该项索赔已被承包人认可。

知识链接

2. 承包人的索赔。承包人认为发包人未能履行合同约定的职责、责任和义务，且依据合同约定或与合同有关的文件、资料的相关情况及事项，发包人应承担损失、损害赔偿责任及延长竣工日期但未能按合同约定履行其赔偿义务或延长竣工日期时，承包人有权依据法律及合同约定向发包人提出索赔，并遵循如下程序进行。

（1）索赔事件发生后30日内，向发包人发出索赔通知。未在索赔事件发生后的30日内发出索赔通知，发包人不再承担任何责任，法律另有规定的除外。

（2）承包人应在发出索赔通知后的30日内，以书面形式向发包人提交索赔的正当理由、条款依据、有效的可证实的证据和索赔估算资料的报告；当索赔事件持续影响时，承包人应每周向发包人发出索赔事件的延续影响情况的报告，并在该索赔事件延续影响停止后30日内，向发包人送交最终索赔报告和最终索赔估算。

（3）发包人应在收到承包人送交的有关索赔资料的报告后30日内与承包人协商解决，或给予答复，或要求承包人进一步补充索赔理由和证据。

（4）发包人在收到承包人送交的报告或补充资料后30日内未与承包人协商，或未予答复，或未向承包人进一步补充要求的，视为该项索赔已被发包人认可。

（六）承包人提出索赔的期限

根据九部委《标准施工招标文件》中的通用合同条款，承包人提出索赔的期限如下。

（1）承包人按合同约定接受竣工付款证书后，应被认为已无权再提出在合同工程接收证书颁发前所发生的任何索赔。

（2）承包人按合同约定提交的最终结清申请单中，只限于提出工程接收证书颁发后发生的索赔。提出索赔的期限自接受最终结清证书时终止。

（七）反索赔的基本内容

反索赔的工作内容包括两个方面，一是防止对方提出索赔，二是反击或反驳对方的索赔要求。

要成功地防止对方提出索赔，应采取积极防御的策略。首先是自己严格履行合同规定的各项义务，防止自己违约，并通过加强合同管理，使对方找不到索赔的理由和根据，使自己处于不能被索赔的地位。其次，如果在工程实施过程中发生了干扰事件，则应立即着手研究和分析合同依据，收集证据，为提出索赔和反索赔做好两手准备。

知识链接

如果对方提出了索赔要求或索赔报告，则自己一方应采取各种措施来反击或反驳对方的索赔要求。常用的措施有：

（1）抓对方的失误，直接向对方提出索赔，以对抗或平衡对方的索赔要求，以求在最终解决索赔时互相让步或者互不支付；

（2）针对对方的索赔报告，进行仔细、认真研究和分析，找出理由和证据，证明对方索赔要求或索赔报告不符合实际情况和合同规定，没有合同依据或事实证据，索赔值计算不合理或不准确等问题，反击对方的不合理索赔要求，推卸或减轻自己的责任，使自己不受或少受损失。

小技巧

对对方索赔报告的反击或反驳，一般可以从以下几个方面进行。

（1）索赔要求或报告的时限性。审查对方是否在干扰事件发生后的索赔时限内及时提出索赔要求或报告。

（2）索赔事件的真实性。

（3）干扰事件的原因、责任分析。如果干扰事件确实存在，则要通过对事件的调查分析，确定原因和责任。如果事件责任属于索赔者自己，则索赔不能成立。如果合同双方都有责任，则应按各自的责任大小分担损失。

（4）索赔理由分析。分析对方的索赔要求是否与合同条款或有关法规一致，所受损失是否属于非对方负责的原因造成。

（5）索赔证据分析。分析对方所提供的证据是否真实、有效、合法，是否能证明索赔要求成立。证据不足、不全、不当、没有法律证明效力或没有证据，索赔不能成立。

（6）索赔值审核。如果经过上述的各种分析、评价，仍不能从根本上否定对方的索赔要求，则必须对索赔报告中的索赔值进行认真细致的审核。审核的重点是索赔值的计算方法是否合情合理，各种取费是否合理适度，有无重复计算，计算结果是否准确等。

四、索赔证据的基本要求

索赔证据应该具有真实性、及时性、全面性、关联性、有效性。

五、索赔成立的条件

（一）构成施工项目索赔条件的事件

索赔事件，又称为干扰事件，是指那些使实际情况与合同规定不符合，最终引起工期和费用变化的各类事件。在工程实施过程中，不断地跟踪、监督索赔事件，就可以不断地发现索赔机会。通常，承包商可以提起索赔的事件有以下方面。

（1）发包人违反合同给承包人造成时间、费用的损失；

（2）因工程变更（含设计变更、发包人提出的工程变更、监理工程师提出的工程变更，以及承包人提出并经监理工程师批准的变更）造成的时间、费用损失；

（3）由于监理工程师对合同文件的歧义解释、技术资料不确切，或由于不可抗力导致施工条件的改变，造成了时间、费用的增加；

（4）发包人提出提前完成项目或缩短工期而造成承包人的费用增加；

（5）发包人延误支付期限造成承包人的损失；

（6）对合同规定以外的项目进行检验，且检验合格，或非承包人的原因导致项目缺陷的修复所发生的损失或费用；

（7）非承包人的原因导致工程暂时停工；

（8）物价上涨，法规变化及其他。

（二）索赔成立的前提条件

索赔的成立，应该同时具备以下三个前提条件。

（1）与合同对照，事件已造成了承包人工程项目成本的额外支出或直接工期损失；

（2）造成费用增加或工期损失的原因，按合同约定不属于承包人的行为责任或风险责任；

（3）承包人按合同规定的程序和时间提交索赔意向通知和索赔报告。

以上三个索赔成立的条件必须同时具备，缺一不可。

六、索赔款项的支付

（一）发包人的索赔款项

经双方协商确定的、经调解确定的或经仲裁裁定（或法院判决）的发包人应得到的索赔款项，发包人可从支付给承包人的当月工程进度款或当期付款计划表的付款中扣减该索赔款项。当支付给承包人的各期工程进度款中不足以抵扣发包人的索赔款项时，承包人应当另行支付。承包人未能支付，可协商支付协议，仍未支付时，发包人可从履约保函中抵扣。未约定履约保函或履约保函不足以抵扣时，承包人须另行支付该索赔款项，或以双方协商一致的支付协议的期限支付。

（二）承包人的索赔款项

经双方协商确定的、经调解确定的或经仲裁裁定（或法院判决）的承包人应得到的索赔款项，承包人可在当月工程进度款或当期付款计划表的付款申请中单列该索赔款项，发包人应在当期付款中支付该索赔款项。当发包人未能支付该索赔款项时，承包人有权从发包人提交的支付保函中抵扣。如未约定支付保函，发包人须另行支付该索赔款项。

学习案例

某建筑工程承包合同额为1 450万元，工期为8个月。承包合同规定：

（1）主要材料及构配件金额占合同总额的60%；

（2）预付备料款额度为15%，工程预付款应从未施工工程尚需的主要材料及构配件的价值相当于预付备料款时起扣，每月以抵充工程款的方式陆续收回；

（3）工程保修金为承包合同总价的3%，业主在最后一个月扣除，在保修期满后，保修金及保修金利息扣除已支出费用后的剩余部分退还给承包商；

（4）除设计变更和其他不可抗力因素外，合同总价不做调整；

（5）业主供料价款在发生当月的工程款中扣回。

想一想

（1）本例的工程预付款和起扣点分别是多少？

（2）工程竣工结算应如何进行？

案例分析

（1）本例的工程预付款金额为1 450×15%=217.5（万元）；

工程预付备料款起扣点=（1−预付备料款所占比重/主要材料及构配件所占比重）×承包工程合同总额=承包工程合同总额−（预付款/主要材料及构配件所占比重）=1450−(217.5/60%）=1 087.5（万元）。

（2）根据《建设工程施工合同（示范文本）》关于竣工结算的规定，工程竣工验收报告经

发包人认可后28天内，承包人向发包人提交竣工结算报告及完整的竣工结算资料，双方按照协议书约定的合同价款及专用条款约定的合同价款调整内容，进行工程竣工结算。之后，发包人在其后的28天内进行核实，确认后，通知经办银行向承包人结算。承包人收到竣工结算价款后14天内将竣工工程交付发包人。如果发包人在28天之内无正当理由不支付竣工结算价款，从第29天起向承包人按同期银行贷款利率支付拖欠工程款利息并承担违约责任。

知识拓展

“工程结算”科目的实施与应用

随着我国经济的快速发展，各地工程建设规模急剧扩张，施工企业的业务迅速增大。为了进一步规范施工企业的会计核算，提高施工企业会计信息质量，财政部于2003年9月25日下发了《施工企业会计核算办法》(以下简称“办法”)，并于2004年1月1日起，在已执行《企业会计制度》的施工企业中执行。办法在《企业会计制度》的基础上增设了“周转材料”“临时设施”“临时设施摊销”“临时设施清理”“工程结算”“工程施工”和“机械作业”等科目。同时明确了各自的核算内容，规定施工企业确认的建造合同收入和建造合同费用分别通过“主营业务收入”和“主营业务成本”科目核算，不再使用“工程结算收入”和“工程结算成本”科目。

(一)对“工程结算”会计业务的处理与认识

“工程结算”科目的实施，将工程价款开单结算业务和收入确认业务区别开来，作为两个不同的会计业务，分别进行账务处理。这是相对于《施工企业会计制度》来说，变化最大的一项规定。

1.“工程结算”科目核算内容与目的

施工企业根据建造合同的完工进度，向业主开出工程价款结算单办理结算的价款。记入该科目的金额除包括为完成合同规定的工作内容所确认的工程价款外，因合同变更、索赔、奖励等形成的收入款项也应通过本科目核算。但不包括预收业主支付备料款项，该款项只能在工程开工后，随工程的进度，在每次结算工程价款时，从工程价款中扣减，并在工程竣工前全部扣减完。如此核算目的是，通过“工程结算”科目的归集，能够直观、全面地反映出某个建造合同从签订合同开始到合同完工交付所有环节所完成工作量的本期结算情况以及累计结算情况。同时可以反映出施工企业全部建造合同的本期结算情况和累计结算情况，便于施工企业与合同成本对比，掌握结算进度。

2.“工程结算”业务处理依据

第一是工程价款结算单。施工企业根据建造合同已完成的工作量进行工程价款计量，开出工程价款结算单，经业主签字确认后，作为“工程结算”科目记录金额的依据。直接和该科目发生对应关系的科目有“应收账款”和“银行存款”等，故该科目所记金额不受工程款是否支付的影响。第二是建造工程结算合同、建造工程竣工验收证明等资料。建造合同完工后，根据“建造工程结算合同”或“建造工程竣工证明书”等资料，作为进行“工程结算”与“工程施工”科目对冲这一会计处理的书面证明。

(二)“工程结算”与其他科目的关系分析

为便于对建造合同的结算、成本支出以及收入、费用确认等情况进行比较分析，“工程结算”与“工程施工”“主营业务收入”和“主营业务成本”以及“存货跌价准备——合同预计

损失准备”五个科目的会计核算对象应保持一致。均应按某项建造合同以及按照建造合同准则的规定进行合并或分立后的单项合同设置明细账，进行明细核算。

1. 与“工程施工”科目的对应关系

“工程结算”为“工程施工”科目的抵销科目。建造合同完工后，两科目同一核算对象的余额应自然一致（相等），两科目对冲结平。至此关于该合同的工程结算与成本、毛利核算工作结束。在工程施工过程中，“工程结算”科目单独归集工程价款结算情况。“工程施工”科目归集工程自开工以来累计发生的合同成本及确认的合同毛利。在合同完工前，两个科目的余额期末不进行结转。通过对“工程结算”和“工程施工”两个科目余额的对比，可以单独反映出该项工程及所有工程施工实际占用的资金或占用发包商的资金情况。合同完工并结算完毕后，两科目对比，可以单独反映出该项工程以及所有工程资金占用及已确认的毛利状况等信息，从而使会计信息在数量和有用性方面得到进一步提高。

2. 与“主营业务收入”科目的对应关系

“工程结算”科目与“主营业务收入”科目从不同角度反映了建造合同的进度情况。侧重点有所不同，但在某项建造合同完工后，该工程的“工程结算”科目余额通常会与“主营业务收入”科目累计发生额自然相等，表明该项工程确认的收入与业主确认的工程价款结算金额一致。从这一点看，两个科目又达到了统一。如果出现差额，则表明存在计算错误，但在某项建造合同的施工过程中，由于“准则”区分不同的情况，采取不同的方法确认收入，如在完工百分比法下，合同收入采取按完工进度进行确认。此时，确认收入额会与实际结算的工程价款有一定的差别。差别的主要原因之一是业主在确认工程结算价款时为规避风险，往往有所保留，施工期间确认的工程价款大都小于实际应确认的金额。尤其是跨年度工程，在完工前确认的收入与结算额之间存在差别将难以避免，但与《施工企业会计制度》规定的按结算额确认合同收入的方法相比，建造合同准则的规定更为符合权责发生制的要求，并遵循了谨慎原则。

知识链接

按建造合同准则规定，对于同一年度内开工并完工的建造合同，可采取完成合同法，平时办理结算价款时通过“工程结算”科目核算，于工程全部完工或实质上已完工时才确认收入和费用。但按照税法规定，对实行按工程形象进度划分不同阶段结算价款或实行月中预支，月终结算，竣工后清算等方式结算工程价款的工程项目，其营业税纳税义务发生时间为各月份终了与发包单位进行已完工程价款结算的当天。此时应注意会计核算与税法规定的差异对应纳税金的影响。

3. 与“主营业务成本”科目之间在账务处理上没有对应关系

处理日常业务时，应注意“主营业务成本”账户与“工程施工”账户之间的对应。在没有发生合同预计损失的情况下，合同完工后，同一核算对象的“主营业务成本”账户累计发生额与“工程施工——合同成本”账户的累计发生额通常是一致的（未考虑工程完工后处理残废料收入的影响），应避免出现确认成本与实际发生的成本不一致的现象。

（三）“工程结算”科目核算内容在会计报表中的实际应用

“工程施工”科目余额减“工程结算”科目余额后的金额，可以反映出施工企业建造合同已完工部分但尚未办理结算的价款总额。其作为一项流动资产，通过在资产负债表的“存货”

项目中增设的“已完工尚未结算款”项目列示。该项目反映的信息为施工企业强化工程结算力度，加速资金周转等措施的提出提供了数据上的支持。

“工程结算”科目余额减“工程施工”科目余额后的金额，可以反映出施工企业建造合同未完工部分但已办理了结算的价款总额。其作为一项流动负债，通过在资产负债表的“预收账款”项目中增设的“已结算尚未完工工程”项目列示。该项目反映的信息能促使施工企业采取有力措施，加快建设进度，以降低企业负债。

应《施工企业会计核算办法》的要求，通过会计报表附注中的披露，可以提供“在建施工合同已结算的价款”这一信息。

通过以上粗浅的分析可以看出，“工程结算”科目的实施与应用，使得每项工程施工合同以及所有在建施工合同的价款结算、合同收入、成本以及毛利等情况都得到了更为清晰、直观的反映，较好地解决了现行《施工企业会计制度》中相关会计处理方法存在的局限性，会计信息质量也得到了进一步提高。

情境小结

1. 建设工程结算的作用：工程价款结算是反映工程进度的主要指标；工程价款结算是加速资金周转的重要环节；工程价款结算是考核经济效益的重要指标。

工程结算采用工程量清单计价的内容包括：工程项目的所有分部分项工程量，以及实施工程项目采用的措施项目工程量；分部分项和措施项目以外的其他项目所需计算的各项费用。

工程结算采用定额计价的内容包括：套用定额的分部分项工程量、措施项目工程量和其他项目；为完成所有工程量和其他项目并按规定计算的人工费、材料费和施工机具使用费、企业管理费、利润、规费和税金。

采用工程量清单或定额计价的工程结算还应包括：设计变更和工程变更费用；索赔费用；合同约定的其他费用。

工程结算应按准备、编制和定稿三个工作阶段进行，并实行编制人、校对人和审核人分别署名盖章确认的内部审核制度。工程结算编制中涉及的工程单价应按合同要求分别采用综合单价或工料单价。工程量清单计价的工程项目应采用综合单价；定额计价的工程项目可采用工料单价。

2. 我国现行工程价款结算根据不同情况，可采取多种方式，包括按月结算、竣工后一次结算、分段结算、目标结款方式和结算双方约定的其他结算方式。目标结款方式实质上是运用合同手段、财务手段对工程的完成进行主动控制。

建筑安装工程费用结算包括工程预付款、工程进度款的支付、工程保修金（尾留款）的预留、其他费用的支付和竣工结算。工程预付款则包括工程预付款的支付和工程预付款的扣回。施工企业在施工过程中，按逐月（或形象进度、控制界面等）完成的工程数量计算各项费用，向建设单位（业主）办理工程进度款的支付（即中间结算）。工程竣工结算分为单位工程竣工结算、单项工程竣工结算和建设项目竣工总结算。

标准机械设备首次合同付款。当采购货物装船，卖方提供所需的文件和单证后，即可支付合同价款的90%。对进口设备、工器具的结算，通常利用出口信贷的形式来进行。出口信贷又分为买方信贷和卖方信贷。常用的动态结算方法包括按实际价格结算法、按主材计算价差、竣工调价系数法和调值公式法（动态结算公式法）。

3. 工程结算审查应按准备、审查和审定三个工作阶段进行，并实行编制人、校对人和审核人分别署名盖章确认的内部审核制度。工程结算的审查应依据施工发承包合同约定的结算方法进行，根据施工发承包合同类型，采用不同的审查方法，包括总价合同的审查、单价合同的审查和成本加酬金合同的审查。

4. 索赔的依据主要有合同文件，法律、法规，工程建设惯例。常见的索赔证据主要有：各种合同文件；经过发包人或者工程师（监理人）批准的承包人的施工进度计划、施工方案、施工组织设计和现场实施情况记录；施工日记和现场记录；工程有关照片和录像等；备忘录；发包人或者工程师（监理人）签认的签证；工程各种往来函件、通知、答复等。索赔证据应该具有真实性、及时性、全面性、关联性、有效性。

索赔的成立，应该同时具备以下三个前提条件：①与合同对照，事件已造成了承包人工程项目成本的额外支出或直接工期损失；②造成费用增加或工期损失的原因，按合同约定不属于承包人的行为责任或风险责任；③承包人按合同规定的程序和时间提交索赔意向通知和索赔报告。

学习检测

填空题

1. 工程价款结算是指承包商在工程实施过程中，依据承包合同中关于付款条款的规定和已经完成的工程量，并按照规定的程序向建设单位（业主）收取工程价款的一项________活动。

2. 工程结算应按准备、编制和定稿三个工作阶段进行，并实行________、________和________分别署名盖章确认的内部审核制度。

3. 工程结算编制中涉及的工程单价应按合同要求分别采用综合单价或工料单价。工程量清单计价的工程项目应采用________；定额计价的工程项目可采用________。

4. 我国现行工程价款结算根据不同情况，可采取多种方式，包括________、________、________、目标结款方式以及结算双方约定的其他结算方式。

5. 发包人根据工程特点、工期长短、市场行情、供求规律等因素，招标时在合同条件中约定工程预付款的________。

6. 工程竣工结算是指施工企业按照合同规定的内容全部完成所承包的工程，经验收质量合格，并符合合同要求之后，向发包人进行的最终工程价款结算。工程竣工结算分为________和________。

7. 专制设备的结算一般分为三个阶段，即________、________和________。

8. 对进口设备、工器具的结算，通常利用出口信贷的形式来进行。出口信贷又分为________和________。

9. 卖方将产品赊销给买方，规定买方在一定时期内延期或分期付款。卖方通过向本国银行申请出口信贷，来填补占用的资金，这种方式称为________。

10. 索赔证据应该具有________、________、________、关联性、有效性。

选择题

1. 工程价款结算是工程项目承包中的一项十分重要的工作，以下说法不正确的是（　　）。

A. 工程价款结算是反映工程进度的主要指标

B. 工程价款结算是加速资金周转的重要环节

C. 工程价款结算是考核经济效益的重要指标

D. 工程价款结算是核算工程成本的重要指标

2. 工程结算应分为（　　）三个阶段。

A. 结算编制准备阶段　　B. 结算编制实施阶段

C. 结算编制阶段　　D. 结算编制审查阶段

E. 结算编制定稿阶段

3. 工程预付款起扣点计算公式$T=P-M/N$中，T代表（　　）。

A. 起扣点　　B. 承包工程合同总额

C. 工程预付款数额　　D. 主要材料、构件所占比重

4. 在施工中发现古墓、古建筑遗址等文物及化石或其他有考古、地质研究等价值的物品时，承包人应立即保护好现场并于（　　）小时内以书面形式通知工程师，工程师应于收到书面通知后（　　）小时内报告当地文物管理部门，承发包双方按文物管理部门的要求采取妥善保护措施。发包人承担由此发生的费用，延误的工期相应顺延。

A. 4　　B. 8　　C. 24　　D. 48

5. 标准机械设备首次合同付款，当采购货物装船，卖方提供所需的文件和单证后，即可支付合同价款的（　　）。

A. 90%　　B. 80%　　C. 50%　　D. 10%

6. 专利设备最终付款时，卖方应提交（　　）。

A. 商业发票副本

B. 全部设备完好无损，所有待修缺陷及待办的问题，均已按技术规范说明圆满解决后的合格证副本

C. 开具经双方确认完成工作量的证明书

D. 详细的装箱单副本　　E. 原产国证书副本

7. 采用卖方信贷进行设备材料结算时，一般是在签订合同后先预付（　　）定金，在最后一批货物装船后再付10%，在货物运抵目的地，验收后付5%，待质量保证期届满时再付5%，剩余的70%贷款应在全部交货后规定的若干年内一次或分期付清。

A. 80%　　B. 50%　　C. 10%　　D. 5%

8. 常用的动态结算方法包括（　　）。

A. 拉格朗日法　　B. 按实际价格结算法

C. 按主材计算价差　　D. 竣工调价系数法

E. 调值公式法

9. 索赔的依据主要有（　　）。

A. 合同文件　　B. 法律、法规

C. 施工进度计划　　D. 工程建设惯例

E. 施工记录

10. 索赔的成立应该同时具备三个前提条件，以下哪个不是必须具备的（　　）。

A. 与合同对照，事件已造成了承包人工程项目成本的额外支出或直接工期损失

B. 天气季节性的变化

C. 造成费用增加或工期损失的原因，按合同约定不属于承包人的行为责任或风险责任

D. 承包人按合同规定的程序和时间提交索赔意向通知和索赔报告

简答题

1. 什么是工程结算？工程结算有哪几种方式？
2. 工程结算的编制方法有哪些？
3. 工程结算的编制内容包括哪些？
4. 工程结算的审查依据有哪些？
5. 工程结算的审查程序和审查方法分别是什么？
6. 什么是工程索赔？

参考文献

【1】蔡红新，等．建筑工程计量与计价[M]．北京：北京理工大学出版社，2009.

【2】中华人民共和国住房和城乡建设部．建设工程工程量清单计价规范(GB 50500—2013)[S]．北京：中国计划出版社，2013.

【3】中华人民共和国住房和城乡建设部．房屋建筑与装饰工程工程量计算规范(GB 50854 — 2013) [S]．北京：中国计划出版社，2013.

【4】中华人民共和国住房和城乡建设部．通用安装工程工程量计算规范(GB 50856 — 2013)[S]．北京：中国计划出版社，2013.

【5】全国二级建造师执业资格考试用书编写委员会．建设工程施工管理[M]．北京：中国建筑工业出版社，2013.

【6】王雪青．工程估价[M]．北京：中国建筑工业出版社，2011.

【7】王朝霞．建筑工程定额与计价[M]．北京：中国电力出版社，2004.

【8】许焕兴．新编装饰装修工程预算[M]．北京：中国建材工业出版社，2005.

【9】殷惠光．建设工程造价[M]．北京：中国建筑工业出版社，2004.

【10】李文利．建筑装饰工程概预算[M]．北京：机械工业出版社，2003.

【11】袁建新．建筑工程定额与预算[M]．北京：高等教育出版社，2002.

【12】何红锋．工程建设中的合同法与招标投标法[M]．北京：中国计划出版社，2002.

【13】曲修山，黄文杰．工程建设合同管理[M]．北京：知识产权出版社，2000.

【14】刘宝生．建筑工程概预算[M]．北京：机械工业出版社，2001.

【15】龚维丽．工程造价的确定与控制[M]．2版.北京：中国计划出版社，2001.

【16】鲍学英，黄山．工程估价[M]．北京：化学工业出版社，2011.

【17】吴凯．工程估价[M]．北京：化学工业出版社，2011.

【18】张建平，吴贤国．工程估计[M]．2版．北京：科学出版社，2011.

【19】中华人民共和国住房和城乡建设部．建筑工程建筑面积计算规范（GB/T 50353 — 2013）[S]．北京：中国计划出版社，2013.